21 世纪高等教育土木工程系列规划教材

岩土工程实训教程

李 博 吴 俊 魏 祥 李志高 **编著**

机械工业出版社

本书选取了三类典型的工程案例，通过前期的方案比选、设计计算、施工等方面的内容，依据相关的现场勘测、设计和施工等现行规范编写，以帮助读者能较真实地贴近工程实际，培养岩土工程师的思维，同时也让读者能更好地理解最新规范，更好地学习并掌握岩土设计及施工理念。

全书分为四章，包括：绪论、重力式水泥土挡墙围护结构设计与施工、排桩式围护结构设计与施工、排水固结法设计与施工。

本书可作为高校土木工程专业高年级学生的实训教材，也能为相关专业工程技术设计、施工等人员提供有益的参考。

本书配有授课PPT和工程设计相关文件等资源，免费提供给选用本书的授课教师，需要者请登录机械工业出版社教育服务网（www.cmpedu.com）注册下载。

图书在版编目（CIP）数据

岩土工程实训教程/李博等编著. —北京：机械工业出版社，2017.12
21世纪高等教育土木工程系列规划教材
ISBN 978-7-111-58997-6

Ⅰ.①岩⋯ Ⅱ.①李⋯ Ⅲ.①岩土工程-高等学校-教材 Ⅳ.①TU4

中国版本图书馆CIP数据核字（2018）第014447号

机械工业出版社（北京市百万庄大街22号 邮政编码100037）
策划编辑：李 帅 责任编辑：李 帅 于伟蓉 任正一
责任校对：王 延 封面设计：张 静
责任印制：孙 炜
北京中兴印刷有限公司印刷
2018年2月第1版第1次印刷
184mm×260mm·15印张·360千字
标准书号：ISBN 978-7-111-58997-6
定价：39.00元

前　言

随着高速公路、围海造地以及地下空间开发等建设的进行，我国的岩土工程发展越来越快，使得业内对岩土工程知识的需求，在内容的深度和广度上都有所增加。近年来，我们也参与了不少岩土工程项目的设计和咨询，发现不少设计人员主要从事上部结构设计，兼顾做深基坑设计、地基处理等，因此在方案编制及其优化上，在具体施工图编制上，存在一定的缺陷。在与年轻的设计人员交流和沟通过程中，我们发现在本科教育阶段，他们几乎没有岩土工程项目的训练，只学习了土力学、基础工程和地基处理等方面的知识，缺少了对岩土工程进一步理解的环节，对实际工程项目的认知和理解比较浅，对土的工程认识和研究有待进一步加强。

我们在多年的从教经历中，曾多次与土木工程的在校和已经毕业的大学生深入讨论，大家都认为很有必要对岩土工程类课程的内容编排进行调整，应该加入更加贴近实际的项目训练课程，以提升学生的工程师思维水平——从项目提出、方案比选、方案优化到专家反馈等方面让学生接触到真正项目中可能碰到的问题，以及到了施工阶段，设计人员如何与施工人员无缝对接，并对项目可能出现的安全隐患有一定的预见性。

为了探索并实践这类课程，我们在翻阅大量的教科书和指导书的基础上，编制了一本比较适合岩土工程实训教学的讲义，并已使用了三年时间。从学生的反馈来看，这门课程对他们认识岩土工程的帮助很大，能使他们更加贴近工程实际。在建设市场需要大量经过一定训练的岩土工程类人才的大背景下，我们将讲义的内容进行提炼修改，形成了本书。本书选择了三种典型的工程：第一种为水泥土挡墙，它属于重力式挡墙，我们对其构造、设计计算和施工及可能出现的问题做了分析；第二种为排桩式围护结构，它属于非重力式挡墙，其设计计算与重力式挡墙有很大不同，当碰到其他围护结构的挡墙设计时，其设计思维和方法，与水泥土挡墙或排桩式围护结构都比较相似，故不做赘述；第三种为地基处理的一种方法——排水固结法，它涉及太沙基的一维固结理论，由于大规模的围海造地正在很多沿海城市进行，因此这部分具有比较重要的工程实际意义。

本书在岩土工程师的实训教学内容方面做了一点初步的探索和尝试，限于我们的知识水平，书中的缺点和错误在所难免，恳请专家和广大读者批评指正，期待通过电子邮件 libo@wzu.edu.cn 与我们交流。

编著者

目　　录

第1章 绪论

实训课程是土木工程专业十分重要的实践性教学环节，是将所学的相关课程的知识加以综合性地运用，是对学生掌握专业知识程度进行综合性评价的一门课程。因此设置实训课程的目的是加强学生对所学知识的理解，通过真实的案例培养学生综合分析问题的能力和运用基础理论知识解决实际工程问题的能力，为完成毕业设计打下基础，也有助于学生毕业后能尽快进入"工程角色"。

岩土工程实训课程是土木工程专业课程中一个很重要的实训模块，是应用型本科院校的土木工程专业高年级学生的必修课程之一。岩土工程实训课程是对工程地质、土力学、基础工程和地基处理四门课程知识的综合运用，将大大加强学生分析和解决实际问题的能力，提升学生的工程师思维能力和工程师素养。本书依据51个学时的教学计划而编写，包括34学时的理论讲授和17学时的上机指导。理论部分包括三个类型的任务，该部分不但要求学生具有良好的岩土方向专业知识，还应具有较好的材料力学、结构力学和钢筋混凝土专业知识；上机部分包括应用软件的建模、计算和分析。

1.1 实训课程的意义

在国家基础设施建设（高速公路、围海造地等）大规模开展的情况下，工程界对土木工程专业的学生提出了更高的要求，而岩土工程方向的课程体系显得相对落后。为了与经济发展、社会需求相适应，高年级课程中设置了岩土工程实训课程，从而帮助学生尽早接触实际工程，体会常规课程设计与实际工程的联系与区别。

1.2 岩土工程实训与课程设计的区别

岩土工程实训课程包含基坑工程勘测、围护结构设计、地基处理、基坑工程施工、基坑稳定性验算等。实训内容都是以实际的工程案例为背景并结合了规范和经验，因此实训课程比课程设计综合性更强。通过实训课程的学习，学生能提高学习的兴趣，对相关理论知识有直接的认识，从而能够理解和掌握理论知识。

1.3 本书内容安排思路

本书主要以案例为主，设计基坑围护方案。基坑工程的实践性很强，工程类比和工程经验在基坑围护工程的设计和施工中起着非常重要的作用。为了便于学生更好地理解和学习岩土工程实践的内容，本书的工程实例以岩土工程案例类型展开，其中包括重力式水泥土挡墙的设计与施工、排桩式围护结构的设计与施工、排水固结法处理地基。

1. 重力式水泥土挡墙的设计与施工

本书第 2 章以重力式水泥土挡墙展开。该章案例中基坑开挖深度 4.9～5.5m，局部 6.2m，地基土质主要是淤泥质土，基坑支护结构采用重力式水泥土挡墙。重力式水泥土挡墙作为一种支护结构形式，是依靠墙体自重、墙底摩阻力和墙前坑底被动区的水土压力（被动区土体抗力），来满足水泥土挡墙的抗倾覆稳定、抗滑移稳定等的要求。

重力式水泥土挡墙是基坑支护结构。基坑支护是在基坑工程中确保主体建筑基坑本身的土体稳定及确保周围建筑物、地下设施及管线、道路的安全与正常使用。对于基坑开挖是否采用支护结构以及采用何种支护结构，应根据基坑周边环境、主体建筑物、地下结构的条件、开挖深度、工程地质和水文条件、施工作业设备、施工季节等条件，因地制宜地按照经济、技术、环境综合确定。

2. 排桩式围护结构设计与施工

本书第 3 章以排桩式围护结构设计与施工展开。由于地下连续墙工程浩大，所以有的基坑支护开始采用排桩支护。排桩支护一般采用冲孔、钻孔灌注桩，较多的是采用钻孔灌注桩。桩与桩之间有疏排布置与密排布置两种，为降低造价和施工方便，目前多数采用桩与桩疏排布置方案。第 3 章案例基坑普遍开挖深度为 13.99m，最大挖深 15.49m，为深基坑，深基坑的支护形式采用排桩（钻孔灌注桩）结合三道内支撑。

排桩式围护结构是深基坑支护常使用的方式。随着高层建筑的发展，绝大多数高层建筑的基础埋置深度越来越深，深基坑施工也就成为高层建筑和超高层建筑施工中一个突出的问题，而深基坑的挡土支护结构又是深基坑施工的关键。当前在深基坑支护方面已经积累了不少的实践经验，理论与实践正趋向成熟。深基坑支护形式总体上分为挡土构件（排桩或地下连续墙）结合内支撑系统的形式和围护墙结合锚杆的形式。

3. 排水固结法

本书第 4 章以排水固结法技术与施工展开。排水固结法即地基处理法之一。地基处理在岩土工程领域是一门较新的学科，它的主要目的在于提高地基承载力，减少建筑物的沉降、保证上部结构的安全和正常使用。

排水固结法适用于对软土地基加固处理，它使地基沉降在加载预压期间部分或基本完成，减少建筑物在使用期间的沉降和沉降差，也可提高地基承载力。排水固结法是由排水系统和加压系统两个部分组成。近几年来，排水系统采用塑料排水带和袋装砂井的较多，加压系统中采用堆载预压和真空预压法的较多。

第 4 章案例中的中心建筑因周围有 10～11m 的填土附加在软土地基上，可视为排水固结法中堆载预压。案例中应对地基处理进行计算。通过案例学习，学生应对地基处理法中排水固结有更深的了解。

1.4 规范的应用

应用规范前，须透彻理解规范条文，须理解其制定的目的。要明白规范条文都有一定的使用范围，不是在任何情况下都能采用。某些情况下个别规范条文，即使其是强制性条文，也可能无法执行。设计者对于规范条文的正确的理解和应用是非常重要的。如果错误地理解和应用了规范，轻则导致设计浪费，重则导致安全问题。应用规范时，应注意以下几个问题。

1. 禁忌盲目地套用规范中的公式

在计算重力式挡土墙土压力时，有无限范围和有限范围两种填土边界条件。边界条件不同，主动土压力计算系数 K_a 不同。在计算时应首先确定边界条件是无限范围填土还是有限范围填土，再根据边界条件选用主动土压力计算系数 K_a，不能盲目套用公式。

2. 禁忌不注意规范所给范围的合理使用

由于地基基础的复杂性，相关的规范中常给出一些规范值。例如，在 JGJ 94—2008《建筑桩基技术规范》中，第 4.1.1 条规定了灌注桩的配筋率应用的范围，表 5.2.5 列出了承台效应系数，表 5.3.5-1 列出了极限侧阻力标准值。对这些范围值的选取，应注意：对规范有明确说明的应理解意义后选用；规范没有说明的或说明不全面的应综合分析。

3. 桩的极限侧阻力和桩的极限端阻力的取值

在 JGJ 94—2008《建筑桩基技术规范》中，表 5.3.5-1、表 5.3.6-1 分别给出了桩的极限侧阻力和干作业挖孔桩极限端阻力标准值的参考范围，但如何选取规范却没有说明。在具体工程中，桩的极限侧阻力和桩的极限端阻力选取时应分析影响其发挥的因素，根据主要影响因素选择范围值。其中两个主要影响因素是土的状态和深度。桩的极限侧阻力、极限端阻力和土的状态有关，土状态越好发挥值越高。对于土的状态，该规范给出了范围值，应对应土的状态差异，选取桩极限侧阻力和极限端阻力的高低值。在土状态接近的情况下，埋置越深，桩的极限侧阻力和极限端阻力发挥值越高，计算时取范围值的高值。

1.5　文献检索与应用

一般常用的中文数据库包含中国知网、维普、万方、读秀等。英文数据库有 ASCE 美国土木工程师学会、EI 工程索引、Scopus 文摘引文、Springer 电子期刊数据库、Web of Science-SCIE 科学引文索引、Web of Science-SSCI 等。

在完成岩土实训课程时进行文献检索，一方面，有助于提高岩土课程知识的了解；另一方面，可以培养学生查阅各种资料和规程规范的能力，为完成毕业设计打下坚实的基础。

1.6　文献的分类及文献检索的作用与途径

1.6.1　文献的分类

文献资料是知识和信息的载体，主要指书刊、杂志，此外还有胶卷、录像带、录音带、光盘和互联网。

（1）文献的相关概念

1）文献类型和标识代码：普通图书［M］、会议录［C］、汇编［G］、报纸［N］、期刊［J］、学位论文［D］、报告［R］、标准［S］、专利［P］、数据库［DB］、计算机程序［CP］、电子公告［EB］、数据集［DS］、舆图［CM］、其他［Z］。

2）电子资源载体类型和标识代码：联机网络［OL］、光盘［CD］、磁带［MT］、磁盘［DK］。

（2）参考文献格式

1）专著、论文集、学位论文、报告

格式：［序号］主要责任者．文献题名［文献类型标识］．出版地：出版者，出版年：起止页码（可选）．

例：［1］刘国钧，陈绍业．图书馆目录［M］．北京：高等教育出版社，1957：15-18．

2）期刊文章

格式：［序号］主要责任者．文献题名［J］．刊名，年，卷（期）：起止页码．

例：［1］何龄修．读顾诚《南明史》［J］．中国史研究，1998，（3）：167-173．

［2］OU J，Wu B，SOONG T T，et al. Recent advance in research on applications of passive energy dissipation systems［J］. Earthquack Engineering & Engineering Vibration，1997，38（3）：358-361.

3）论文集中的析出文献

格式：［序号］析出文献主要责任者．析出文献题名［文献类型标识］//原文献主要责任者（可选）．原文献题名．出版地：出版者，出版年：起止页码．

例：［1］钟文发．非线性规划在可燃毒物配置中的应用［C］//赵炜．运筹学的理论与应用——中国运筹学会第五届大会论文集．西安：西安电子科技大学出版社，1996：468．

4）报纸文章

格式：［序号］主要责任者．文献题名［N］．报纸名，出版日期（版次）．

例：［1］谢希德．创造学习的新思路［N］．人民日报，1998-12-25（10）．

5）电子文献。［文献类型标识/载体类型标识］及其含义举例如下；

［A/OL］	网上报告
［J/OL］	网上期刊
［EB/OL］	网上电子公告
［M/CD］	光盘图书
［DB/OL］	网上数据库
［DB/MT］	磁带数据库

格式：［序号］主要责任者．电子文献题名［文献类型标识/载体类型标识］．出版地：出版者，出版年：引文页码（更新或修改日期）［引用日期］．获取和访问路径．数字对象唯一标识符．

例：［1］中国互联网络信息中心．第29次中国互联网络发展现状统计报告［R/OL］．（2012-01-6）［2013-03-26］．http：//www.cnnic.net.cn/hlwfzyj/hlwxzbg/201201/P020120709345264469680.pdf.

1.6.2 文献检索的作用

1. 借鉴其他学者的成果

通过查阅文献资料，可以了解其他学者在同一领域已经做了哪些工作，取得了哪些成果，还有那些问题没有解决。这样，可以在已有成果的基础上制定自己的科研目标和研究方案，使研究工作有创新性，避免重复别人已做过的工作。

2. 了解该领域当前的研究动态

自己要进行的研究，可能有人也在进行。通过文献资料的查阅，可以直接或间接地了解到目前何处、何单位、何人以何种方式正在研究，以便有目的地进行交流，进行广泛合作或者友好竞争。

3. 扩大知识面

学生进行岩土工程实训，要综合运用各种知识去解决实际问题，完成所布置的设计任务。一开始，学生往往不知从何处着手故需要有一个过渡过程，这个过渡过程可在教师的指导下进行，而查阅文献对完成这一过程是非常有帮助的。通过文献阅读，学生们还可以进一步扩大知识面，提高设计效率。

1.6.3　文献检索的途径

文献检索途径包含书名或篇名、作者姓名、文献序号、分类、主题词、关键词等。以下用中文、英文数据库检索"重力式水泥土挡墙"。

1. 中国知网数据库检索

（1）文献检索　打开网址 http：//kns. cnki. net/kns/brief/result. aspx？dbprefix＝SCDB，进入文献高级检索页面，输入主题词"重力式水泥土挡墙"，匹配为"精确"，单击"检索"按钮，结果显示共 13 篇，如图 1-1 所示。

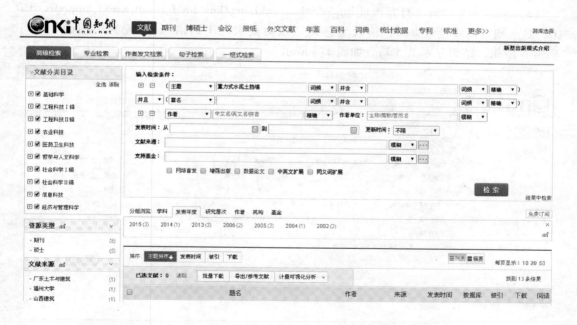

图 1-1　主题词为"重力式水泥土挡墙"的"精确"匹配的所有文献结果

（2）期刊检索　打开网址 http：//kns. cnki. net/kns/brief/result. aspx？dbprefix＝CJFQ，进入期刊高级检索页面，输入主题词"重力式水泥土挡墙"，匹配为"精确"，单击"检索"按钮，结果显示共 8 篇，如图 1-2 所示。

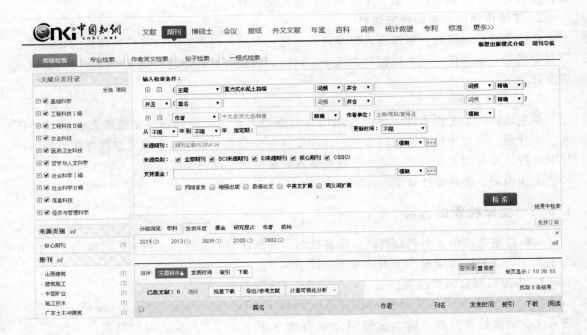

图 1-2　主题词为"重力式水泥土挡墙"的"精确"匹配的所有期刊结果

（3）硕博论文检索　打开网址 http：//kns. cnki. net/kns/brief/result. aspx？dbprefix＝CD-MD，进入期刊高级检索页面，输入主题词"重力式水泥土挡墙"，匹配为"精确"，单击"检索"按钮，结果显示共 5 篇，如图 1-3 所示。

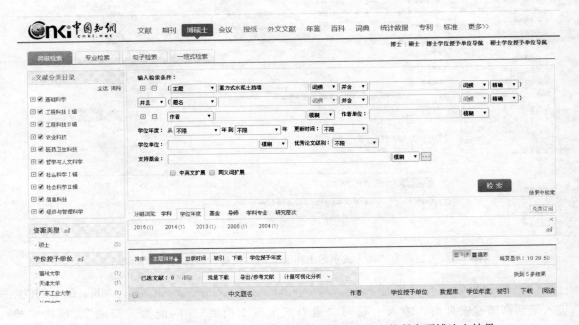

图 1-3　主题词为"重力式水泥土挡墙"的"精确"匹配的所有硕博论文结果

2. Web of Science 数据库检索

打开网址 http：//www.webofknowledge.com，进入登录界面（图 1-4），再输入账号密码进入检索页（图 1-5）或通过学校图书馆入口直接进入检索页，输入主题"gravity cement soil wall"，单击"检索"按钮，结果显示共 17 篇，如图 1-6 所示。

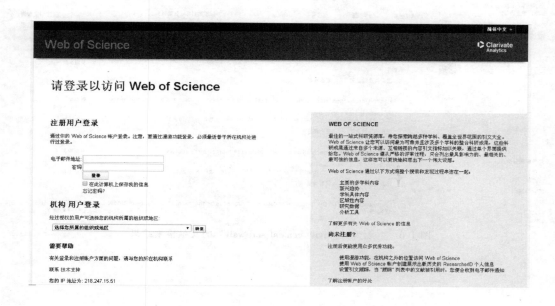

图 1-4 Web of Science 登录界面

图 1-5 Web of Science 检索页

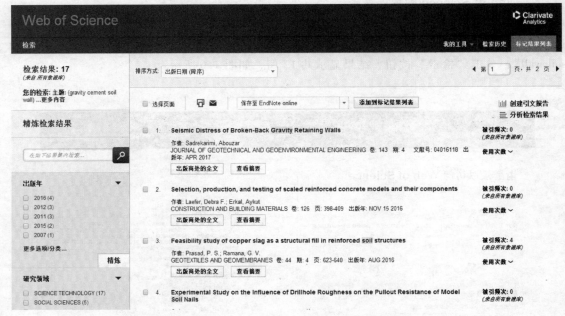

图 1-6　主题为"gravity cement soil wall"的文献检索结果

2.1 重力式水泥土挡墙概述

重力式水泥土挡墙（gravity cement-soil wall）是指由水泥土桩相互搭接成格栅或实体的重力式支护结构[一]。它既可以单独作为支护结构，在受到某种条件限制时，也可以与混凝土灌注桩、预制桩、钢板桩等相结合，形成组合式支护结构，还可以作为其他支护方式中的止水帷幕[二]。水泥土桩按施工方法分为水泥土搅拌法形成的搅拌桩[三]（cement deep mixing）和高压喷射注浆法形成的旋喷桩[四]（jet grouting）。在基坑支护结构中，较多地使用搅拌桩。典型支护结构剖面图如图2-1所示。

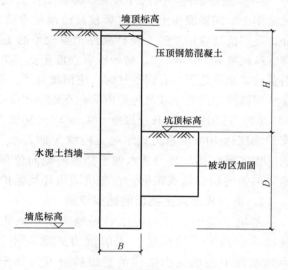

图 2-1 典型支护结构剖面图

2.1.1 重力式水泥土挡墙的特点

重力式水泥土挡墙最大限度地利用了原地基土，不需内支撑便于土方开挖和地下室施工，材料和施工设备单一，且施工时无侧

[一] 支护结构指的是支挡或加固基坑侧壁的承受荷载的结构，通常分为临时性和永久性两种情况，主要包括放坡开挖、复合土钉墙、重力式水泥土墙以及上述方式的各类组合支护结构。保护地下主体结构施工和基坑周边环境的安全。对基坑采用临时性支挡、加固、保护与地下水控制的措施，称为基坑支护。

[二] 止水帷幕是工程主体外围止水系列的总称，是用于阻止或减少基坑侧壁及基坑底地下水流入基坑而采取的连续止水体。

[三] 此外搅拌桩即水泥搅拌桩，它可用于加固饱和软黏土地基。此地基加固方法是利用水泥作为固化剂，通过特制的搅拌机械，在地基深处将软土和固化剂强制搅拌，利用固化剂和软土之间所产生的一系列物理化学反应，使软土硬结成具有整体性、水稳定性和一定强度的优质地基。根据固化剂状态不同，水泥土搅拌桩施工方法又分为两种：当使用水泥浆作为固化剂时，称为深层搅拌法（湿法），当使用水泥粉作为固化剂时，称为粉体喷搅法（干法）。

[四] 旋喷桩指的是利用钻机把带有喷嘴的注浆管钻至土层的预定位置，或先钻孔后将注浆管放至预定位置，通过高压使浆液或水从喷嘴中射出，边旋转边喷射浆液，使土体与浆液混合形成的水泥土桩体。

向挤出、无振动、无噪声和无污染，对周边建构筑物影响小，20 世纪 90 年代广泛应用于上海、浙江、江苏、福建等沿海各地单层地下室的软土基坑工程中。水泥土挡墙具有止水和支护的双重作用，但由于无支撑，变形较大。与其他支护方式相比，重力式水泥土挡墙具有以下优点：

1）施工操作简便、成桩工期短，造价较低，且施工时无振动、无噪声、无泥浆废水污染。

2）基坑开挖时一般不需要支撑拉锚。

3）因墙体隔水防渗性能良好，坑外不需要设井点降水[⊖]，基坑内外可以有水位差，且坑内干燥整洁，空间宽敞，方便后期结构施工。

2.1.2 重力式水泥土挡墙的适用条件及选型原则

1. 重力式水泥土挡墙的适用条件

（1）地质条件　国内外大量试验和工程实践表明，随着施工设备能力的提高，水泥土桩除适用于加固淤泥质土、含水量较高而地基承载力小于 120kPa 的黏土、粉土、砂土等软土地外，还广泛地应用于砂土及砂质黏土等较硬的土质。但当用于泥炭土，或土中有机质含量较高，酸碱度 pH 值小于 7，初始抗剪强度很低（20～30kPa），或土中含伊利石、氯化物、水铝石英等矿物及地下水有侵蚀性时，应慎重对待，并宜通过试验确定其适用性。对于场地地下水受江河潮汐涨落影响或其他原因而存在地下水位变动时，宜对成桩的可行性做现场试验。

（2）适用的基坑开挖深度　对于软土基坑，支护深度不宜大于 6m；对于非软土基坑，支护深度达 10m 的重力式水泥土挡墙（加劲水泥土挡墙、组合式水泥土挡墙等）也有成功的工程实践案例。重力式水泥土挡墙的侧向位移控制能力较弱，基坑开挖越深，面积越大，墙体的侧向位移越难控制。在基坑周边环境保护要求较高的情况下，开挖深度应严格控制。

2. 重力式水泥土挡墙的选型原则

基坑工程中，首先应了解场地的工程地质条件和水文地质条件，了解主要土层的工程特性和地下水的性质，了解重力式水泥土挡墙的使用范围和适用条件；然后结合重力式水泥土挡墙支护结构的变形特点及破坏形式，确定具体工程需要解决的主要问题；最后根据基坑规模、周边环境条件、施工荷载等因素，本着"因地制宜、经济合理、施工方便"的原则，根据工程的实际情况，对基坑工程进行初步的总体规划和选型。重力式水泥土挡墙支护结构的选型主要包括成桩设备、喷浆设备的选择以及水泥土挡墙平面布置、竖向布置等内容。

3. 重力式水泥土挡墙的选型

重力式水泥土挡墙是采用搅拌桩、高压喷射注浆等施工设备将水泥等固化剂和地基强行搅拌，而形成的连续搭接的水泥土柱状加固体挡墙。重力式水泥土挡墙的选型包括成桩设备的选型、平面布置的选型、竖向布置的选型三个方面。

（1）成桩设备的选型　水泥土的搅拌喷浆的成桩（墙）设备，一般有搅拌桩机、旋喷桩机和旋喷搅拌桩机。国内常用成桩（墙）设备及其特点见表 2-1。

⊖　井点降水指的是人工降低地下水位的一种方法。该法是在基坑开挖前，在基坑四周埋设一定数量的滤水管（井），利用抽水设备抽水使所挖的土始终保持干燥状态。对于软土地区而言，其渗透系数小，排水作用时间很长，如无水平的夹砂层采用此法很难奏效，使用前应慎重考虑。

表 2-1　国内常用成桩（墙）设备及其特点

设备名	特点及适用范围
单轴、双轴搅拌桩机	1. 成桩直径为 500~700mm，较为均匀；成桩桩长较短，约为 15~20m 2. 设备功率较小，适合用于标准贯入锤击数小于 15 击的软土、填土、松散的粉细砂等土层中 3. 轴杆较细，在长桩中其垂直度难以控制 4. 一般适用于单层地下室等挖深不大的中小型基坑工程
三轴搅拌桩机	1. 成桩直径可达 850~1200mm，桩身强度较为均匀 2. 成桩桩长较长，可达 30m 以上 3. 设备贯入土层的能力较强，适合用于标准贯入锤击数小于 25 击的土层中 4. 设备较大，成桩垂直度好，相邻桩的搭接有保证 5. 一般适用于 2 层以上地下室等挖深较大的中大型基坑工程
旋喷桩机	1. 成桩直径可达 500~1200mm，桩身直径并非十分均匀，形成的水泥土挡墙具有足够的搭接长度 2. 垂直度较易控制，一般成桩桩长不受限制 3. 大部分土层中均可成桩 4. 设备较小，对施工场地的空间要求不高 5. 造价较高，一般用于止水帷幕、接桩及水泥土挡墙的施工缝连接处

根据搅拌机械搅拌轴的数量不同，主要有单轴、双轴、三轴三类。国外搅拌机械搅拌轴的数量还有四轴、六轴、八轴，能搅拌形成块状大型截面，而且单搅拌轴同时做垂直向和横向移动还能形成连续一字形大型截面。旋喷桩机根据喷射方法的不同，可分为单管喷射法、二重管法、三重管法。

此外，搅拌桩还分加筋和非加筋。目前在我国除 SMW[⊖]工法为加筋工法外，其余各种工法均为非加筋工法。

（2）平面布置的选型　典型的重力式水泥土挡墙平面布置，一般有壁状布置、锯齿形布置、格栅状布置等形式。如图 2-2 所示，其特点见表 2-2。

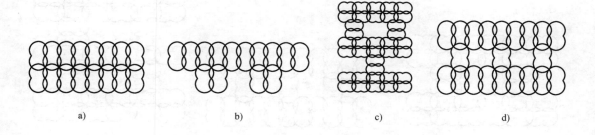

a)　　　　　　　　　b)　　　　　　　　　c)　　　　　　　　　d)

图 2-2　重力式水泥土挡墙的平面布置

a）壁状支护结构　b）锯齿形支护结构　c）、d）格栅状支护结构

⊖　SMW 即型钢水泥土搅拌墙（Soil Mixed Wall）是指连续套接的三轴水泥土搅拌桩内插入型钢而形成的复合挡土隔水结构。

表 2-2 水泥土挡墙平面布置及其特点

平面布置	特点及适用范围
壁状	1. 水泥土挡墙的搭接易保证,成墙的整体性好 2. 布置相同的桩数,水泥土挡墙的刚度较小 3. 水泥土挡墙的置换率为1.0,相对造价较高 4. 一般用于:要求较高且墙体宽度较小的基坑工程;止水要求较高的基坑工程;基坑支护平面中应力较大的区域
锯齿形	1. 该布置形式形成的水泥土挡墙刚度较大,整体性较好 2. 一般用于坑底被动区加固,以及要求提高水泥土挡墙刚度减小变形的基坑边长的中部
格栅状	1. 该布置形式可形成刚度较大的水泥土挡墙 2. 水泥土挡墙的置换率小于1.0,经济性较好 3. 为重力式水泥土挡墙中最为常用的平面布置形式

 工程实践中,为了节省工程量,同时兼顾水泥土挡墙的刚度,常用格栅状的平面布置形式。目前由单轴搅拌桩机或高压旋喷桩机⊖、双轴搅拌桩机、三轴搅拌桩机成桩的重力式水泥土挡墙格栅状平面布置形状分别如图 2-3~图 2-5 所示。

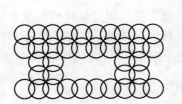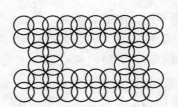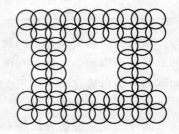

图 2-3 单轴搅拌桩常见平面布置形式示意图

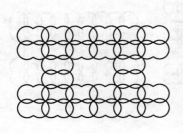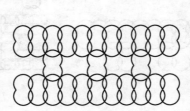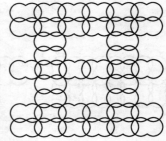

图 2-4 双轴搅拌桩常见平面布置形式示意图

⊖ 高压旋喷桩是以高压旋转的喷嘴将水泥浆喷入土层与土体混合,以形成连续搭接的水泥加固体。高压旋喷桩施工占地少,振动小,噪声较低,但容易污染环境,成本较高,特殊的不能使喷出浆液凝固的土质不宜采用。

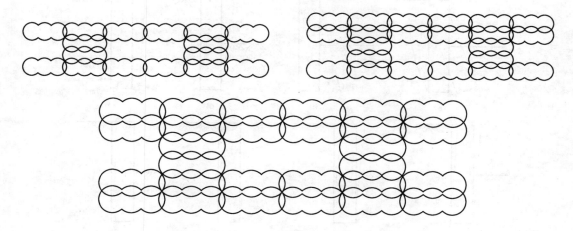

图 2-5　三轴搅拌桩常见平面布置形式示意图

实际工程中，由于空间效应原因，重力式水泥土挡墙在平面转角及两侧处变形较小但剪力及墙身应力均较大，因此，平面布置中宜采用满堂布置、加宽或加深墙体等措施进行加强。

（3）竖向布置的选型　典型的重力式水泥土挡墙竖向布置一般有等断面布置、台阶形布置等形式。等断面布置为常用的布置方式。有时或为了减少工程造价，或为了解决墙趾的地基承载力问题，或为了提高重力式水泥土挡墙的稳定性，或结合被动区加固等，而增加或减少了某几排水泥搅拌桩的长度，使重力式水泥土挡墙的竖向布置形成了 L 形、倒 U 形、倒 L 形等布置形式。工程中常用的几种竖向布置形式如图 2-6 所示。

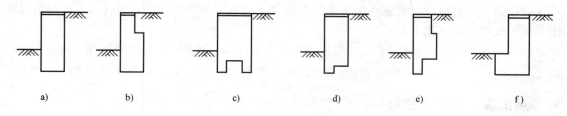

a)　　　　b)　　　　　　c)　　　　　d)　　　　　e)　　　　f)

图 2-6　工程中常用的几种竖向布置形式
a)、b)　L 形　c) 倒 U 形　d)、e)、f)　倒 L 形

2.1.3　重力式水泥土挡墙的破坏形式

重力式水泥土挡墙是依靠墙体自重、墙底摩阻力和墙前被动土压力来稳定墙体，以确保墙体的整体稳定、隆起稳定、倾覆稳定、滑移稳定以及渗流稳定，从而控制墙体的变形。由此重力式水泥土挡墙的破坏形式包括以下几类。

（1）整体稳定破坏、基底土隆起破坏、墙趾外移破坏　由于墙体入土深度不够、墙背及墙底土体抗剪强度不足、坑底土体太软弱等原因，导致墙体及附近土体的整体稳定破坏或基底土隆起破坏（图 2-7a）；由于墙体入土深度不够或坑底土体太软，或因管涌、流砂等，可能导致墙趾外移破坏，（图 2-7b）。

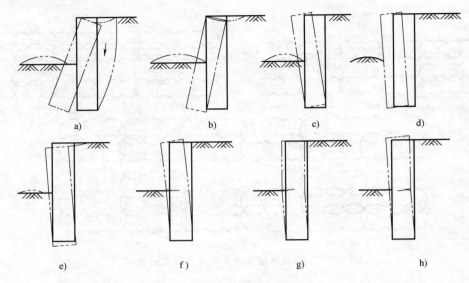

图 2-7　重力式水泥土挡墙的破坏形式

a）整体稳定破坏　b）墙趾外移　c）倾覆破坏　d）滑移破坏

e）地基承载力破坏　f）压裂破坏　g）剪切破坏　h）拉裂破坏

（2）倾覆破坏、滑移破坏　由于墙后的坑边堆载增加、重型施工机械施工、墙后影响范围内的挤土施工、墙背水压力的突增等，引起主动区水土压力增大，导致水泥土挡墙发生倾覆破坏（图 2-7c），或墙体抗倾覆稳定性和抗滑移稳定性不足，导致墙体变形过大或整体刚性移动（图 2-7d）。

（3）地基承载力破坏　当墙体入土深度不够，或由于墙底存在软弱土层等地基承载力不足，或由于某种原因引起主动区水土压力增大，都可能导致墙底地基承载力破坏而出现墙体下沉、倾覆现象（图 2-7e）。

（4）强度破坏　当水泥土挡墙墙身断面较小、水泥掺量过低，引起墙身抗压、抗剪、抗拉强度不足时，或施工质量达不到设计要求时，将导致墙体压、剪、拉等破坏（图 2-7 f、g、h）。

知识点扩展：基坑支护结构

基坑支护结构按施工形式不同主要包括：放坡开挖、复合土钉墙、重力式土钉墙以及上述方式的各类组合支护结构。有关放坡开挖、复合土钉墙的概述如下。

1. 放坡开挖概述

（1）放坡开挖的概念　在基坑开挖施工过程中，通过选择合理的基坑边坡坡度，使基坑开挖后的土体在无加固及无支撑的条件下，依靠土体自身的强度，在新的平衡状态下取得稳定性的边坡并保持整个基坑状况的稳定，同时确保基坑周边环境不受影响或满足预定的工程环境要求，这类无支护措施下的基坑开挖方法通常称为放坡开挖（图 2-8a）。

（2）放坡开挖适用条件

1）当场地条件允许，并经验算能保证边坡稳定性时，可采用放坡开挖。多级放坡时，应同时验算各级边坡的稳定性和多级边坡的整体稳定性。坡脚附近有局部坑内深坑时，应按深坑深度验算边坡稳定性。

2）当场地为杂填土、黏性土或粉土，环境条件允许，降水后不会对相邻建筑物、道路及管线产生不利影响时，可采用放坡开挖。

3）当基坑不具备安全深度放坡开挖条件时，若有条件上部可自然放坡或直立开挖，下部可设置其他支护体系。

4）边坡位于浜填土区域，应采用土体加固等措施后再进行放坡开挖。

（3）放坡开挖的特点　放坡开挖与其他支护类型相比，具有以下特点：

1）方便开挖，施工工期较短。由于采用放坡开挖，不需要施工支护结构，仅需进行土方开挖工作，施工速度较有支护的施工方法快。

2）放坡开挖适用范围有限。当地质条件较好，放坡开挖可适用的开挖深度较深，而对于软土地区，放坡开挖对于深基坑不合适。

3）一般放坡开挖位移较大，对周边环境的影响较大，当对周边环境保护求较高时，不适合采用。

当在城市中施工时，由于土方价格较高，与土钉墙⊖等有支护形式的开挖相比较，有可能采用土钉墙支护时的围护造价比采用大坡率放坡开挖时的造价更经济。这需要根据当地实际情况确定。

2. 复合土钉墙概述

（1）复合土钉墙的概念　将土钉墙与深层搅拌桩、旋喷桩、各种微型桩、钢管土钉及预应力锚杆等结合起来，根据具体工程条件进行多种组合，形成复合基坑支护的一种技术，它弥补了一般土钉墙的许多缺陷和使用限制，极大地扩展了土钉墙技术的应用范围。复合土钉墙技术具有安全可靠、造价低、工期短、使用范围广等特点，获得了越来越广泛的工程应用。复合土钉墙如图 2-8b 所示。

a)　　　　　　　　　　　　　　　　　b)

图 2-8　基坑基本支护结构

a）放坡开挖　b）复合土钉墙

（2）复合土钉墙的种类　复合土钉墙目前主要有以下几种实用类型：

1）土钉墙+止水帷幕+预应力锚杆。如图 2-9a 所示，它是应用最为广泛的一种复合土钉墙形式。由于降水经常会引起基坑周围建筑、道路的沉降，造成环境破坏，引起纠纷，所

⊖　土钉墙指的是一种原位土体加筋技术，其构造为设置在坡体中的加筋杆件（即土钉或锚杆）与其周围土体牢固黏结形成的复合体，以及面层所构成的类似重力式挡土墙的支护结构。

以，一般情况下，基坑支护均设置止水帷幕。止水帷幕起止水和加固支护面的双重作用。

止水帷幕可采用搅拌桩、旋喷桩及注浆等方法形成。由于搅拌桩止水帷幕效果好，造价便宜，所以在可能条件下均采用搅拌桩作为止水帷幕，只有搅拌桩难以施工的地层才使用旋喷桩。止水后土钉墙的变形一般较大，在基坑较深，变形要求严格的情况下，需要采用预应力锚杆限制土钉墙的位移，这样就形成了最为常用的复合土钉墙形式。

2）土钉墙+预应力锚杆。当地层条件为黏性土层且周边环境允许降水时，可不设置止水帷幕，但基坑较深且无放坡条件时，应采用土钉墙+预应力锚杆（图 2-9b）这种复合土钉墙形式。预应力锚杆加强土钉墙，限制土钉墙位移。

3）土钉墙+微型桩+预应力锚杆。当基坑开挖线离红线和建筑物距离很近，且土质条件较差，开挖前需对开挖面进行加固，搅拌桩又无法施工时，采用土钉墙+微型桩+预应力锚杆（图 2-9c）这种复合土钉墙支护形式。微型桩常采用直径 100~300mm 的钻孔灌注桩、型钢桩、钢管桩以及木桩等，预应力锚杆加强土钉墙，限制土钉墙位移。

4）土钉墙+止水帷幕+微型桩+预应力锚杆。当基坑深度较大，变形要求高，地质条件和环境条件复杂时，采用由土钉墙+止水帷幕+微型桩+预应力锚杆（图 2-9d），组成的复合土钉墙形式。这种支护形式可代替桩锚支护结构或地下连续墙[⊖]支护。在这种支护形式中，预应力锚杆一般 2~3 排，止水帷幕一般为旋喷桩或搅拌桩，微型桩直径较大或采用型钢桩。

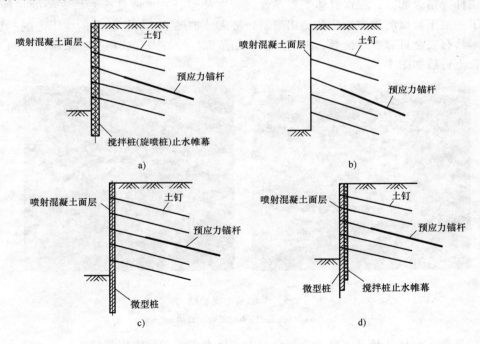

图 2-9　复合土钉墙种类
a）土钉墙+止水帷幕+预应力锚杆　b）土钉墙+预应力锚杆
c）土钉墙+微型桩+预应力锚杆　d）土钉墙+止水帷幕+微型桩+预应力锚杆

⊖　地下连续墙是指用专用机械成槽，分槽段浇筑钢筋混凝土而形成的连续的地下墙体，也可称现浇地下连续墙。

（3）复合土钉墙特点　复合土钉墙具有轻型，机动灵活，适用范围广、造价低、工期短、安全可靠等特点，其支护能力强，可作为超前支护，并兼具支护、截水等效果。在实际工程中，组成复合土钉墙的各部分可根据工程需要进行灵活的有机结合，形式多样。复合土钉墙是一项技术先进、施工简便、经济合理、综合性能突出的基坑支护技术。通过多种组合，形成复合基坑支护技术，大大扩展了土钉墙支护的应用范围。

（4）复合土钉墙的施工及检测要求

1）复合土钉墙的施工顺序。以典型的复合土钉墙支护形式为例，施工过程是一种自上而下的逐步修建的过程：① 施做超前支护（止水帷幕和微型桩）；② 待支护强度达到设计强度后开挖至第一道土钉工作面，修整土壁；③ 施做土钉并养护；④ 铺设、固定钢筋网，并进行喷射混凝土施工和养护工作；⑤ 开挖至下一层土钉工作面，重复步骤②~步骤④至坑底标高。

2）复合土钉墙的检测要求。复合土钉墙的检测要求包括：

① 应对土钉的抗拔承载力进行检测。土钉检测数量不宜少于土钉总数的 1%，且同一土层中的土钉检测数量不应少于 3 根；对安全等级为二级、三级的土钉墙，抗拔承载力检测值分别不应小于土钉轴向拉力标准值的 1.3 倍、1.2 倍；检测土钉应采用随机抽样的方法选取；检测试验应在注浆固结体强度达到 10MPa 或达到设计强度的 70% 后进行，应按 JGJ 120—2012《建筑基坑支护技术规程》附录 D 的试验方法进行；当检测的土钉不合格时，应扩大检测数量。

② 应进行土钉墙面层喷射混凝土的现场试块强度试验。每 500m² 喷射混凝土面积的试验数量不应少于一组，每组试块不应少于 3 个。

③ 应对土钉墙的喷射混凝土面层厚度进行检测。每 500m² 喷射混凝土面积的检测数量不应少于一组，每组的检测点不应少于 3 个；全部检测点的面层厚度平均值不应少于厚度设计值，最小厚度不应小于厚度设计值得 80%。

④ 复合土钉墙的预应力锚杆，应按 JGJ 120—2012《建筑基坑支护技术规程》第 4.8.8 条规定进行检测。

⑤ 复合土钉墙的水泥土搅拌桩或旋喷桩用作截水帷幕时，应按 JGJ 120—2012《建筑基坑支护技术规程》第 7.2.14 条的规定进行质量检测。

（5）复合土钉墙的施工注意事项及施工重点

1）超前桩至关重要。超前支护桩在复合土钉施工过程中承受较大的弯矩、剪力，其施工质量的好坏直接影响工程的安全，因此要严格控制支护桩的施工质量。对于微型桩，主要控制其直径、配筋、垂直度等参数；对于水泥桩（搅拌桩、高压喷射桩），主要控制其搭接长度、水胶比⊖、水泥掺量。

2）严禁超挖⊖。施工过程中严格按照设计标高施工，不得超挖，且开挖至设计标高后应尽快施工，避免基坑暴露时间过长造成土钉墙及支护体的损坏，造成安全事故，增加经济费用，延误施工工期。

⊖　水胶比指的是水的用量和水泥的用量的比值，曾称水灰比。

⊜　超挖指的是基坑开挖深度大于原设计挖深。超挖的主要原因是土方开挖过程中由于建筑设计方案（有时仅为局部）的变更，使基坑开挖深度（有时仅在局部电梯井、厚承台位置）大于原设计挖深。

3）严格控制地下水。根据具体情况设置泄水孔[⊖]，如果土体内的积水排不出会直接影响基坑的安全。

2.2 重力式水泥土挡墙设计计算

2.2.1 重力式水泥土挡墙设计原理与设计参数

1. 设计原理

重力式水泥土挡墙作为一种支护结构形式，是依靠墙体自重、墙底摩阻力和墙前坑底被动区的水土压力（被动区土体抗力），来确保水泥土挡墙的抗倾覆稳定、抗滑移稳定；通过合理的嵌固深度 D 来满足基坑抗隆起、整体稳定、抗流土、抗管涌、墙底地基承载力稳定等的要求；并通过合适的墙体宽度 B 来使重力式水泥土挡墙墙身应力和墙体变形满足要求；保证地下室或地下工程的施工及周边环境的安全。

2. 设计参数

重力式水泥土挡墙的设计参数主要有墙体嵌固深度和墙身宽度，同时还有水泥土开挖龄期时的轴心抗压强度 f_{cs}，这三个参数应满足稳定性要求和截面承载力验算要求。f_{cs} 在工程实践中离散性很大，其标准差可达到 30%~70%，对此，目前的设计一般要求轴心抗压强度不低于 0.8MPa，以留有充裕的安全储备，使墙体抗压强度不成为设计的控制条件，而以稳定性进行设计控制。因此，重力式水泥土挡墙支护结构采用了和经典重力式挡土墙不完全相同的设计方法。重力式水泥土挡墙的设计主要按照稳定性要求确定墙体嵌固深度和墙身宽度，在进行截面承载力验算时，一般也通过先调整墙体的截面尺寸（主要是墙宽），后进行墙体结构强度（内力和应力）、变形等的计算或验算来满足验算要求。

（1）重力式水泥土挡墙的嵌固深度 确定重力式水泥土挡墙的嵌固深度时应通过稳定性验算取最不利情况下所需的嵌固深度，同时引入地区性的安全系数和基坑安全等级进行修正，从而得到嵌固深度的设计值，其值一般取计算值的 1.1~1.2 倍。

工程实践中，JGJ 120—2012《建筑基坑支护技术规程》中第 6.2.2 条规定，重力式水泥土挡墙的嵌固深度，对淤泥质土，不宜小于 $1.2h$，对淤泥，不宜小于 $1.3h$；重力式水泥土挡墙的宽度 B，对淤泥质土，不宜小于 $0.7h$，对淤泥，不宜小于 $0.8h$；此处，h 为基坑深度。一般可取嵌固深度 $D = (0.7~1.5)h$，且应满足各稳定计算要求；当计算值小于 $0.4h$ 时，宜取 $D = 0.4h$。

需要注意的是：重力式水泥土挡墙的抗倾覆稳定性计算公式中分子和分母都是墙高 H 的三次函数，在插入深度范围内，其一阶导数常小于 0（特别是软土中），即抗倾覆安全系数出现随插入深度增加而减小的现象，说明在软土中不能仅用抗倾覆计算来确定重力式水泥土挡墙的嵌固深度。

（2）重力式水泥土挡墙的宽度 重力式水泥土挡墙支护结构的嵌固深度确定后，墙宽

⊖ 此处的泄水孔是指挡土墙的泄水孔，它是在砌筑挡土墙时在墙身上间隔一定距离留置的小孔。在墙身上设置泄水孔可减小坑外水位的升高（高于原设计水位）造成的坑内水压力突然增大的影响。墙身增设泄水孔，一般要求在原设计坑外水位标高附近上、下各设一道，孔径不小于 100mm，孔的间距可根据墙后土层的渗透性确定，一般为 1~2m。

对抗倾覆稳定、抗滑移稳定、墙底地基土应力、墙身应力等起控制作用。一般在所确定的嵌固深度条件下，当抗倾覆满足要求后，抗滑移亦可满足。因此重力式水泥土挡墙的最小结构宽度 B_{min} 可先由重力式水泥土挡墙支护结构的抗倾覆极限平衡条件来确定，之后再验算其他稳定、墙身应力、墙体变形等的条件。

　　工程实践中，重力式水泥土挡墙的墙体宽度先可按经验确定，一般墙体宽度 B 可取为开挖深度 h 的 $0.6 \sim 1.0$ 倍，即 $B = (0.6 \sim 1.0)h$。有时，重力式水泥土挡墙的竖向布置会出现长、短结合的形式，此时可取其桩长的平均值进行各种稳定、强度及变形计算。

　　（3）重力式水泥土挡墙的布置方式　重力式水泥土挡墙的宽度确定后，其平面布置可根据基坑总体平面形状、基坑各主要部位（区域）的变形特性、应力分布特点、周边环境的控制条件等综合确定。如上节所述，平面布置的选型有满膛布置、锯齿形布置、格栅状布置等形式。实际工程中，常用的平面布置形式为格栅状布置。格栅状的平面布置，其水泥土的置换率 α_s（置换率为水泥土截面面积与断面外包面积之比）一般可根据表 2-3 中的经验值选用，格栅长宽比不宜大于 2。

表 2-3　不同土层置换率经验值

土　　　层	淤　　泥	淤泥质土	黏性土、砂土
置换率 α_s	0.82	0.70	0.60

　　实际工程中，常用的截面形式为等断面的矩形和台阶式的 L 形。

　　（4）重力式水泥土挡墙的主要荷载　作用于重力式水泥土挡墙的主要荷载有墙前墙背的水土压力、重力式水泥土挡墙的自重、外荷载（如道路荷载、建构筑物的永久荷载等）、施工荷载（如施工机械、材料临时堆放）、偶然荷载。与其他类型支护结构类似，重力式水泥土挡墙的内力与变形的分析方法主要有经典法、弹性法、有限元法，工程实践中主要以弹性支点法（m 法）和极限平衡法为主，计算原理如图 2-10、图 2-11 所示。

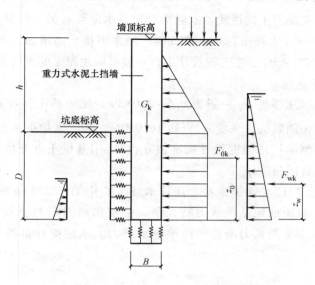

图 2-10　弹性支点法（m 法）计算原理

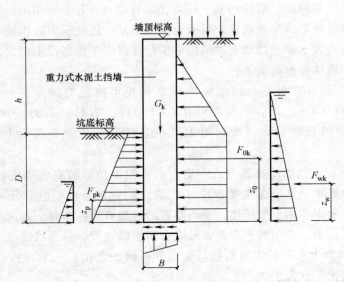

图 2-11　极限平衡法计算原理

2.2.2　水泥土的主要物理力学指标（设计基本参数）

涉及重力式水泥土挡墙支护结构设计的基本参数主要有土的重度 γ、土的抗剪强度指标黏聚力 c、内摩擦角 φ、土的水平抗力系数的比例系数 m、水泥土的物理力学参数等。实践证明，计算参数选取不当所造成的误差要比采用设计理论不当所造成的误差大得多，因此如何选择合适的土工参数是确保设计合理化的关键。土工参数的选择、水土压力的分布及计算方法与基坑变形控制条件、土的工程性质、地下水的状态、支护结构分析理论与方法等紧紧相关。

工程实践中，水泥土的主要物理力学指标可按以下原则确定。

1. 水泥土的重度

水泥土的重度与被加固土的性质、水泥掺合比及水泥浆有关。根据室内试验结果表明，水泥掺和比为 7%～20%，水胶比为 0.4～0.5 时，随水泥掺量的增加，水泥土的重度比被加固土的天然重度增加 2%～5%。在工程设计中，一般可取水泥土的重度为 18kN/m³。

2. 水泥土的抗压强度

水泥土的无侧限抗压强度 q_u 一般为 0.5～5.0MPa，比天然土强度高数十倍至数百倍。在砂层中，水泥土的无侧限抗压强度 q_u 可达 10.0MPa。基坑支护中水泥土主要起支挡作用承受水平荷载，其无侧限抗压强度设计标准值 q_{uk} 应采用基坑土方开挖龄期（一般取 28d）的现场水泥土无侧限抗压强度 q_u。

1）参考 JGJ 79—2012《建筑地基处理技术规范》中第 7.3.3 条规定，桩端端阻力特征值，可取桩端土为修正的地基承载力特征值，应使由桩身材料强度确定的单桩承载力不小于由桩周土和桩端土的抗力所提供的单桩承载力。水泥搅拌桩桩身强度标准值 q_u 按下式计算

$$q_u = \eta f_{cu} A_p \tag{2-1}$$

式中　η——桩身强度折减系数，干法可取 0.20～0.25，湿法可取 0.25；

f_{cu}——与搅拌桩桩身水泥配比相同的室内加固土试块（边长为 70.7mm 的立方体）在标准养护条件下 90d 龄期的立方体抗压强度平均值（kPa）。

JGJ 79—2012《建筑地基处理技术规范》中第 7.1.5 条第 3 项规定，水泥土搅拌桩复合地基设计中规定单桩承载力特征值，应通过现场静载荷试验确定，初步设计时，增强体单桩竖向承载力特征值按下式估算

$$q_u = u_p \sum_{i=0}^{n} q_{si} l_{pi} + \alpha_p q_p A_p \tag{2-2}$$

式中　u_p——桩的周长（m）；

q_{si}——桩周第 i 层土的侧阻力特征值（kPa），可按地区经验确定；

l_{pi}——桩长范围内第 i 层土的厚度（m）；

α_p——桩端端阻力发挥系数，应按地区经验确定；

q_p——桩端端阻力特征值（kPa），可按地区经验确定；对于水泥搅拌桩、旋喷桩应取未经修正的桩端地基土承载力特征值；

A_p——桩的截面面积（m²）。

从抗压强度试验得知，在其他条件相同时，不同龄期的水泥土强度间大致呈线性关系，其经验关系见表 2-4。

表 2-4　不同龄期水泥土抗压强度关系

关系	比值	关系	比值
f_{cu7}/f_{cu28}	0.47~0.63	f_{cu90}/f_{cu28}	1.43~1.80
f_{cu14}/f_{cu28}	0.62~0.80	f_{cu90}/f_{cu14}	1.73~2.82
f_{cu60}/f_{cu28}	1.15~1.46	f_{cu90}/f_{cu7}	2.37~3.73

表 2-4 中 f_{cu7}、f_{cu14}、f_{cu28}、f_{cu60}、f_{cu90} 分别为 7d、14d、28d、60d、90d 龄期的水泥土抗压强度，f_{cu} 为与搅拌桩桩身水泥土配比相同的室内加固土试块（边长为 70.7mm 的立方体）在标准养护条件下 90d 龄期的立方体抗压强度平均值。

2）水泥土的无侧限抗压强度可按水泥土挡墙钻孔取芯法质量检测综合评定方法选取。综合评定方法可参照 JGJ 106—2014《建筑基桩检测技术规范》中第 7 章钻芯法的相关条文及内容执行，现场水泥土无侧限抗压强度 q_{u28} 应按钻取的现场原状试件的无侧限抗压强度标准值的一半取值。

3. 水泥土的抗拉、抗剪强度

水泥土的抗拉强度 $\sigma_\tau = (0.15 \sim 0.25) q_u$。水泥土挡墙正截面承载力（拉应力）验算中，取抗拉强度 $\sigma_{cs} = 0.06 q_u$。水泥土的黏聚力 $c = (0.2 \sim 0.3) q_u$，内摩擦角 $\varphi = 20° \sim 30°$，一般取水泥土抗剪强度 $\tau_f = \frac{1}{6} q_u$。

4. 变形模量

水泥土的变形模量与无侧限抗压强度 q_u 有关，实际工程中，当 q_u 小于 6MPa 时，水泥土的 E_{50} 与 q_u 大致呈线性关系，一般有 $E_{50} = (350 \sim 1000) q_u$。当水泥掺入比 $\lambda_w = 10\% \sim 20\%$ 时，水泥土的破坏应变 $\varepsilon_f = 1\% \sim 3\%$，$\lambda_w$ 越高 ε_f 越小。

5. 渗透系数

水泥土的渗透系数 k 是随龄期的增加和水泥掺入比的增加而减少，实际工程中，水泥土

的渗透系数 k 一般为 $10^{-7} \sim 10^{-6} \mathrm{cm/s}$。

2.2.3 被动区加固土层物理力学指标的确定

在软土基坑中，被动区加固常用于重力式水泥土挡墙支护结构的工程实践中。用于加固被动区土体的方法有坑内降水、水泥搅拌桩、高压旋喷、压密注浆⊖、人工挖孔桩、化学加固法。其中，较为常用的是水泥搅拌法，该方法较为经济且加固质量易于控制。必须一提的是尽管被动区局部加固法已在深基坑支护工程广泛采用，但对于加固土层物理力学指标的确定目前尚无成熟的设计计算方法，常用有限元法、复合参数法。以下主要介绍两种复合参数法，以供设计时参考。

1. 方法1

假设坑内被动区土体经（局部）加固后，其被动破坏面与水平面的夹角为 $45°-\varphi/2$。此时，围护结构被动土压力可按复合强度指标计算，即

$$\varphi_{sp} \approx \varphi_{s} \tag{2-3a}$$

$$c_{sp} = (1-\alpha_{s})\eta c_{s} + \alpha_{s}c_{p} \tag{2-3b}$$

式中 φ_{sp}、c_{sp}——土与加固体复合抗剪强度指标；

        φ_{s}、c_{s}——土的抗剪强度指标；

           c_{p}——加固体的抗剪强度指标；

            η——土的强度折减系数，一般取 $\eta = 0.3 \sim 0.6$；

           α_{s}——坑内被动区（局部）加固体置换率，按式（2-4）计算。

（1）情况一   加固深度等于围护结构插入深度时（图2-12b），坑内被动区（局部）加固体置换率按下式计算

$$\alpha_{s} = \frac{F_{p}}{F_{s}} = \frac{ab}{Lh_{p}\tan\left(45° + \dfrac{\varphi_{s}}{2}\right)} \tag{2-4a}$$

（2）情况二   加固深度小于围护结构插入深度时（图2-12c），坑内被动区（局部）加固体置换率按下式计算

$$\alpha_{s} = \frac{abh_{0}}{Lh_{p}^{2}\tan\left(45° + \dfrac{\varphi_{s}}{2}\right)} \tag{2-4b}$$

式中 a——加固宽度（mm）；

     b——加固范围（mm）；

    h_{0}——加固深度（mm）；

     L——相邻两加固块体的中心距（mm）；

    h_{p}——支护桩插入深度（mm）；

    φ_{s}——土的内摩擦角（°）。

⊖ 压密注浆是将很稠的浆液灌入事先在地基土内钻进的孔中并挤向土体，在注浆处形成浆泡，而浆液的扩散对周围的土体产生压缩。压密注浆的浆体完全取代了注浆范围的土体，在注浆邻近区形成了大的塑性变形区，离浆泡较远的区域土体则发生弹性变形，因而土的密度明显增加。

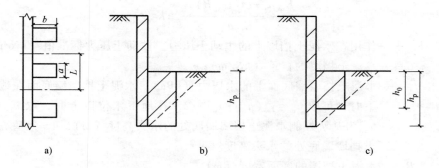

图 2-12　被动区加固

a）被动区加固示意图　b）被动区加固深度等于围护结构插入深度

c）被动区加固深度小于围护结构插入深度

2. 方法 2

H. S. Hsish 认为可假定复合体的内摩擦角与未加固土的内摩擦角相同，而黏聚力按下式计算

$$c = 0.25q_{u}I_{r} + c'(1 - I_{r}) \tag{2-5}$$

式中　q_{u}——加固体的无侧限抗压强度（kPa）；

I_{r}——加固比，I_{r} = 加固面积/总面积；

c'——未加固土的黏聚力（kPa）。

$I_{r} > 25\%$ 时，随 I_{r} 增大，最大位移值不再减小，即 $I_{r} = 25\%$ 为最优加固比。

2.3　重力式水泥土挡墙设计步骤

设计前应先确定重力式水泥土挡墙的适用性。重力式水泥土挡墙的计算按以下步骤进行：

1）稳定性验算（倾覆稳定、滑移稳定、圆弧滑动稳定性、隆起稳定性和抗渗流稳定），确定初选的墙宽和墙深度满足要求。

2）墙体应力验算。

3）格栅面积计算。

4）墙体变形计算。

其中，JGJ 120—2012《建筑基坑支护技术规程》的第 6.1 条规定了重力式水泥土挡墙的稳定性验算与承载力验算的方法。

2.3.1　稳定性验算

稳定性验算包括倾覆稳定性验算、滑移稳定性验算、圆弧滑动稳定性验算和隆起稳定性验算。

1. 倾覆稳定性验算

重力式水泥土挡墙的倾覆稳定性应符合下式规定

$$\frac{E_{\mathrm{pk}}a_{\mathrm{p}}+(G-u_{\mathrm{m}}B)a_{G}}{E_{\mathrm{ak}}a_{\mathrm{a}}}\geqslant K_{\mathrm{ov}} \tag{2-6}$$

式中　E_{ak}、E_{pk}——作用在水泥土挡墙上的主动土压力、被动土压力标准值（kN/m）；

G——水泥土挡墙的自重（kN/m）；

u_{m}——水泥土挡墙墙底面上的水压力（kPa）；水泥土挡墙墙底面在地下水位以下时，可取 $u_{\mathrm{m}}=\gamma_{\mathrm{w}}(h_{\mathrm{wa}}+h_{\mathrm{wp}})/2$，在地下水位以上时，取 $u_{\mathrm{m}}=0$，此处 h_{wa} 为基坑外侧水泥土挡墙墙底处的水头高度（m），h_{wp} 为基坑内侧水泥土挡墙墙底处的水头高度（m）；

B——水泥土挡墙的底面宽度（m）；

K_{ov}——抗倾覆稳定安全系数，其值不应小于 1.30；

a_{a}——水泥土挡墙外侧主动土压力合力作用点至墙趾的竖向距离（m）；

a_{p}——水泥土挡墙外侧被动土压力合力作用点至墙趾的竖向距离（m）；

a_{G}——水泥土挡墙自重与墙底水压力合力作用点至墙趾的水平距离（m）。

2. 滑移稳定性验算

重力式水泥土挡墙的滑移稳定性验算应符合下式规定

$$\frac{E_{\mathrm{pk}}+(G-u_{\mathrm{m}}B)\tan\varphi+cB}{E_{\mathrm{ak}}}\geqslant K_{\mathrm{sl}} \tag{2-7}$$

式中　c、φ——水泥土挡墙底面下土层的黏聚力（kPa）、内摩擦角（°）；

K_{sl}——抗滑移稳定安全系数，其值不应小于 1.2；

其余参数与抗倾覆稳定性的各项参数相同。

3. 圆弧滑动稳定性验算

整体滑动稳定性验算如图 2-13 所示。重力式水泥土挡墙可采用圆弧滑动条分法进行验算，其稳定性应符合下式规定

$$\min\{K_{\mathrm{s},1},K_{\mathrm{s},2}\cdots,K_{\mathrm{s},i},\cdots\}\geqslant K_{\mathrm{s}} \tag{2-8a}$$

$$K_{\mathrm{s},i}=\frac{\sum\{c_{j}l_{j}+[(q_{j}b_{j}+\Delta G_{j})\cos\theta_{j}-u_{j}l_{j}]\tan\varphi_{j}\}}{\sum(q_{j}b_{j}+\Delta G_{j})\sin\theta_{j}} \tag{2-8b}$$

式中　K_{s}——圆弧滑动稳定安全系数，其值不应小于 1.3；

$K_{\mathrm{s},i}$——第 i 个圆弧滑动体的抗滑力矩与滑动力矩的比值；抗滑力矩与滑动力矩之比的最小值宜通过搜索不同圆心及半径的所有潜在滑动圆弧确定；

c_{j}、φ_{j}——第 j 土条滑弧面处土的黏聚力（kPa）、内摩擦角（°）；

b_{j}——第 j 土条的宽度（m）；

θ_{j}——第 j 土条滑弧面中点处的法线与垂直面的夹角（°）；

l_{j}——第 j 土条的滑弧长度（m），取 $l_{j}=b_{j}/\cos\theta_{j}$；

q_{j}——第 j 土条上的附加分布荷载标准值（kPa）；

ΔG_{j}——第 j 土条的自重（kN），按天然重度计算；分条时，水泥土墙按土体考虑；

u_{j}——第 j 土条滑弧面上的水压力（kPa）；对地下水位以下的砂土、碎石土、粉土，当地下水是静止的或渗流水力梯度可忽略不计时，在基坑外侧，可取 $u_{j}=\gamma_{\mathrm{w}}h_{\mathrm{wa},j}$，在基坑内侧，可取 $u_{j}=\gamma_{\mathrm{w}}h_{\mathrm{wp},j}$；对地下水位以上的各类土或对地下水位以下的黏性土，取 $u_{j}=0$；γ_{w} 为地下水重度（kN/m³）；$h_{\mathrm{wa},j}$ 为基坑外侧地下

水至第 j 土条滑弧面中点的深度（m）；$h_{wp,j}$ 为基坑内侧地下水至第 j 土条滑弧面中点的深度（m）。

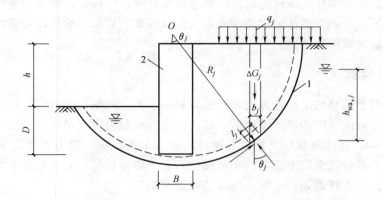

图 2-13　整体滑动稳定性验算
1—重力式水泥土墙　2—圆弧滑动面

4. 隆起稳定性验算

挡土构件底端平面下土的隆起稳定性验算如图 2-14 所示，重力式水泥土挡墙的嵌固深度应满足坑底隆起稳定性要求。抗隆起稳定性应按下式验算

$$K_b \leqslant \frac{\gamma_{m2}DN_q + cN_c}{\gamma_{m1}(h+D) + q_0} \tag{2-9a}$$

$$N_q = \tan^2\left(45° + \frac{\varphi}{2}\right) e^{\pi \tan\varphi} \tag{2-9b}$$

$$N_c = (N_q - 1)/\tan\varphi \tag{2-9c}$$

式中　K_b——抗隆起安全系数；安全等级为一级、二级、三级的支护结构，K_b 分别不应小于 1.8、1.6、1.4；

γ_{m1}、γ_{m2}——基坑外、基坑内墙底面以上土的天然重度（kN/m³）；对多层土，取各层土按厚度加权的平均重度；

D——挡土构件的嵌固深度（m）；

h——基坑深度（m）；

q_0——地面均布荷载（kPa）；

N_c、N_q——承载力系数；

c、φ——挡土构件底面以下土的黏聚力（kPa）、内摩擦角（°）。

当重力式水泥土挡墙墙底面以下有软弱下卧层时，隆起稳定性的验算部位尚应包括软弱下卧层。此时式中 γ_{m1}、γ_{m2} 的应取软弱下卧层顶面以上土的重度，D 为坑底至软弱土层顶面的土层厚度。

重力式水泥土挡墙的土体整体滑动稳定

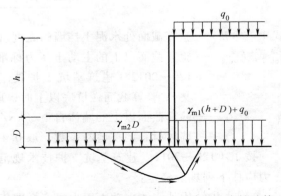

图 2-14　挡土构件底端平面下土的隆起稳定性验算

性、基坑隆起稳定性与嵌固深度密切相关，而与墙宽无关。墙的倾覆稳定性、墙的滑移稳定性不仅与嵌固深度有关，而且与墙宽有关。有关资料的分析研究结果表明，一般情况下，当墙的嵌固深度满足整体稳定条件时，抗隆起条件也会满足。因此，常常是整体稳定性条件决定嵌固深度下限。采用按整体稳定条件确定的嵌固深度，再按墙的抗倾覆条件计算墙宽，此墙宽一般能够满足抗滑移条件。

2.3.2 应力验算

重力式水泥土挡墙的上述各种稳定性验算是基于重力式结构的假定，作为整体重力式结构，在计算确定嵌固深度和墙的厚度后，墙的正截面承载力应满足抗拉、抗压和抗剪要求。

JGJ 120—2012《建筑基坑支护技术规程》第 6.1 条规定了重力式水泥土挡墙的承载力验算方法。其中重力式水泥土挡墙的正截面应力验算部位包括：基坑面以下主动、被动土压力强度相等处；基坑底面处；水泥土挡墙的截面突变处。

重力式水泥土挡墙墙体的正截面应力应按下述方式验算。

1. 截面正（压、拉）应力验算

拉应力
$$\frac{6M_i}{B^2} - \gamma_{cs}z \leq 0.15f_{cs} \tag{2-10a}$$

压应力
$$\gamma_0\gamma_F\gamma_{cs}z + \frac{6M_i}{B^2} \leq f_{cs} \tag{2-10b}$$

式中 γ_0——支护结构的重要系数，对安全等级为一级，二级，三级的支护结构分别不应小于 1.1，1.0，0.9；

γ_F——荷载综合分项系数，支护结构构件按承载能力极限设计时，作用基本组合分项系数不应小于 1.25；

γ_{cs}——水泥土挡墙的重度（kN/m³）；

z——验算截面至水泥土挡墙顶的垂直距离（m）；

M_i——水泥土挡墙验算截面的弯矩设计值（kN·m/m）；

当截面正应力验算未能满足要求时，应加大重力式水泥土挡墙的宽度 B 或采用加筋（劲）水泥土挡墙。

2. 截面剪应力验算

$$\frac{E_{ak,i} - \mu G_i - E_{pk,i}}{B} \leq \frac{1}{6}f_{cs} \tag{2-10c}$$

式中 B——验算截面处水泥土挡墙的宽度（m）；

$E_{ak,i}$、$E_{pk,i}$——验算截面以上的主动土压力标准值、被动土压力标准值（kN/m），可按 JGJ 120—2012《建筑基坑支护技术规范》第 3.4.2 条的相关规定计算（见下文）；验算截面在坑底以上时，取 $E_{pk,i}=0$；

G_i——验算截面以上的墙体自重（kN/m）；

μ——墙体材料的抗剪断系数，取 0.4~0.5。

按 JGJ 120—2012《建筑基坑支护技术规范》3.4.2 条的规定，作用在支护结构上的土压力应按下列规定确定：

1）支护结构外侧的主动土压力强度标准值、支护结构内侧的被动土压力强度标准值宜按下列公式计算（图 2-15）。

① 对地下水位以上或水土合算的土层

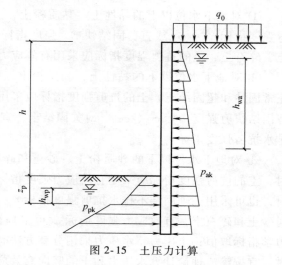

$$p_{ak} = \sigma_{ak} K_{a,i} - 2c_i \sqrt{K_{a,i}} \qquad (2\text{-}11a)$$

$$K_{a,i} = \tan^2\left(45° - \frac{\varphi_i}{2}\right) \qquad (2\text{-}11b)$$

$$p_{pk} = \sigma_{pk} K_{p,i} + 2c_i \sqrt{K_{p,i}} \qquad (2\text{-}11c)$$

$$K_{p,i} = \tan^2\left(45° + \frac{\varphi_i}{2}\right) \qquad (2\text{-}11d)$$

式中　　p_{ak}——支护结构外侧，第 i 层土中计算点的主动土压力强度标准值（kPa）；当 $P_{ak} < 0$ 时，应取 $P_{ak} = 0$；

图 2-15　土压力计算

σ_{ak}、σ_{pk}——支护结构外侧、内侧计算点的土中竖向应力标准值（kPa），按 JGJ 120—2012《建筑基坑支护技术规程》第 3.4.5 条的规定计算，即

$$\sigma_{ak} = \sigma_{ac} + \sum \Delta\sigma_{k,j}$$
$$\sigma_{pk} = \sigma_{pc}$$

σ_{ac}——支护结构外侧计算点，由土的自重产生的竖向总应力（kPa）；

σ_{pc}——支护结构内侧计算点，由土的自重产生的竖向总应力（kPa）；

$\Delta\sigma_{k,j}$——支护结构外侧第 j 个附加荷载作用下计算点的土中附加竖向应力标准值（kPa）；应根据附加荷载类型，按 JGJ 120—2012《建筑基坑支护技术规程》第 3.4.6~3.4.8 条计算；

$K_{a,i}$、$K_{p,i}$——第 i 层土的主动土压力系数、被动土压力系数；

c_i、φ_i——第 i 层土的黏聚力（kPa）、内摩擦角（°），按 JGJ 120—2012《建筑基坑支护技术规程》第 3.1.14 条的规定取值；

p_{pk}——支护结构内侧，第 i 层土中计算点的被动土压力强度标准值（kPa）。

② 对于水土分算[一]的土层

$$p_{ak} = (\sigma_{ak} - u_a) K_{a,i} - 2c_i \sqrt{K_{a,i}} + u_a \qquad (2\text{-}12a)$$

$$p_{pk} = (\sigma_{pk} - u_p) K_{p,i} - 2c_i \sqrt{K_{p,i}} + u_p \qquad (2\text{-}12b)$$

式中　　u_a、u_p——支护结构外侧、内侧计算点的水压力（kPa）；对静止地下水，按 JGJ 120—2012《建筑基坑支护技术规程》第 3.4.4 条的规定取值；当采用悬挂式截水帷幕时，应考虑地下水从帷幕底向基坑内的渗流对水压力的影响。

2）按 JGJ 120—2012《建筑基坑支护技术规程》第 3.1.14 条的规定，土压力及水压力计算、土的各类稳定性验算时，土、水压力的分、合算方法及相应的土的抗剪强度指标类别应符合下列规定：

　　○　水土分算指的是将水压力和土压力分别计算后再叠加的方法，这种方法适合渗透性较大的砂土层情况。

① 对地下水位以上的黏性土、黏质粉土，土的抗剪强度指标应采用三轴固结不排水抗剪强度指标 c_{cu}、φ_{cu} 或直剪固结快剪$^{\ominus}$强度指标 c_{cq}、φ_{cq}，对地下水位以上的砂质粉土、砂土、碎石土，土的抗剪强度指标应采用有效应力强度指标 c'、φ'。

② 对地下水位以下的黏性土、黏质粉土，可采用土压力、水压力合算方法：此时，对正常固结和超固结土，土的抗剪强度指标应采用三轴固结不排水抗剪强度指标 c_{cu}、φ_{cu} 或直剪固结快剪强度指标 c_{cq}、φ_{cq}，对欠固结土，宜采用有效自重压力下预固结的三轴不固结不排水抗剪强度指标 c_{uu}、φ_{uu}。

③ 对地下水位以下的砂质粉土、砂土和碎石土，应采用土压力、水压力分算方法：此时，土的抗剪强度指标应采用有效应力强度指标 c'、φ'对砂质粉土，缺少有效应力强度指标时，也可采用三轴固结不排水抗剪强度指标 c_{uu}、φ_{uu} 或直剪固结快剪强度指标 c_{cq}、φ_{cq}代替对砂土和碎石土，有效应力强度指标 φ'可根据标准贯入试验实测击数和水下休止角等物理力学指标取值；土压力、水压力采用分算方法时，水压力可按静水压力计算；当地下水渗流时，宜按渗流理论计算水压力和土的竖向有效应力；当存在多个含水层时，应分别计算各含水层的水压力。

④ 有可靠的地方经验时，土的抗剪强度指标尚可根据室内、原位试验得到的其他物理力学指标，按经验方法确定。

重力式水泥土挡墙墙体的正截面应力验算时，一般选择受力条件简单明了的坑底截面、突变截面和土压力零点等位置。当截面剪应力验算未能满足要求时，应加大重力式水泥土挡墙的宽度 B。

2.3.3 格栅面积计算

水泥土挡墙采用格栅平面布置时（图 2-16），每个格子的土体面积 A 按下式计算，可忽略格仓应力的作用

$$A \leqslant \delta \frac{cu}{\gamma_m} \tag{2-13}$$

式中 A——格栅内的土体面积（m^2）；

      δ——计算系数，对黏土取 0.5，对砂土或砂质粉土取 0.7；

      u——计算周长，按图 2-16 规定的边框线计算；

      c——格栅内土的黏聚力（kPa）；

      γ_m——格栅内土的天然重度（kN/m^3），对多层土，取水泥土挡墙深度范围内各层土按层厚加权的平均天然重度。

2.3.4 墙体变形计算

工程实践中，工程师们首先关心的是其稳定和强度问题，但在越来越密集的城区进行地下室基坑开挖的现状下，支护结构的变形已成为控制支护结构及周围环境安全的重要因素，设计往往由传统的强度控制变为变形控制。墙体变形计算分析可以采用地基 m 法、经验公

    $\ominus$ 这里的直剪指直接剪切试验，它分为快剪、固结快剪和慢剪三种。固结快剪试验是允许试样在竖向压力下排水，待固结稳定后，再快速施加水平剪应力使试样剪切破坏。

式和非线性有限元法进行，其中墙体变形计算
分析方法中弹性地基 m 法、经验公式法详见下
面的知识点扩展。

知识点扩展：重力式水泥土挡墙墙体变形计算

本部分主要介绍墙体变形计算分析方法中
的弹性地基"m"法和经验公式法。

1. 弹性地基 m 法

m 法计算简图如图 2-17 所示。将坑底以上
的墙背土压力简化到挡墙坑底截面处，坑底以下
墙体视为桩头有水平力 H_0 和力矩 M_0 共同作用的
完全埋置桩，坑底处挡墙的水平位移 y_0 和转角

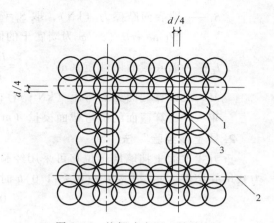

图 2-16　格栅式水泥土挡墙
1—水泥土桩　2—水泥土桩中心线　3—计算周长

θ_0 可参考 JGJ 94—2008《建筑桩基技术规范》附录 C "考虑承台（包括地下墙体）、基桩协同
工作和土的弹性抗力作用计算受水平荷载的桩基"中相关内容计算确定，坑底以上部分的墙体
变形可视为简单的结构弹性变形来进行求解。

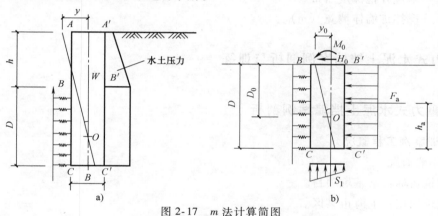

图 2-17　m 法计算简图
a）墙背土压力　b）墙背土压力简化到挡墙坑底截面计算图

当假设重力式水泥土挡墙刚度为无限大时，在墙背主动区外力及墙前被动区土弹簧的作
用下，墙体以某点 O 为中心做刚体转动，转角为 θ_0，墙顶的水平位移可按以下"刚性"法
进行，即墙顶的水平位移按下式计算

$$y_a = y_0 + \theta_0 h \tag{2-14a}$$

$$y_0 = \frac{24M'_0 - 8H'_0 D}{mD^3 + 36mI_B} + \frac{2H'_0}{mD^2} \tag{2-14b}$$

$$\theta_0 = \frac{36M'_0 - 12H'_0 D}{mD^4 + 36mI_B} \tag{2-14c}$$

$$M'_0 = M_0 + H_0 D + F_a h_a - W \cdot B/2 \tag{2-14d}$$

$$H'_0 = H_0 + F_a - S_l \tag{2-14e}$$

式中　　F_a——坑底以下墙背主动土压力合力（kN）；

S_l——墙底面摩擦力（kN），取 $S_l=c_u B$（c_u 为墙底土的不排水抗剪强度），或取 $S_l = W\tan\varphi + cB$（c、φ 为墙底土的固结快剪强度指标）；

I_B——墙底截面惯性矩（m^4），$I_B = \dfrac{B^3 l}{12}$；

M——计算截面处的弯矩（$kN\cdot m$）；

W——计算截面的抗弯截面模量（m^3）。

2. "上海经验"法

重力式水泥土挡墙墙顶位移可采用经验公式进行计算，当嵌固深度 $D=(0.8\sim1.4)h$（h 为基坑开挖深度），墙宽 $B=(0.7\sim1.0)h$ 时，可按下列经验公式进行估算

$$y_a = \frac{0.18\xi K_a h^2 L}{DB} \tag{2-14f}$$

式中　y_a——墙顶计算水平位移（cm）；

L——基坑最大边长（m）；

D——水泥土挡墙的嵌固深度，即墙体插入坑底以下的深度（m）；

ξ——施工质量系数，取 $0.8\sim1.5$；

h——基坑开挖深度（m）；

B——搅拌桩墙体墙宽（m）。

2.4 重力式水泥土挡墙案例剖析与训练

2.4.1 重力式水泥土挡墙案例剖析

1. 实训案例工程概况

（1）一般概况

1）建筑名称：某基坑项目。

2）建筑地点：上海市某区。

3）主要用途：办公及地下车库。

4）业主：上海某汽车部件有限公司。

5）主体设计单位：某建筑设计院。

（2）结构概况

1）本工程由 4 栋办公楼和地下车库组成。本围护结构的设计范围为办公楼区域及其地下车库。

2）本工程基坑开挖面积约 $14770m^2$，653 延米。

3）本工程自然地面标高按 4.35m 考虑，±0.000 为 5.250m，自然地面相对标高为 -0.900m。

4）地下室标高为 -4.950m，底板厚为 750mm，垫层[⊖]厚度为 100mm，基坑开挖面标高为 -5.800m，柱下承台处厚度加至 1100mm，则基坑的开挖深度为 4.95m（板底）、5.3m（承台底）。

⊖　垫层指的是设于基层以下的结构层。其主要作用的隔水、排水、防冻以改善基层和土基的工作条件，其水稳定性要求较高。

2. 实训案例设计依据、原则及目标

（1）实训案例设计参考资料

1）建设方、主体设计方提供的建筑总平面图等工作图。

2）建设方提供的由上海某工程勘察有限公司编制的"岩土工程勘察初步资料"（初勘，编号：11KC014）。

（2）实训案例设计原则及目标

围护结构的设计，不仅关系到基坑自身及周边保护建（构）筑物的安全，而且直接影响着土方开挖以及地下室结构施工等的施工成本。因此，基坑围护结构的设计是个系统工程，不仅要保证围护结构受力合理，而且要施工方便、节省工期、降低造价。

本基坑围护结构设计遵循的主要原则和目标如下：

1）在充分分析、研究拟建场地周围的工程地质资料和工程经验的基础上，结合本工程的具体特点和类似工程经验，按照规范、规程、规定及标准的有关条文要求，精心设计本工程的咨询方案，力求科学、经济、合理。

2）本着"经济节约，技术先进，手段可靠，成果有效"的原则，结合主体结构及场地特点，在保证安全的前提下，重点突出"快（缩短工期）、省（节约造价）、易（方便施工）"的特点，综合分析评价，提供完整、准确的咨询成果。

3）根据上海地区已有的基坑围护方面设计、施工的经验与手段，对拟建工程可能采用的基坑方案进行技术经济比选，为基坑方案的选型提出建议。

3. 实训案例中工程地质条件

（1）地基土的构成及其物理力学参数

1）拟建场地位于上海某区，地貌形态为上海地区四大地貌单元中的滨海平原。地势较平坦，勘察期间地面标高为4.02~4.67m。基坑围护设计取场地平均标高4.35m。

2）场地工程地质条件及基坑围护结构设计所需的参数见表2-5。

表2-5 土层物理力学性质综合成果表

土层编号	土层	平均层厚 h/m	重度 γ/ (kN/m^3)	$c^{①}$/kPa	$\varphi^{②}$/ $(°)$	渗透系数建议值 $K^{③}$/(cm/s)	
						K_V	K_H
①₁	杂填土	1.15	18	0	10		
②₁	褐黄色粉质黏土	0.71	18.9	28	16.5	$4×10^{-6}$	$4.1×10^{-6}$
②₂	灰黄色粉质黏土	0.73	18.1	21	18.5	$5×10^{-6}$	$5.2×10^{-6}$
③₁	灰色淤泥质粉质黏土	0.89	17.3	11	18	$6×10^{-6}$	$6.23×10^{-6}$
③₂	灰色黏质粉土	2.1	18.6	6	29.5	$2×10^{-4}$	$2.93×10^{-4}$
③₃	灰色淤泥质粉质黏土	4.02	16.9	13	13	$4×10^{-6}$	$4.32×10^{-6}$
④	灰色淤泥质黏土	6.52	16.8	11	11.5	$8×10^{-7}$	$8.89×10^{-7}$
⑤₁₋₁	灰色黏土	3.51	17.3	13	14.5	$8×10^{-7}$	$8.87×10^{-7}$
⑤₁₋₂	灰色黏土	5.69	17.5	16	16.5		
⑥₁	暗绿色黏土	2.34	19.5	48	17.5		

① c 指的是土的黏聚力。

② φ 指的是土的内摩擦角。

③ K 指的是渗透系数，其中 K_V 表示竖直方向渗透系数，K_H 表示水平方向渗透系数。

（2）工程地质概要

1）建设方提供的由上海某工程勘察有限公司编制的"岩土工程勘察初步资料"（初勘，编号：11KC014）。

2）地下水：本场地地下水主要有浅部土层的潜水⊖、中部土层中的微承压水⊖和深部砂土层中的承压水，其中浅部土层的潜水及中部土层中的微承压水对本基坑开挖有直接影响。潜水的主要补给来源为大气降水，水位埋深随季节变化而变化，一般为地表下 0.3~1.5m。钻探期间浅层地下水初见水位埋深 0.1~1.1m，相应绝对高程为 3.86~2.86。根据上海工程建设规范 DGJ 08—11—2010《地基基础设计规范》中规定的有关条款，上海地区潜水年平均水位埋深一般为 0.5~0.7m。地下水高水位埋深为 0.5m，低水位埋深为 1.5m。本基坑围护结构设计按最不利情况即潜水水位为自然地面下 0.5m 考虑。

3）根据勘察资料及现场勘察期间的观察，拟建场地内原有明浜⊜均已填埋而形成暗浜⊗。拟建场地内浅部分布有杂填土（①₁层），由于该层土主要由灰黄色、灰色黏性土夹碎石、砖块及植物根茎等组成，土质松散不均匀，故未经处理不宜作为天然地基基础持力层⊕。

4）不良地质现象 1——填土及地下障碍物。场地内填土厚度约为 0.8~1.3m，由灰黄色、灰色黏性土夹碎石、砖块及植物根茎等组成，土质松散不均匀，基坑围护结构施工前应首先整平场地并进行清障，确保围护结构体顺利实施。

5）不良地质现象 2——浜填土。拟建场地内原有明浜均已填埋而形成暗浜，初勘资料中未出现这层填土。如在详勘中发现这层土出露，则基坑围护结构施工前需充分考虑暗浜对围护结构的影响，必要时可以考虑采取换填或者加大围护桩水泥掺量等措施，确保围护结构质量及基坑工程的安全顺利实施。

6）在设计计算中，土层力学性质指标考虑取用直剪固结快剪强度峰值。

4. 实训案例中基坑周边环境

（1）基坑西侧 地下室外墙离红线 18.8m 左右，红线外为某市政道路，红线距离道路中心线约 25m。此侧距离道路及其管线较远，但应加强与管线部门协调，明确管线分布和保护要求。

（2）基坑北侧 地下室外墙距红线为 29m 左右，地下车库出口离红线 8m 左右，红线外为一市政道路，红线距离道路中心线约 25m。同样应加强道路下管线的调查与监测，确保安全。

（3）基坑东侧 地下室外墙距红线 7.8m 左右，红线外为一农田。

本工程场地西、北方向均为市政道路，应进一步调查管线情况，必要时增强围护结构刚度，同时应注意施工车辆对道路及管线的影响。

5. 实训案例中基坑围护结构设计方案选型

本次基坑开挖深度普遍为 4.9~5.5m，局部达 6.2m。上海地区对于此类开挖深度及周

边环境的基坑一般采用无支撑围护形式。作为临时挡土结构，基坑围护需在现有地质、环境等条件下选择经济性最好的围护形式。经济性从优至差分别为放坡开挖、复合土钉墙、重力式水泥土挡墙等。基坑围护设计方案选型、优缺点及适用条件比较见表2-6。

表 2-6　基坑围护设计方案选型、优缺点及适用条件比较

方案	适用条件	优点	缺点	建议
放坡开挖	比较适合于4m以下的浅基坑	基坑敞开式施工,工艺简便,造价经济,施工速度快	需要足够的施工场地与放坡范围	本围护结构设计方案不建议采用放坡开挖
复合土钉墙	适用于上海地区基坑开挖深度5m以下且基坑环境保护为三级的基坑工程	能合理利用土体的自稳能力;结构轻型、柔性大,有良好的抗震性和延性;密封性较好,完全将土体表面覆盖,阻止或限制了地下水从基坑面渗出;土钉数量众多,其效应是群体效应,个别土钉有质量问题或失效不影响整体稳定性;施工场地小,施工灵活,支护结构基本不单独占用空间;施工设备和工艺简单,材料用量及工程量较少,工程造价低,其经济性仅次于放坡	土钉等细长杆件不得超越用地红线,不得在既有建筑以下施工	本工程西侧开挖4.95m,且距离红线较远,可以考虑采用复合土钉墙围护,其余距离红线较远的区域承台底开挖深度5.3m,可考虑卸土0.5~1m后采用复合土钉墙围护
重力式水泥土挡墙	适用于开挖深度小于7m的基坑工程	可根据加固土受力特点沿加固深度合理调整其强度,施工操作简便、效率高、工期短、成本低,施工中无振动、无噪声、无泥浆废水污染,土体侧移或隆起较小	位移相对较大;厚度较大,只有在红线位置和周围环境允许时才能采用,而且在水泥土搅拌桩施工时要注意防止影响周围环境	本基坑工程普遍开挖深度为4.9~5.5m,周边无重要建筑物保护对象,北侧和西侧两条公路离红线均较远,地下室外墙距离红线稍近处不能采用土钉等细长杆件,应采用重力式水泥土挡墙

综上所述，本方案建议采用复合土钉墙及重力式水泥土挡墙围护形式，一方面确保基坑工程安全顺利的实施，另一方面控制基坑围护结构的造价。同时，围护结构的实施可根据总包单位场地的使用要求进一步确定。

6. 实训案例中基坑围护设计初步方案

本基坑普遍开挖深度4.9~5.5m，局部6.2m，设计采用复合土钉墙及水泥土搅拌桩挡墙的联合围护形式。

1）围护结构1—1剖面如图2-18所示。基坑开挖深度为5.15m，距离地下室较近不得采用土钉等细长杆件，因此设计采用宽4.2m、直径700mm、间距1000mm的双轴水泥土搅拌桩挡墙围护，水泥掺量13%，桩长11.15m。

2）围护结构2—2剖面如图2-19所示，基坑开挖深度为5.50m，设计采用宽4.7m、直径700mm、间距1000mm的双轴水泥土搅拌桩挡墙围护，水泥掺量13%，桩长12.15m。

3）围护结构3—3剖面如图2-20所示，基坑开挖深度为6.2m，设计采用宽5.2m、直径700mm、间距1000mm的双轴水泥土搅拌桩挡墙围护，水泥掺量13%，桩长13.85m。

4）围护结构4—4剖面如图2-21所示，地下室距红线较远，可以考虑土钉等细长杆件。

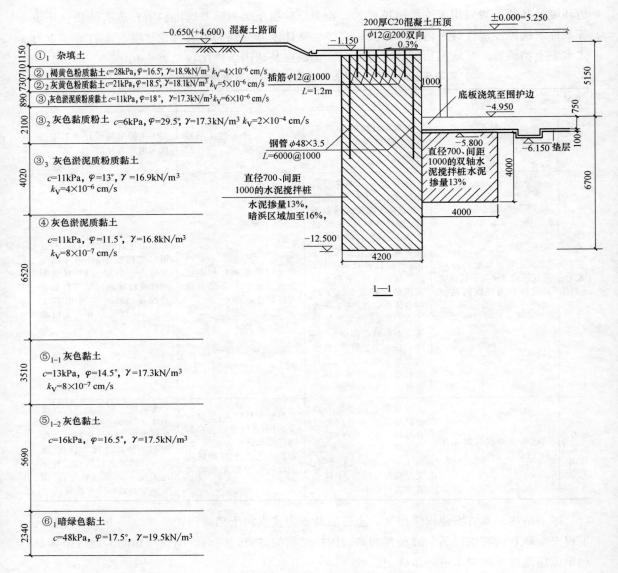

图 2-18　围护结构 1—1 剖面图

西侧及北侧基坑开挖深度为 4.9～5.25m，设计采用宽 1.2m、直径 700mm 、间距 1000mm 的双轴水泥土搅拌桩挡墙围护，水泥掺量 13%，桩长 9.55m，随着开挖逐步设置 4 道 11m，长钢管土钉，形成复合土钉维护。

关于施工图中桩顶的压顶钢筋混凝土板和桩身靠上部两侧设置钢管的说明，此处以围护结构的剖面 1—1 为例，桩顶局部详图如图 2-22 所示。

重力式水泥土挡墙结构顶部宜设置 0.15～0.20m 厚的钢筋混凝土压顶板，压顶板与水泥土用插筋连接。插筋长度不宜小于 1.0m，采用钢筋时直径不宜小于 12mm。在施工图中可以看到该方案采用了厚度为 0.2m 的钢筋混凝土作为压顶板，并设置长度 1.2m，$\phi 12@ 1000$ 的插筋，而且在桩身靠上部分的两侧设置了长度 $L=6000mm$，$\phi 48\times 3.5$ 的钢管，其目的皆是为提高挡墙

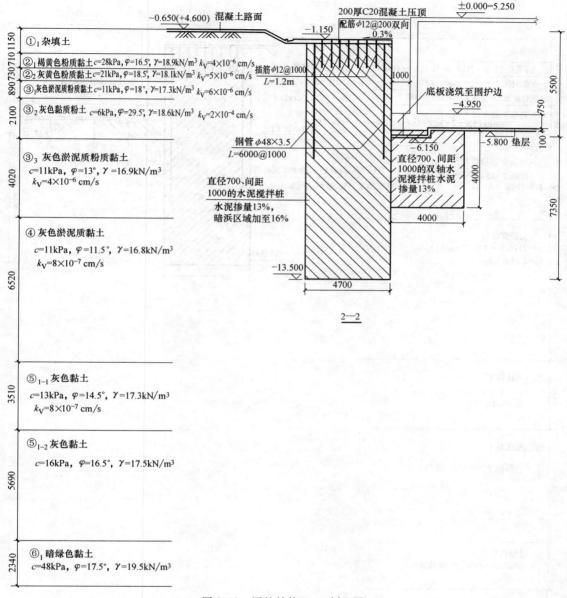

图 2-19　围护结构 2—2 剖面图

支护结构的刚度及安全度，减小挡墙变形。在施工图中的布置方案是比较合理的。

7. 实训案例中基坑围护结构设计的计算

（1）计算条件　基坑围护结构设计需要确保两方面的安全，一方面是基坑本身的安全，另一方面是对周边环境的安全。环境保护主要是指基坑施工和土方开挖阶段对周边道路和地下管线的保护。基坑围护体的计算中，土的 c、φ 值均采用勘察报告提供的固结快剪峰值指标，各项稳定验算均采用水土分算原则，土压力分布模式采用三角形分布形式。地面超载按实际情况考虑，计算中取 20kN/m²。

（2）计算工况　水泥土搅拌桩挡墙围护结构挖土标准工况如下：

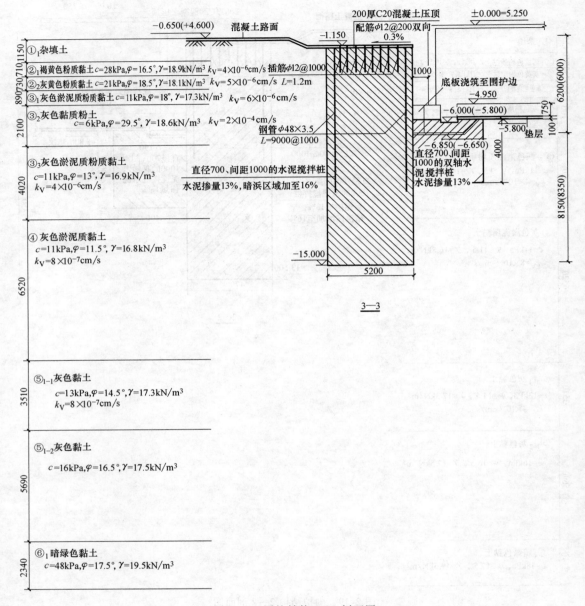

图 2-20　围护结构 3—3 剖面图

第一步：水泥土搅拌桩达到设计强度○和龄期要求后，分层分块开挖至坑底。

第二步：立即浇筑 100mm 厚混凝土垫层，进行基础底板施工。

第三步：待大面积垫层达到设计强度后，进行局部深坑的施工。

从围护结构安全系数的最终计算结果（表 2-7）可知，本方案是符合安全要求的。（具体的安全系数计算及验算方法见附录 B）。

○　这里的水泥搅拌桩设计强度指的是水泥土的无侧限抗压强度 q_u，其值一般为 0.5～5.0MPa，比天然土强度高数十倍至百倍。在砂土层中，水泥土的无侧限抗压强度 q_u 可达 10.0MPa。

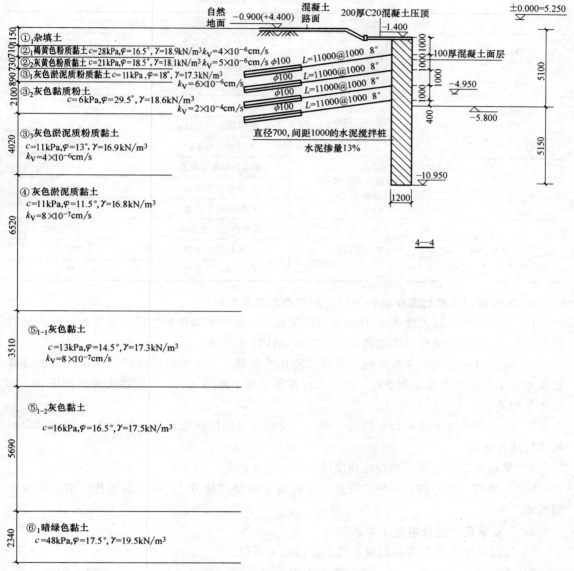

图 2-21　围护结构 4—4 剖面图

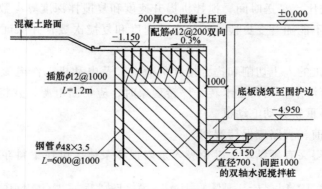

图 2-22　桩顶局部详图

表 2-7　围护结构安全系数汇总表

开挖剖面	支护形式	安全系数	
1—1 剖面 开挖 5.15m 超载 20kN/m²	重力式挡墙 （墙宽 4.2m）	整体稳定安全系数	1.515
		抗滑移安全系数	1.698
		抗倾覆安全系数	1.718
2—2 剖面 开挖 5.50m 超载 20kN/m²	重力式挡墙 （墙宽 4.7m）	整体稳定安全系数	1.485
		抗滑移安全系数	1.461
		抗倾覆安全系数	1.429
3—3 剖面 开挖 6.20m 超载 20kN/m²	重力式挡墙 （墙宽 5.2m）	整体稳定安全系数	1.434
		抗滑移安全系数	1.451
		抗倾覆安全系数	1.427
4—4 剖面 开挖 5.10m 超载 20kN/m²	复合土钉墙	整体稳定安全系数	1.395
		抗滑移安全系数	1.469
		抗倾覆安全系数	1.649

8. 实训案例中基坑围护结构设计与施工中的注意要点

1）墙的主要几何尺寸 B 和 D 应通过地基稳定、抗渗和墙体抗倾覆计算进行反复调整后选取。B、D 确定后进行墙体结构强度、变形等计算或验算。

2）选取合适的土工参数是确保设计合理化的关键，土工参数的选择、水土压力的计算方法及分布与基坑变形控制条件、土的工程性状、地下水的状态、支护结构分析理论和方法等紧紧相关。

3）施工中遇地下障碍物而出现短桩时，应用具有同样成桩直径（或更大）的高压旋喷桩进行接桩处理。

4）基坑开挖时密切监测开挖高度的变化，防止超挖。

5）当墙背水位升高，水压力突然增大时应采取墙背卸方⊖、增设泄水孔等措施减缓不利影响。

9. 双轴水泥土搅拌桩施工要求

1）按设计要求进行现场测量放线，定出每一桩位。

2）在正式搅拌桩施工前，均应按施工组织设计确定的搅拌桩施工工艺制作数根试桩，再确定水泥浆的水胶比、泵送时间、搅拌机提升速度和复搅拌深度等参数。

3）施工过程中不能随意变更搅拌机的提升速度和复搅次数，并保证水泥浆能定量不间断供应。

4）当发现搅拌机的入土切削和提升搅拌负荷太大及电动机工作电流超过额定值时，应减慢升降速度或补给清水；当发生卡转、停转现象时，应切断电源，并将搅拌机强制提升出地面，排除故障后再重新起动电动机。

5）泵送水泥浆前，管路应保持湿润。

6）水泥浆内不得夹有硬结块，以免吸入泵内损坏泵体，可在集料斗上部装设细网进行

⊖　墙背卸方指的是在墙背将土挖去一定的厚度，以减小墙背的主动土压力，提高墙体的稳定性。

过筛。

7）构成重力式挡墙的水泥土桩的搭接长度一般应不小于100mm，当水泥土挡墙兼做止水帷幕时搭接长度应不小于150mm；旋喷桩的搭接长度不宜小于200mm；在墙体圆弧段及折角处宜适当加大搭接长度。

10. 实训案例中基坑围护结构的土方开挖与降水

（1）土方开挖

1）土方开挖前，施工单位应编制详细的土方开挖施工组织设计，并取得基坑围护设计单位和相关主管部门的认可。

2）土方开挖要求分层分段，结合施工缝跳仓开挖⊖，分块浇筑底板，开挖时应合理安排挖土流程，留土护壁，将基坑开挖造成的周围设施的变形控制在允许的范围内。

3）本工程土质较差，容易产生较大的变形，地面超载应控制在20kN/m² 以内。

4）机械进出口通道应铺设路基箱扩散压力，或局部加固地基。

5）混凝土垫层应随挖随浇，即垫层必须在见底后24h内浇筑完成。

6）在基坑开挖过程中，施工单位应采取有效措施，执行GB 50330—2013《建筑边坡工程技术规范》中的规定，确保边坡土及动态土坡的稳定性。施工单位应严格按照土方开挖的施工组织设计，基坑内部临时坡体的坡度应不大于1：1.5，且在土方开挖过程中挖土高差不得大于2.5m。慎防土体的局部坍塌造成主体工程桩移位破坏、现场人员受伤和机械的损坏等工程事故。

7）基坑内深坑部分的开挖宜待垫层全部形成并达到设计强度要求后再进行。

（2）降水　基于本工程场地地质条件和水文条件，根据本次基坑开挖深度，基坑降水建议采用井点降水的形式。

1）基坑开挖前应进行预降水，坑底加固区⊖以上土体须满足挖土要求，坑底加固区以外范围要求降水后水位离坑底0.5~1.0m。

2）除井点降水措施外，地面及坑内应设排水措施，在基坑施工过程中如遇降雨，应采用明沟排水⊜措施将坑内降水迅速排除。严禁在坑边挖沟排水，以确保基坑工程的安全施工。

3）降水单位在基坑开挖期间应每天测报抽水量及坑内地下水位。

4）每日观测水位的变化，如发现水位变化有大于500mm/d的迹象，应及时通知设计、总包、监理等相关单位，分析原因，查找渗漏点。

11. 实训案例中基坑围护结构观测要求

参考GB 50497—2009《建筑基坑工程监测技术规范》中的规定，基坑围护结构观测要求如下：

1）在围护结构施工前，必须测得初读数。

2）在基坑降水及开挖期间，必须做到一日一测。在基坑施工期间的观测间隔，可视测

⊖　跳仓开挖指的是类似于下跳棋的开挖模式，即开挖一个部位后，隔一段距离再次开挖。

⊖　坑底加固区指的是设置被动区加固土体的区域。在被动区，采用搅拌桩、高压旋喷桩、注浆、降水或其他方法对软弱地基掺入一定量的固化剂或使土体固结，以提高地基土的力学性能

⊜　明沟排水是相对于暗沟或埋管排水而言的，它是在地面上开挖出小沟（小渠），其断面通常是梯形或矩形，沟底顺排水方向不断降低（正坡），使水聚集于沟槽之内，再用抽水泵将水不断排出，从而达到降水的目的。

得的位移及内力变化情况放长或减短。

3）测得的数据应及时上报甲方、设计院及相关单位和部门。

4）当水平位移、垂直位移大于 3mm/d 或累计大于 50mm 时，及时报警，以引起各有关方面重视，及时处理。

5）坑外地下水位下降达 500mm 时，应注意与围护结构位移对照观测，同时对周围建筑物加强安全监测。

12. 实训案例对基坑围护结构周边环境的保护

根据本工程的具体情况，本着基坑工程安全、经济、快速的原则，根据周边环境条件，设计分别采用了复合土钉墙和重力式挡墙的围护结构形式，同时采取了以下保护措施：

1）土方开挖要求分区分层开挖，并及时浇筑垫层，分块浇筑底板，控制土体变形。

2）加强周边环境、建筑物及围护结构的监测，做好信息化施工。

3）施工单位应做好应急预案。

2.4.2 重力式水泥土挡墙手算部分的训练

围护结构剖面 1—1 计算（手算）简图如图 2-23 所示，具体计算过程及结果见附录 A。

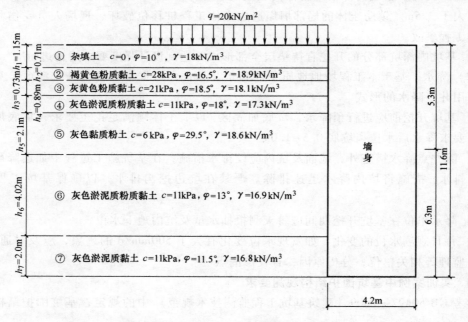

图 2-23　剖面 1—1 计算（手算）简图

2.4.3 重力式水泥土挡墙电算部分的训练——理正软件的应用技巧

1. 围护结构剖面 1—1 的计算信息

1）围护结构剖面 1—1 计算（电算）简图如图 2-24 所示，地面附加均布荷载 20kN/m²，剖面 1—1 的基本信息、放坡信息、土层信息、土层参数、土层参数（水土）及加固土参数分别见表 2-8~表 2-13。

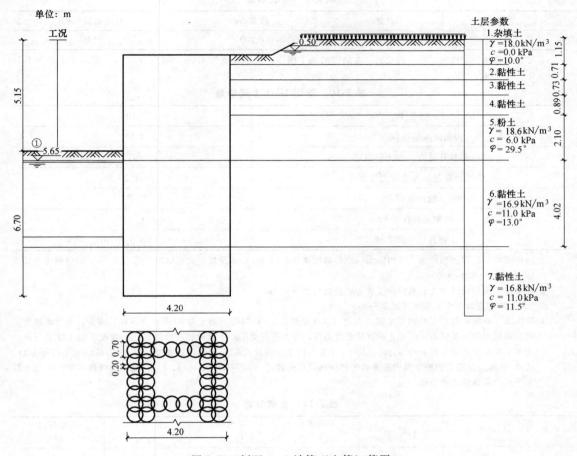

图 2-24　剖面 1—1 计算（电算）简图

表 2-8　剖面 1—1 基本信息

规范与规程	JGJ 120—2012《建筑基坑支护技术规程》
内力计算方法	增量法
支护结构安全等级	二级
支护结构重要性安全系数[①] γ_0	1.00
基坑深度 h/m	5.150
嵌固深度[②]/m	6.700
墙顶标高[③]/m	−0.700
截面类型	格栅墙
放坡级数	1

[①] 重要性安全系数：当安全等级为一级时，为 1.1；安全等级为二级时，为 1.0；安全等级为三级时，为 0.9。

[②] 嵌固深度指的是围护结构嵌入坑底标高以下的部分。

[③] 墙顶标高指的是在设计图中，设有高度 0.7m 的放坡。理正软件中默认墙后地表标高为 ±0.00，所以此处为 −0.700m。

表 2-9　放坡信息

坡号	台宽/m	坡高/m	坡度系数[①]
1	1.700	0.700	1.714

① 坡度系数指的是坡宽与坡高的比值，在给定的施工图中，量得坡宽为 1.2m，坡高为 0.7m，则剖度系数为 1.2/0.7 = 1.714。

表 2-10　剖面 1—1 土层信息

土层数	10
内侧降水最终深度[①]/m	5.650
弹性计算方法按土层指定	Х[③]
内力计算时坑外土压力计算方法	主动
坑内加固土	是
外侧水位深度[②]/m	0.500
弹性法计算方法	m 法[④]

① 内侧降水最终深度指的是当坑内降水后水位离坑底 0.5~1.0m 的水深度。此处取坑内降水 0.5m，则内侧降水最终深度 = 5.15+0.5 = 5.650m

② 在本基坑围护设计中外侧水位深度统一取自然地面下 0.5m。

③ "Х" 在理正软件中表示不考虑某一类。

④ 弹性法（m 法）指的是线弹性地基反力法（基床系数法），即假设桩侧土为 Winkler 离散线性弹簧，不考虑桩土之间的黏聚力和内摩阻力，假定土的抗拉强度为零，即弹簧只受压而不受拉，可以得出任一深度桩侧土反力与该点的水平位移成正比，即 $p = k(z)yb_0$。其中，y 为桩的水平位移，b_0 为桩的计算宽度，$k(z)$ 为桩的水平变形系数。$k(z)$ 的确定方法有四种，其中最著名的和应用最广的就是 m 法，即 $k(z) = mz$，$k(z)$ 随深度线性增加，m 为土的水平抗力系数的比例系数。

表 2-11　土层参数

层号	土类名称	层厚/m	重度/(kN/m³)	浮重度/(kN/m³)	黏聚力/kPa	内摩擦角/(°)
1	杂填土	1.15	18.0	8.0	0.00	10.00
2	黏性土	0.71	18.9	8.9	28.00	16.50
3	黏性土	0.73	18.1	8.1	21.00	18.50
4	黏性土	0.89	17.3	7.3	11.00	18.00
5	粉土	2.10	18.6	8.6	6.00	29.50
6	黏性土	4.02	16.9	6.9	11.00	13.00
7	黏性土	6.52	16.8	6.8	11	11.5
8	黏性土	3.51	17.3	7.3	13	14.5
9	黏性土	5.69	17.5	7.5	16	16.5
10	黏性土	2.34	19.5	9.5	48	17.5

表 2-12　土层参数（水土）

层号	黏聚力（水下）/kPa	内摩擦角（水下）/(°)	水土	计算方法	m 值[①]
1	0.00	10.00	合算[②]	m 法	1.00
2	28.00	16.50	合算	m 法	6.59
3	21.00	18.50	合算	m 法	7.09

（续）

层号	黏聚力（水下）/kPa	内摩擦角（水下）/(°)	水土	计算方法	m 值[①]
4	11.00	18.00	合算	m 法	5.78
5	6.00	29.50	合算	m 法	15.06
6	11.00	13.00	合算	m 法	3.18
7	11.00	11.50	合算	m 法	2.60
8	13.00	14.50	合算	m 法	4.05
9	16.00	16.50	合算	m 法	5.39
10	48.00	17.50	合算	m 法	9.18

① 理正软件提供了的经验公式：$m=(0.2\varphi^2-\varphi+c)/d$。其中 d 为基坑底面位移量估算值，c、φ 分别代表土的黏聚力、内摩擦角。依据经验，统一估计坑底位移量 $d=10\text{mm}$，且偏安全考虑，所有的 m 值均以水下条件来计算。

② 此处杂填土、粉土采用水土合算的原则上述两种土理论上应采用水土分算原则，原来计算中也曾考虑过采用水土分算，但计算出的结果和已给定的资料差别较大，为方便比较，此处也采用水土合算原则，各项稳定验算也都采用水土合算原则。

表 2-13　加固土参数

土类名称	宽度/m	层厚/m	重度/(kN/m³)	浮重度/(kN/m³)	黏聚力/kPa	内摩擦角/(°)
人工加固土	4.0	4.0	18.00	8.00	32.36	13.00
土类名称	黏聚力（水下）/kPa	内摩擦角（水下）/(°)	计算方法	m 值	抗剪强度/kPa	
人工加固土	32.36	13.00	m 法	5.316	50.00	

关于上述表 2-13 中的人工加固土的内摩擦角和黏聚力计算的说明如下：

此处采用第 2.2.3 节中的"方法 1"来计算，假设坑内被动区土体经（局部）加固后，其被动破坏面与水平面的夹角为 $45°-\varphi/2$。此时，围护结构被动土压力可按复合强度指标计算。土与加固体复合抗剪强度指标按公式（2-3a）、式（2-3b）计算，即

$$\varphi_{SD} \approx \varphi_s$$
$$c_{sp} = (1-\alpha_s)\eta c_s + \alpha_s c_p$$

从剖面 1—1 详图（图 2-18）可知，该人工加固区宽度为 4m，厚度为 4m，其贯穿两层土体，分别为③₂ 层的 0.43m 厚的灰色黏质粉土（$c=6\text{kPa}$，$\varphi=29.5°$）和③₃ 层的 3.57m 厚的灰色淤泥质粉质黏土（$c=11\text{kPa}$，$\varphi=13°$），将该范围内抗剪强度指标按厚度加权平均，得

$$c_s = \frac{0.43\text{m}\times6\text{kPa}+3.57\text{m}\times11\text{kPa}}{(0.43+3.57)\text{m}} = 10.46\text{kPa}$$

$$\varphi_s = \frac{0.43\text{m}\times29.5°+13°\times3.57\text{m}}{(0.43+3.57)\text{m}} = 14.77°$$

根据图 2-22 可知：加固宽度 $a=16.2\text{m}$，加固范围 $b=4\text{m}$，加固深度 $h_0=4\text{m}$，相邻两块加固体中心距 $L=37.5\text{m}$，支护桩插入深度 $h_p=6.7\text{m}$，土的内摩擦角 $\varphi_s=14.77°$，土的黏聚力 $c_s=10.46\text{kPa}$。

坑内被动区（局部）加固置换率按式（2-4a）计算，则有

$$\alpha_s = \frac{abh_0}{Lh_p^2\tan\left(45°+\dfrac{\phi_s}{2}\right)} = \frac{16.2\text{m}\times4\times4\text{m}}{37.5\text{m}\times6.7^2\text{m}\times\tan\left(45°+\dfrac{14.77°}{2}\right)} = 0.12$$

已知加固体的抗剪强度指标 $c_p = 235.0\text{kPa}$，取土的强度折减系数 $\eta = 0.45$ 代入式 (2-3b) 中得到土与加固体复合抗剪强度指标，即

$$c_{sp} = (1-\alpha_s)\eta c_s + \alpha_s c_p = (1-0.12) \times 0.45 \times 10.46\text{kPa} + 0.12 \times 235\text{kPa} = 32.34\text{kPa}$$

2) 围护结构剖面 1—1 计算中，重力式水泥土挡墙截面参数、土压力调整系数、设计参数分别见表 2-14 ~ 表 2-16，土压力模型如图 2-25 所示。

表 2-14　水泥土挡墙截面参数

水泥土挡墙厚度 B/m	4.200	水泥土挡墙平均重度[2]/(kN/m^3)	18.000
水泥土弹性模量 E/10^4MPa	0.020	水泥土挡墙抗剪断系数[3]	0.400
水泥土抗压强度/MPa	1.410	荷载综合分项系数[4]	1.250
水泥土抗拉抗压强度比[1]	0.150		

① 水泥土抗拉抗压强度比按 JGJ 120—2012《建筑基坑支护技术规程》中第 6.1.5 条规定的公式计算。
② 水泥土墙平均重度在工程设计中，一般取 18kN/m^3。
③ 水泥土挡墙抗剪系数指的是材料的抗剪系数，取 0.4~0.5。
④ 荷载综合分项系数指的是作用基本组合的综合分项系数，取值不应小于 1.25。

表 2-15　土压力调整系数

层号	土类	水土	外侧土压力调整系数 1	外侧土压力调整系数 2	内侧土压力调整系数
1	杂填土	合算	1.000	1.000	1.000
2	黏性土	合算	1.000	1.000	1.000
3	黏性土	合算	1.000	1.000	1.000
4	黏性土	合算	1.000	1.000	1.000
5	粉土	合算	1.000	1.000	1.000
6	黏性土	合算	1.000	1.000	1.000
7	黏性土	合算	1.000	1.000	1.000
8	黏性土	合算	1.000	1.000	1.000
9	黏性土	合算	1.000	1.000	1.000
10	黏性土	合算	1.000	1.000	1.000

注：由于采用水土合算所以水压力无须调整。

表 2-16　设计参数

整体稳定计算方法	瑞典条分法[1]
稳定计算采用应力状态	有效应力法[2]
稳定计算合算地层考虑孔隙水压力	✕
条分法中的土条宽度[3]/m	0.50
刚度折减系数 K	0.850

① 瑞典条分法，全称瑞典圆弧滑动面条分法，它是将假定滑动面以上的土体分成 n 个垂直土条，对作用于各土条上的力进行力和力矩平衡分析，求出在极限平衡状态下土体稳定的安全系数。该法忽略土条之间的相互作用力的影响，是条分法中最简单的一种方法。
② 有效应力法是运用太沙基饱和土有效应力原理公式 $\sigma = \sigma' + \mu$ 来分析应力状态。式中，σ 为总应力，σ' 为有效应力，μ 为孔隙水压力。总应力由固体颗粒、孔隙中的水和气体共同承担；有效应力为土颗粒间的接触应力，它控制着土体的体积变化和抗剪强度。
③ 条分法中的土条宽度对极端结果有一定的影响。如果土条宽度太大，计算误差也会较大，一般取 0.5m 左右。

围护结构剖面 2—2 和剖面 3—3 的计算方法与剖面 1—1 相同，本书不再赘述。

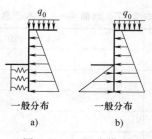

图 2-25　土压力模型

a）弹性法土压力模型　b）经典法[一]土压力模型

2. 围护结构剖面 4—4 的计算信息

1）围护结构剖面 4—4 计算（电算）简图如图 2-26 所示。地面附加均布荷载 20kN/m²；剖面 4—4 的基本信息见表 2-17，土层信息见表 2-18；放坡信息、土层参数、土层参数（水土）与剖面 1—1 相同，分别见表 2-9、表 2-11、表 2-12；土层参数（与锚固阻力）见表 2-19。

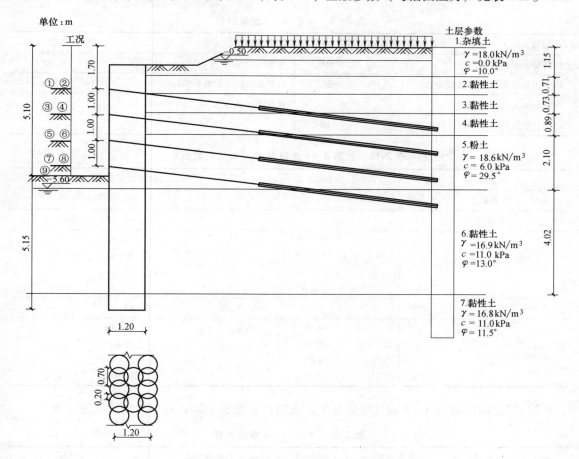

图 2-26　剖面 4—4 计算（电算）简图

　　⊖　此处经典法即等值梁法。由于板桩地面下，土压力等于零的位置接近正负弯矩的转折点，所以为简化计算，就用土压力等于零的位置来代替它，这样，板桩就相当于一根简支梁，很容易求出其支点反力，随后即可求出入土深度和最大弯矩。

表 2-17 剖面 4—4 基本信息

规范与规程	JGJ 120—2012《建筑基坑支护技术规程》
内力计算方法	增量法
支护结构安全等级	二级
支护结构重要性系数 γ_0	1.00
基坑深度 h/m	5.100
嵌固深度/m	5.150
墙顶标高/m	-0.700
截面类型	格栅墙
放坡级数	1
超载个数	1
墙顶均布荷载/kPa	0.000

表 2-18 剖面 4—4 土层信息

土层数	10	坑内加固土	否
内侧降水最终深度/m	5.600	外侧水位深度/m	0.500
内侧水位是否随开挖过程变化	是	内侧水位距开挖面距离/m	0.500
弹性计算方法按土层指定	✕	弹性法计算方法	m 法
内力计算时坑外土压力计算方法	主动		

表 2-19 剖面 4—4 土层参数（与锚固阻力）

土的名称	土的状态	与锚固体摩阻力/kPa
素填土		15~30
淤泥质土		10~20
黏性土	$0.75 < I_L \leqslant 1$	20~30
	$0.25 < I_L \leqslant 0.75$	30~45
	$0 < I_L \leqslant 0.25$	45~60
	$I_L \leqslant 0$	60~70
粉土		40~80
砂土	松散	35~50
	稍密	50~65
	中密	65~80
	密实	80~100

2）围护结构剖面 4—4 的计算信息中，支锚信息见表 2-20，其中支锚道数为 4 道。

表 2-20 剖面 4—4 支锚信息

支锚道号	支锚类型	水平间距/m	竖向间距/m	入射角/(°)	总长/m	锚固段长度/m
1	锚杆	1.000	1.700	8.00	11.00	6.00
2	锚杆	1.000	1.000	8.00	11.00	6.00
3	锚杆	1.000	1.000	8.00	11.00	6.00
4	锚杆	1.000	1.000	8.00	11.00	6.00

（续）

支锚道号	预加力/kN	支锚刚度/(MN/m)	锚固体直径/mm	工况号	锚固力调整系数	材料抗力/kN	材料抗力调整系数
1	0.00	30.00	100	2	1.00	20.11	1.00
2	0.00	30.00	100	4	1.00	45.24	1.00
3	0.00	30.00	100	6	1.00	80.42	1.00
4	0.00	30.00	100	8	1.00	31.42	1.00

3）围护结构剖面 4—4 的计算中，重力式水泥土挡墙截面参数和土压力调整系数同剖面 1—1，见表 2-14、表 2-15；工况信息、设计参数分别见表 2-21、表 2-22。

表 2-21　工况信息

工况号	工况类型	深度/m	支锚道号
1	开挖	1.700	—
2	加撑	—	1. 锚杆
3	开挖	2.700	—
4	加撑	—	2. 锚杆
5	开挖	3.700	—
6	加撑	—	3. 锚杆
7	开挖	4.700	—
8	加撑	—	4. 锚杆
9	开挖	5.100	—

表 2-22　设计参数

整体稳定计算方法	瑞典条分法
稳定计算采用应力状态	有效应力法
稳定计算合算地层考虑孔隙水压力	✕
条分法中的土条宽度/m	0.50
刚度折减系数 K	0.850
抗倾覆是否考虑支锚作用	√

2.5　重力式水泥土挡墙施工要点与质量检测

1. 重力式水泥土挡墙的主要施工设备

重力式水泥土挡墙的施工机械一般有搅拌桩机、旋喷桩机。搅拌桩机有喷浆型和喷粉型，搅拌轴主要有单轴、双轴、三轴三类；旋喷桩机根据喷射方法的不同，可分为单管高压旋喷桩机、双重管高压旋喷桩机、三重管高压旋喷桩机。

2. 重力式水泥土挡墙的主要施工工艺及参数

搅拌桩和旋喷桩的施工工艺分别如图 2-27、图 2-28 所示。

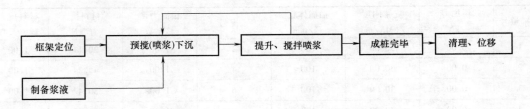

图 2-27　搅拌桩的施工工艺图

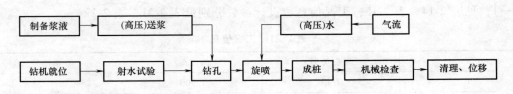

图 2-28　旋喷桩的施工工艺图

施工参数与各搅拌机械或旋喷机械的设备紧密相关，详细内容可参考 JGJ 79—2012《建筑地基处理技术规程》第 7.3.5 条（搅拌桩相关规定）、第 7.4.8 条（旋喷桩相关规定）及设备手册等相关资料。搅拌桩主要施工参数可参考表 2-23。

表 2-23　搅拌桩主要施工参数

施工参数	单轴搅拌桩	双轴搅拌桩	三轴搅拌桩
成桩桩径/mm	500~700	500~800	650~1000
成桩间距/mm	可调	514（固定）	450~750（固定）

2.6　重力式水泥土挡墙常见的工程问题

1. 施工缝的处理

施工过程中，往往难以避免施工缝的出现，其形成原因及应对措施可归纳如下。

（1）形成原因　施工过程中，同一台施工机械由于设备维修、维护或停电等原因，造成其施工的不连续，前后施工的水泥土挡墙无法有效搭接，故预留施工缝。两台施工机械在其平面交界处，施工的水泥土挡墙亦无法搭接，故预留施工缝。

（2）应对措施　施工缝宜采用高压旋喷桩进行有效的搭接。预留施工缝的大小应根据拟选用高压旋喷桩的类型及其在该场地土层中的有效成桩直径确定，一般比有效成桩直径小300~400mm。当水泥土挡墙兼做止水帷幕时，施工缝搭接同水泥土墙。施工缝搭接平面示意图如图 2-29 所示。

2. 施工中遇地下障碍物而出现短桩的处理

重力式水泥土挡墙施工前，一般均要求对水泥土挡墙平面位置进行尽可能深的地下障碍物清除工作，但是实际施工中遇地下障碍物出现短桩的情况仍时有发生。

（1）问题成因　由于工程地质勘探的特点，勘探点间距一般为 20m 或更大，同时地下

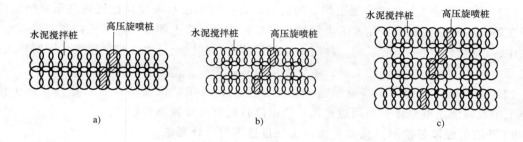

图 2-29　施工缝搭接平面示意图

情况千变万化，难以对场地的地下障碍物完全了解清楚；此外场地亦可能存在局部少量埋深较大的无法清除的障碍物。因此水泥土挡墙在施工中会遇地下障碍物，墙体（桩体）无法施工到设计桩长，出现短桩现象。

（2）应对措施　个别的短桩可能影响水泥土挡墙的墙体抗渗性能及其整体性，成片出现的短桩（特别是地下障碍物较厚时）将严重影响水泥土挡墙的整体性及稳定性，应采取必要的措施。

1）一般用具有同样成桩直径（或更大）的高压旋喷桩机进行接桩处理，桩的平面位置同原设计水泥土挡墙，桩顶与水泥土挡墙的搭接高度不小于 1000mm，桩底标高同原设计水泥土挡墙，搭接处一般可放置一根 ϕ48（长 2~3m）的钢管保证其上下的连续性及传力的可靠性，如图 2-30a 所示。

2）当出现成片的连续的短柱现象，同时地下障碍物较厚时，除了以上的高压旋喷接桩外，还应在墙面（地下障碍物范围内）外挂钢筋混凝土护面，必要时可设置（短）锚杆，以保证水泥土挡墙的整体性及稳定性，如图 2-30b 所示。

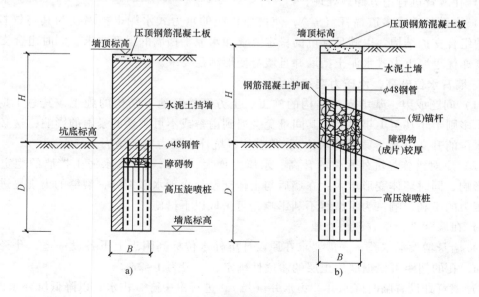

图 2-30　接桩大样图

3. 施工对环境的影响

（1）问题成因　重力式水泥土挡墙的施工设备一般采用水泥搅拌桩机或高压旋喷桩机。由于在施工中对原状地基土注入了大量的水泥浆，该水泥浆大部分与地基土拌和并渗入土的孔隙中，但也会产生一定的返浆，砂层中返浆量较少，黏性土层中返浆量较大；同时较大的注浆压力也会引起周边土体的上拱，造成周边地基的变形。

（2）应对措施　为了减少返浆造成的土体上拱，可在墙位处结合清障先行开挖土槽，在施工中及时清走返浆体；当周边建构筑物距离较近时可设置隔离槽等。

4. 开挖前经取芯检测（局部）水泥土强度达不到设计要求

根据相关规范要求，在基坑土方开挖前，应对重力式水泥土挡墙的桩身强度进行钻孔取芯检测。水泥土强度达不到设计要求的原因及应对措施可归纳如下。

（1）问题成因　由于水泥材料、土层原因，或者由于施工管理原因，实际工程中曾出现取芯试样的室内抗压强度达不到设计要求的情况。

（2）应对措施　此阶段，一般支护结构的施工设备已退场，且临近土方开挖，后面的其他工序已安排就位。水泥土挡墙的强度主要涉及墙体的刚度及截面承载能力，为了提高墙体的抗变形及截面承载能力，可随着土方的开挖，在墙面增设锚杆（索）、增设型钢角撑或内斜撑，该方法对工期影响小且效果好。

5. 基坑开挖高度大于原设计挖深

（1）问题成因　由于工程建设的工期短，有时在地下建筑层高及方案尚未完全确定的情况下，要求基坑支护结构及桩基先行施工。土方开挖过程中，由于建筑设计方案（有时仅为局部）的变更，使得基坑开挖高度（有时仅为局部电梯井、厚承台位置）大于原设计挖深。

（2）应对措施　这种情况下，原支护结构的稳定性、刚度、强度等均不能满足设计要求，而且土方已经开挖有时甚至开挖过半，能采取的措施较为有限，主要有以下措施：

1）在墙背进行挖方卸载处理。

2）增设一道或多道锚杆（索），使得原传统的重力式水泥土挡墙变为其与锚杆（索）组成的组合支护结构，以满足基坑的稳定要求和水泥土挡墙的强度要求，同时组合支护结构的刚度亦优于原重力式水泥土挡墙并且墙身变形满足要求。

6. 墙背水位升高，水压力突然增大

（1）问题成因　基坑支护结构的施工、土方开挖及地下结构的施工，其总工期少则3个月，多则半年甚至1年以上，其间难免会遇到雨季或不可预期的暴雨的影响，这必然导致坑外水位的升高（高于原设计水位），甚至使得坑外水压力突然增大。

（2）应对措施　坑外水位的升高、水压力增大，对原重力式水泥土挡墙的稳定性等有较大影响，同时墙体变形增大，在墙后与土体交接处出现水平裂缝，裂缝的出现更进一步加剧水压力的不利影响。为了减缓不利影响，可采取以下措施：

1）在墙背进行挖方卸载处理。

2）墙身增设泄水孔，一般要求在原设计坑外水位标高附近上下各设一道，孔径不少于100mm，孔的间距可根据墙后土层的渗透性确定，一般为1~2m。

3）墙背处设置临时降水井、集水井（坑），进行集中降、排水，以降低坑外水位标高。

第3章 排桩式围护结构设计与施工

3.1 排桩式围护结构概述

1. 排桩式围护结构的概念

排桩式围护结构（row pile retain structure）是将各种桩体，如钻（挖）孔灌注桩[①]、预制板桩或钢板桩及混合式桩等并排连续起来形成的地下挡土结构。

2. 排桩的选型与成桩工艺

1）应根据桩所穿过土层的性质、地下水条件及基坑周边环境要求等选择桩型和成桩工艺。

实际基坑工程中，排桩桩型采用混凝土灌注桩的占绝大多数。有些情况下，可采用型钢桩、钢管桩、钢板桩或预制桩等，有时也可以采用SMW工法施工的内置型钢水泥土搅拌桩。

2）在支护桩的施工影响范围内存在对地基变形敏感、结构性能差的建筑物或地下管线时，不应采用挤土效应严重、易塌孔、易缩径或有较大振动的桩型和施工工艺。

3）采用挖孔桩且其成孔需要降水或孔内抽水时，降水引起的地层变形应满足保证周边建筑物和地下管线安全的要求，否则应采取截水措施。

3. 排桩围护体的各种形式及应用范围

按照单个桩体成桩工艺的不同，排桩围护体桩型大致有以下几种：钻孔灌注桩、预制混凝土桩、挖孔桩、型钢水泥土搅拌桩（SMW工法桩）等。这些单个桩体可在平面布置上采取不同的排列形式形成挡土结构，来支挡不同地质和施工条件下基坑开挖时的侧向水土压力。排桩围护体的常见形式如图3-1所示。

其中，分离式排桩适用于无地下水或地下水位较深，土质较好的情况。在地下水位较高时应与其他防水措施结合使用，例如在排桩后面另行设置止水帷幕。一字形相切或搭接排列式，往往会因在施工中桩的垂直度不能保证及桩体扩颈等原因影响桩体搭接施工而达不到防水要求。当为了增大排桩围护体的整体抗弯刚度时，可把桩体交错排列（图3-1c）。有时因场地狭窄等原因，无法同时设置排桩和止水帷幕时，可采用桩与桩之间咬合的形式，形成可起到止水作用的排桩围护体（图3-1d）。相对于交错式排列，当需要进一步增大排桩的整体抗弯刚度和抗侧移能力时，可将桩设置成为前后双排，将前后排桩桩顶的帽梁用横向连梁连接起来，以形成双排门架式挡土结构（图3-1e）。有时还将双排桩式排桩进一步发展为格栅

[①] 灌注桩指的是在工程现场通过机械钻孔、钢管挤土或人力挖掘等手段在地基土中形成桩孔，并在基内放置钢筋笼、灌注混凝土而做成的桩。依照成孔方法不同，灌注桩又可分为沉管灌注桩、钻孔灌注桩和挖孔灌注桩等几类。钻孔灌注桩是按成桩方法分类而定义的一种桩型。

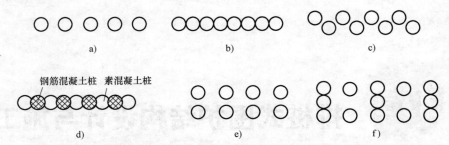

图 3-1　排桩围护体的常见形式

a）分离式排桩　b）相切式排桩　c）交错式排桩　d）咬合式排桩　e）双排式排桩　f）格栅式排桩

式排列，即在前后排桩之间每隔一定的距离设置横隔式的桩墙，以寻求进一步增大排桩的整体抗弯刚度和抗侧移能力。

因此，除具有自身防水的型钢水泥土搅拌墙（SMW）外，常采用间隔排列与防水措施结合的排桩围护体形式，它具有施工方便，防水可靠的优点，是地下水位较高软土地层中最常用的排桩围护体形式。

4．排桩围护体的止水形式

图 3-1 所示的排桩围护体形式中，仅图 3-1d 所示的咬合式排桩兼具止水作用，其他形式都没有隔水的功能。因此，在地下水位高的地区应用除咬合式排桩以外的排桩围护体时，还需另行设置止水帷幕。

最常见的止水帷幕是采用水泥搅拌桩（单轴、双轴或多轴）相互搭接、咬合而形成的一排或多排连续的水泥土搅拌桩墙，由于搅拌均匀的水泥土渗透系数很小，可作为基坑施工期间的止水帷幕。止水帷幕应设置在排桩围护体背后（图 3-2a）。当因场地狭窄等原因，无法同时设置排桩和止水帷幕时，除可采用咬合式排桩围护体外，也可采用分离式止水形式（图 3-2b），即在两根桩体之间设置旋喷桩，将两桩间土体加固，形成止水的加固体。但该方法常因桩距大小不一致和旋喷桩沿深度方向由土层特性的变化导致的旋喷桩体直径不一而渗漏水。此时，也可采用咬合型止水形式（图 3-2c、d）。其中，咬合型止水形式 1（图

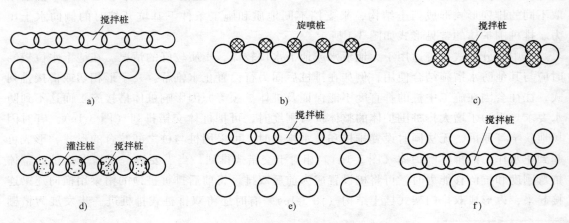

图 3-2　排桩围护体的止水措施

a）连续型止水形式　b）分离式止水形式　c）咬合型止水形式 1　d）咬合型止
水形式 2　e）双排式止水帷幕形式 1　f）双排式止水帷幕形式 2

3-2c），是先施工水泥土搅拌桩，在其硬结之前，在每两组搅拌桩之间施工钻孔灌注桩，灌注桩直径大于相邻两组搅拌桩之间净距，因此可实现灌注桩与搅拌桩之间的咬合，达到止水的效果；咬合型止水形式 2（图 3-2d），则是利用先后施工的灌注桩的混凝土咬合，达到止水的目的。当采用双排桩时，视场地条件，可在双排桩之间或之后设置水泥搅拌桩止水帷幕（图 3-2e、f）。

5. 排桩围护体的应用

1）排桩围护体与地下连续墙相比，其优点是施工工艺简单、成本低、平面布置灵活，缺点是防渗和整体性较差，一般适用于中等深度（6~10m）的基坑围护，但近年来也应用于开挖深度 20m 以内的基坑。其中为解决排桩式围护结构防渗性差等缺点，采用压浆桩。

压浆桩也称树根桩，其直径常小于 400mm，有时也称为小口径混凝土灌注桩，它除了具有一定的强度外，还具有一定的抗渗漏性。压浆桩适用的开挖深度一般在 6m 以下，在深基坑工程中，有时与钻孔灌注桩结合，作为防水抗渗措施（图 3-2d）。

采用分离式、交错式排列式布桩以及双排桩时，若要隔离地下水，须另行设置止水帷幕，这是排桩围护体的一个重要特点。在这种情况下，止水帷幕防水效果的好坏，直接关系到基坑工程的成败，须认真对待。

2）钻孔灌注桩排桩围护体最早在北京、广州、武汉等地使用，之后随着防渗技术的提高，其适用的深度范围已逐渐被突破。如上海港汇广场基坑工程，开挖最深达 15m，采用直径 1000mm 的钻孔围护桩及两排深层搅拌桩止水的复合式围护，取得了较好的效果。此外，天津仁恒海河广场，基坑开挖深度达 17.5m，采用直径 1200mm 的钻孔围护桩，并采用三轴水泥搅拌桩机设置了直径 850mm、间距 650mm、深 33m 的止水帷幕（止水帷幕截断第一承压含水层），工程也获得了很好的效果。

3）非打入式排桩围护体与预制式板桩围护相比，有无噪声、无振害、无挤土等许多优点，从而成为国内城区软弱地层中等深度基坑（6~15m）围护的主要形式。

4）SMW 工法在日本东京、大阪等软弱地层中的应用非常普遍，适用的开挖深度已达几十米，其与装配式钢结构支撑体系相结合，工效较高。在引进改工法的初期，该工法由于钻机深度所限，开挖深度小于 20m，所以在国内应用较少。1994 年，同济大学会同上海基础工程有限公司把该工法首次应用于上海软弱地层（上海环球世界广场，基坑深 8.65m，桩长 18m），取得了成功。随着施工机械的发展，该工法正逐渐被推广使用。目前国内施工深度可达 35m，近期引进了日本的新设备，成墙深度可达 60m。

5）挖孔桩常用于软土层不厚的地区，由于常用的挖孔桩直径较大，在基坑开挖时往往不设支撑。当桩下部有坚硬的基岩时，常在挖孔桩底部加设岩石锚杆，使基岩和挖孔桩成为一体，这类工程实例在我国东南沿海地区也有报道。

3.2　排桩式围护结构支撑的布置原则及方案选型

深基坑的支护结构一般有两种形式，分别为围护墙结合内支撑系统的形式和围护墙结合锚杆的形式。作用在围护墙上的水土压力可以由内支撑有效地传递和平衡，也可以由坑外设置的土层锚杆平衡。内支撑可以直接平衡两端围护墙上所受的压力，构造简单、受力明确。锚杆设置在围护墙的外侧，可以主动地加固岩土体，有效地控制其变形，防止坍塌的发生。

深基坑开挖中采用内支撑系统的围护方式已得到广泛应用。特别对于软土地区基坑面积大、开挖深度深的情况，内支撑系统由于具有无须占用基坑外侧地下空间资源、可提高整个围护体系的整体强度和刚度以及可有效控制基坑变形的特点而得到了大量的应用，关于内支撑的介绍如下。

1．内支撑的组成

内撑式支护结构体系由两部分组成，一是围护壁结构，二是基坑内的支撑系统。

1）围护壁可以是钢板桩，钢筋混凝土地下连续墙，钢筋混凝土桩排等。

2）支撑系统按材料分可分为钢管支撑、型钢支撑、钢筋混凝土支撑、钢和钢筋混凝土的组合支撑等；按其受力形式可分为单跨压杆式支撑、多跨压杆式支撑、水平框架式支撑、水平桁架式支撑、斜支撑、角支撑等。其中，支撑系统中斜支撑与角撑布置示意图、水平纵横对顶式支撑布置示意图分别如图3-3、图3-4所示。

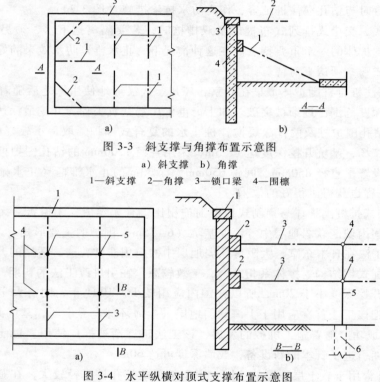

图3-3　斜支撑与角撑布置示意图
a）斜支撑　b）角撑
1—斜支撑　2—角撑　3—锁口梁　4—围檩

图3-4　水平纵横对顶式支撑布置示意图
a）水平纵向对顶式支撑　b）水平横向对顶式支撑
1—锁口梁　2—围檩　3—横向水平支撑　4—纵向水平支撑　5—支撑立柱　6—立柱基柱

2．内支撑体系的组成

围檩、水平支撑、钢立柱和立柱桩是内支撑体系的基本构件，内支撑的组成如图3-5所示。

（1）围檩　围檩是协调支撑和围护墙结构间受力与变形的重要受力构件，其可加强围护墙的整体性，并将其所受的水平力传递给支撑构件，因此要求具有较好的自身刚度和较小的垂直位移。首道支撑的围檩应尽量兼做围护墙的圈梁。必要时可将围护墙墙顶标高降低。当首道支撑体系的围檩不能兼做圈梁时，应另外设置围护墙顶圈梁。圈梁可将离散的钻孔灌注围护桩、地下连续墙等围护墙连接起来，加强了围护墙的整体性，减少围护墙顶部位移。

（2）水平支撑　水平支撑是平衡围护墙外侧水平作用力的主要构件，要求传力直接、

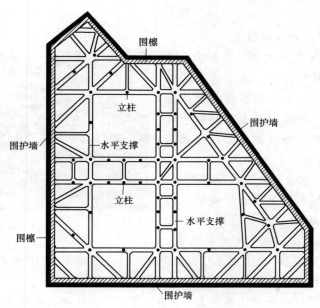

图 3-5　内支撑组成

平面刚度好且分布均匀。

（3）竖向支撑　钢立柱及立柱桩的作用是保证水平支撑的纵向稳定，加强支撑体系的空间刚度和承受水平支撑传来的竖向荷载，要求具有较好的自身刚度和较小的垂直位移。

3. 内支撑体系

（1）单层或多层平面支撑体系　平面支撑体系可以直接平衡支撑两端围护墙上所收到的侧压力，其构造简单，受力明确，使用范围广。但当支撑长度较大时，应考虑支撑自身的弹性压缩以及温度应力等因素对基坑位移的影响。多层平面支撑如图 3-6a 所示。

（2）竖向斜撑体系　竖向斜撑体系的作用是将围护墙所受的水平力通过斜撑传到基坑中部先浇筑好的斜撑基础上。对于平面尺寸较大，形状不很规则的基坑，采用斜支撑体系施工比较方便，也可大幅节省支撑材料。但墙体位移受到基坑周边土坡变形、斜撑弹性压缩以及斜撑基础变形等多种因素的影响，在设计计算时应给予合理考虑。此外，土方施工和支撑安装应保证对称性。竖向斜撑体系如图 3-6b 所示。

a)　　　　　　　　　　　　　　　　　b)

图 3-6　内支撑体系

a）多层平面支撑体系　b）竖向斜撑体系

4. 支撑材料

支撑材料可以采用钢或混凝土。

（1）钢支撑　钢支撑如图 3-7 所示。除了自重轻、安装和拆除方便、施工速度快以及可以重复使用等优点外，钢支撑安装后能立即发挥支撑作用，对减少由于时间效应而增加的基坑位移，是十分有效的。因此如有条件应优先采用钢支撑。

钢支撑的节点构造和安装相对比较复杂，如果处理不当，会由于节点的变形或节点传力的不直接而引起基坑过大的位移。因此，提高节点的整体性和施工技术水平至关重要。

图 3-7　钢支撑

JGJ 120—2012《建筑基坑支护技术规程》第 4.9.14 条对钢支撑的构造做了如下的规定：

1）钢支撑构件可采用钢管、型钢及其组合截面。

2）钢支撑受压杆件的长细比不应大于 150，受拉杆件长细比不应大于 200。

3）钢支撑连接宜采用螺栓连接，必要时可采用焊接连接。

4）当水平支撑与腰梁斜交时，腰梁上应设置牛腿或采用其他能够承受剪力的连接措施。

5）采用竖向斜撑时，腰梁和支撑基础上应设置牛腿或采用其他能够承受剪力的连接措施；腰梁与挡土构件之间应采用能够承受剪力的连接措施；斜撑基础应满足竖向承载力和水平承载力要求。

（2）混凝土支撑　现浇混凝土支撑、钢筋混凝土支撑分别如图 3-8、图 3-9 所示。由于其刚度大，整体性好，可以采取灵活的布置方式适应于不同形状的基坑，而且不会因节点松动而引起基坑的位移，施工质量相对容易得到保证，所以使用面也很广。但是混凝土支撑在现场需要较长的制作和养护时间，制作后不能立即发挥支撑作用，需要达到一定的强度后，才能进行其下土方作业，施工周期相对较长。同时，混凝土支撑采用爆破方法拆除时，对周围环境（包括振动、噪声和城市交通等）也有一定的影响，爆破后的清理工作量也很大，支撑材料不能重复利用。

图 3-8　混凝土支撑

图 3-9　钢筋混凝土支撑

JGJ 120—2012《建筑基坑支护技术规程》第 4.9.13 条对混凝土支撑的构造做了如下的规定：

1）混凝土的强度等级不应低于 C25。

2）支撑构件的截面高度不宜小于其竖向平面内计算长度的 1/20；腰梁的截面高度（水平尺寸）不宜小于其水平方向计算跨度的 1/10，截面宽度（竖向尺寸）不应小于支撑的截面高度。

3）支撑构件的纵向钢筋直径不宜小于 16mm，沿截面周边的间距不宜大于 200mm；箍筋的直径不宜小于 8mm，间距不宜大于 250mm。

知识点扩展：支挡式结构

支挡式结构（retaining structure）是由挡土构件（排桩或地下连续墙）和锚杆或支撑组成的一类支护结构体系的统称，其结构形式有锚拉式支挡结构、支撑式支挡结构、悬臂式支挡结构、双排桩、咬合桩等。本案例以支撑式支护结构为主。其中悬臂式支挡结构顶部位移较大，内力分布不理想，但可省去锚杆和支撑，因此当基坑较浅且周边环境对支护结构位移的限制不严格时，可采用悬臂式支挡结构。以下介绍咬合桩、双排桩和锚拉式支挡结构。

1. 咬合桩

（1）咬合桩的工作机理　咬合桩采用了钢筋混凝土桩与素混凝土桩切割咬合的排桩形式，以构成互相咬合桩墙，使桩与桩之间可在一定程度上传递剪应力。因此，在桩墙受力和变形时，素混凝土桩与钢筋混凝土桩共同起作用。对钢筋混凝土桩来说，素混凝土桩的存在增大了其抗弯刚度，在计算时可予以考虑。咬合桩构造如图 3-10 所示。

采用等刚度法分析咬合桩的刚度与内力时，需要解决等效刚度的确定问题。

廖少明[8]等通过试验研究了咬合桩的抗弯刚度和抗弯承载力。试验模型桩的直径为 320mm，咬合尺寸为 60mm，长度为 1000mm。试件由三根桩咬合而成，两边为超缓凝混凝土桩（常称为素桩），中间为钢筋混凝土桩（常称为荤桩），纵向钢筋为 17

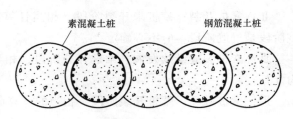

图 3-10　咬合桩构造

根直径 12mm 的 HRB335 钢筋，箍筋 $\phi4@100$（HRB235），模型桩分作 3 组，咬合时素桩浇筑时间分别为 20h、40h 和 60h。抗弯试验采用三分点加载，使用特殊加工的反力钢架装置进行加载。加载试验示意图、抗弯试验加载现场模型桩分别如图 3-11、图 3-12 所示。

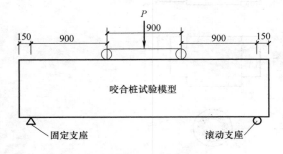

图 3-11　加载试验示意图（单位：cm）

图 3-12　抗弯试验加载现场模型桩

根据挠度曲线反算试件的抗弯刚度，得出抗弯刚度变化曲线（图 3-13）。从该曲线上可以看出：随荷载增加截面抗弯刚度逐步减小，咬合桩受素桩的开裂影响刚度降低较快，单桩的刚度降低较为平缓。两类桩不同的刚度变化特征说明了素桩的开裂情况是影响咬合桩截面抗弯刚度变化的主要原因。

已有的研究建议，可根据咬合桩的实际工作应力水平，不同程度地考虑素混凝土桩的作用。如图 3-14 所示，将咬合桩截面分别等效为矩形截面、不同高度的 T 形截面及不考虑素混凝土桩作用的钢筋混凝土单桩截面，这在计算咬合桩刚度和变形时是可行的。但计算荤桩配筋时，由于其加载至承载能力极限状

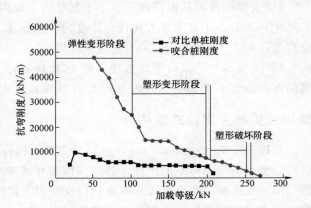

图 3-13　不同加载阶段试验梁荷载-抗弯刚度曲线

态时素桩几乎完全退出工作，故不宜考虑素混凝土桩的作用。

对于咬合桩刚度来说，咬合桩变形历经了弹性变形阶段、弹塑性发展阶段和塑性破坏阶段，可以分为以下四步：

Ⅰ：素桩未开裂阶段，相当的计算截面为一矩形，高度为 h_0。其中 h_0 根据刚度等效原则确定。

Ⅱ：素桩开裂、荤桩未开裂阶段，相当计算截面为倒 T 形，高度为 h_0，翼缘高为 h_1。该阶段是过渡阶段，h_1 不必确定。

Ⅲ：素桩裂缝继续发展、荤桩开裂阶段，相当的计算截面为 T 形，高度为 h_0，翼缘高为 h_2。

Ⅳ：素桩破坏、荤桩开裂阶段，相当的计算截面为一圆形，半径为 R。

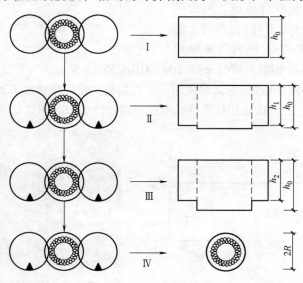

图 3-14　不同状态裂缝发展和相应的等效截面

（2）咬合桩的设计 咬合桩设计的关键在于如何确定素混凝土桩对钢筋混凝土桩刚度的影响。一旦确定其刚度后，便可参照咬合桩的内力与变形计算，并进行相应的设计。

对第 I 阶段，可根据抗弯刚度等效原则计算等效刚度，至于第 III 阶段（图 3-13），不同状态裂缝发展和相应的等效截面随着素混凝土桩的裂缝开展，其组合刚度急剧下降。在实际工程应用中，也常能观察到素桩上的裂缝开展，如图 3-15、图 3-16 所示。胡琦等[9]针对某实际工程的研究表明，开挖到坑底后，随着素混凝土桩身裂缝的出现，其对刚度的贡献率仅 15% 左右。因此，咬合桩设计时对于类似 SMW 工法中的型钢与水泥土的刚度，当弯矩较大时，可不考虑素混凝土桩的刚度；当弯矩较小时，在计算排桩变形时，可适当考虑素混凝土桩的刚度贡献，将钢筋混凝土桩的刚度乘以 1.1~1.2 的刚度提高系数。

图 3-15 杭州某工程素桩裂缝开展（一） 图 3-16 杭州某工程素桩裂缝开展（二）

（3）咬合桩围护体的施工 咬合桩围护体的施工形式按咬合桩的类型有以下几种：

1）钻孔咬合桩是采用全套管灌注桩机（磨桩机）施工而形成的桩与桩之间相互咬合排列的一种基坑支护结构。施工时，通常采用全钢筋混凝土桩排列（俗称全荤桩）及钢筋混凝土与素混凝土交叉排列（俗称荤素搭配桩）两种形式，其中荤素搭配桩的应用较为普遍。素桩采用超缓凝型混凝土先期浇筑，在素桩筑混凝土初凝前利用套管钻机的切割能力切割掉相邻素混凝土桩相交部分的混凝土，然后浇筑钢筋混凝土桩，实现相邻桩的咬合。

2）单根咬合桩施工工艺流程[10]如下：

① 护筒钻机就位。待定位导墙有足够的强度后，用起重机移动钻机就位，并使主机抱管器中心对应定位于导墙孔位中心。

② 单桩成孔。其步骤为：随着第一节护筒的压入（深度为 1.5~2.5m），冲弧斗随之从护筒内取土，一边抓土一边继续下压护筒，待第一节全部压入后（一般地面上留 1~2m，以便于接筒），检测垂直度，合格后，接第二节护筒，如此循环至压到设计桩底标高。

③ 吊放钢筋笼。对于钢筋混凝土桩，成孔检查合格后进行安放钢筋笼工作，此时应保证钢筋笼标高正确。

④ 灌注混凝土。如孔内有水，需采用水下混凝土灌注法施工；如孔内无水，则采用干孔灌注法施工并注意振捣。

⑤ 拔筒成桩。一边浇筑混凝土一边拔护筒，应注意保持护筒底低于混凝土面不应小于 2.5m。

3）一排咬合桩施工工艺流程。如图 3-17 所示，对一排咬合桩，其施工流程为 $A_1 \rightarrow$

$A_2{\rightarrow}B_1{\rightarrow}A_3{\rightarrow}B_2{\rightarrow}A_4{\rightarrow}B_3$，如此类推。（$A$ 指素混凝土桩，B 指钢筋混凝土桩）

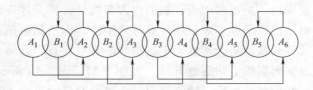

图 3-17　排桩施工流程

为控制咬合桩的成孔精度达到 GB 50299—1999《地下铁道工程施工及验收规范（2003 版）》要求，应采用成孔精度全过程控制的措施。本章案例工程采用的是在成桩机具上悬挂两个线柱控制南北向和东西向护筒外壁垂直度并用两台测斜仪进行孔内垂直度检查。若发现偏差应及时进行纠偏调整。

A 桩混凝土缓凝时间的确定：在测定出 A、B 桩单桩成桩所需时间 t 后，A 桩混凝土缓凝时间 T 按下式计算

$$T = 3t + K \qquad (3-1)$$

式中　K——储备时间，一般取 $1.5t$。

在 B 桩成孔过程中，由于 A 桩混凝土未完全凝固，还处于流动状态，因此其有可能从 A、B 桩相交处涌入 B 桩孔内，形成管涌。克服措施有：①控制 A 桩坍落度小于 14cm；②护筒应超前孔底至少 1.5m；③实时观察 A 桩混凝土顶面是否下陷，若发现下陷应立即停止 B 桩开挖，并一边将护筒尽量下压，一边向 B 桩内填土或注水（平衡 A 桩混凝土压力），直到制止住管涌为止。

当遇地下障碍物时，因为咬合桩采用的是钢护筒，所以可吊放作业人员下孔内清除障碍物。

在向上拔出护筒时，有可能带起放好的钢筋笼，对此，可选择减小钢筋混凝土桩的混凝土骨料粒径，或者在钢筋笼底部焊上一块比其自身略小的薄钢板以增加其抗浮能力。

咬合桩在施工时不仅要控制素混凝土桩混凝土的缓凝时间，注意相邻的素混凝土和钢筋混凝土桩施工的时间安排，还需要控制好成桩的垂直度，防止因素混凝土桩强度增长过快而造成钢筋混凝土桩无法施工，或因已施工完成的素混凝土桩垂直度偏差较大而造成与钢筋混凝土桩搭接效果不好的情况，甚至出现基坑漏水，无法止水而失败的情况。因此要对于咬合桩施工进行合理安排，做好施工记录，方便施工顺利进行。

2. 双排桩

（1）双排桩概述　双排桩（double-row-piles wall）是由两排平行的钢筋混凝土桩通过桩间的连系梁而形成的空间门架式结构系统。它利用超静定钢架结构随支撑条件及荷载条件的变化而自动调整结构内力的特性，解决支护问题，具有适应性强、安全度高、施工方便等多种优点。双排桩特殊的空间由桩顶冠梁⊖及连梁组成，即每排桩顶设置冠梁，并通过有一定间距且刚度较大的连梁连接，从而形成门式刚架结构[11]。

　　⊖　冠梁指的是设置在基坑周边支护（围护）结构（多为桩和墙）顶部的钢筋混凝土连续梁。其作用：一是把所有的桩基连到一起（如钻孔灌注桩，旋挖桩等），防止基坑（竖井）顶部边缘产生坍塌；二是通过牛腿承担钢支撑（或钢筋混凝土支撑）的水平挤靠边和竖向剪力。冠梁施工时必须凿除桩顶的浮浆等。

1）双排桩的布置形式。当场地土软弱或开挖深度大时，或基坑面积很大时，如果采用悬臂支护，单桩的抗弯刚度往往不能满足变形控制的要求，但设置水平支撑又非常影响施工且造价高，此时可采用双排桩支护形式。它通过钢筋混凝土灌注桩、冠梁和连梁形成空间门架式支护结构体系，可大大增加其侧向刚度，能有效地限制边坡的侧向变形。

双排桩常见的平面布置形式如图 3-18 所示。双排桩的前后排桩可采用等长和非等长布置，也可采用不同的桩顶标高，形成不等高双排桩形式，如图 3-19 所示。

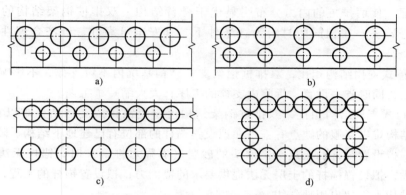

图 3-18　双排桩常见的平面布置形式
a）前后排梅花形交错布置　b）前后排矩形对齐布置
c）前后排不等桩距布置　d）前后排格栅形布置

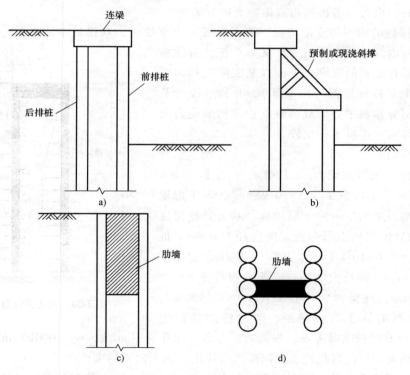

图 3-19　双排桩常见的剖面布置形式
a）前后排桩等高双排桩　b）前后排桩不等高双排桩
c）前后排桩现浇肋墙连接　d）前后排桩肋墙连接剖面图

2）双排桩的特点。在某些特殊条件的基坑工程中，锚杆、土钉、内支撑可能受到限制无法实施，采用单排悬臂桩难以满足承载力和基坑变形的要求，或者采用单排悬臂造价明显不合理，此时，可选择双排桩钢架结构作为基坑支护结构。与常用的支挡式结构如单排悬臂桩结构、锚拉式结构、支撑式结构相比，双排桩钢架支护结构有以下特点：

① 与单排悬臂桩相比，双排桩本质上也是一种悬臂式结构，但因为桩顶有钢架梁的连接，它便成了结构力学中的钢架结构。钢架梁起到协调前后排桩变形的作用，并对内力进行重分配，使两排桩的内力分布明显优于悬臂结构。双排桩钢架结构的桩顶位移明显小于单排悬臂桩，在相同的材料消耗条件下，其安全可靠性、经济合理性优于单排悬臂桩。

② 与支撑式支挡结构相比，双排桩钢架支护结构基坑内不设支撑，不影响基坑开挖和地下结构施工，同时省去设置、拆除内支撑的工序，大大缩短了工期。

③ 与锚拉式支挡结构相比，双排桩钢架结构可避免锚拉式支挡结构难以克服的缺点。锚拉式支挡结构难以克服的缺点有：当在拟设置锚杆的部位有已建地下结构、障碍物时，锚杆无法实施；拟设置锚杆的土层为高水头的砂层（有隔水帷幕）时，锚杆无法实施或实施难度、风险大；拟设置锚杆的土层无法提供要求的锚固力；拟设置锚杆的工程，地方法律法规规定支护结构不得超出用地红线。

此外，双排桩还具有施工工艺简单、不与土方开挖交叉作业、工期短等优势，在可以采用悬臂桩、支撑式支挡结构、锚拉式结构的条件下，当地下室外墙与规划红线之间具有足够的空间尺寸时，也可以考虑选用双排桩支护方案。

（2）双排桩的内力与变形特点　当不设置水平支撑时，双排桩本质上是一种悬臂支挡结构。但排桩内的桩体内力与变形又与单排悬臂排桩的内力与变形有显著的区别，下面以某实际工程为背景，建立一个双排桩算例（图 3-20），并通过改变基本算例中的部分参数来分析双排桩支护结构的受力及变形特点，并与单排桩进行比较。

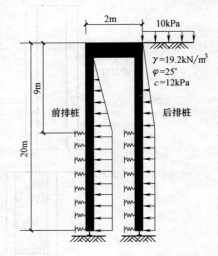

图 3-20　双排桩计算模型

双排桩算例：

土性指标：土体黏聚力 $c = 12\text{kPa}$，内摩擦角 $\varphi = 25°$，土体平均压缩模量 $E_0 = 5×10^3 \text{kN/m}^2$，不考虑地下水位的影响。采用单一的土层计算。基坑开挖深度为 9.0m，前后排桩呈矩形布置，桩直径为 0.8m，桩弹性模量 $E_1 = 3.0×10^7 \text{kN/m}^2$，桩间距为 2m，前排桩入土深度为 11m，桩长为 20m。连梁截面尺寸 $b×h = 800\text{mm}×600\text{mm}$，连梁弹性模量 $E = 3.0×10^7 \text{kN/m}^2$，连梁之间的距离等于两桩间距，两排桩的排距为

2.0m，桩顶与连梁按刚接考虑。弹簧的反力系数计算采用 m 法，$m = 4000\text{kN/m}^4$，桩底采用单链杆支承约束，以此替代桩土之间摩擦力作用，水平向不约束。

土压力采用朗肯主动土压力计算，并考虑 10kN/m^2 的地面施工超载，坑底以上为三角形的分布，基坑底面以下为矩形分布。上述算例采用的计算模型如图 3-20 所示，所得到位移图和弯矩图分别如图 3-21、图 3-22 所示。

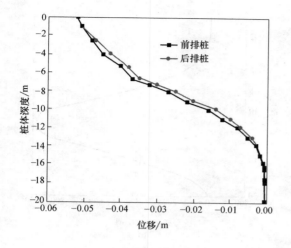

图 3-21　双排桩桩身位移图

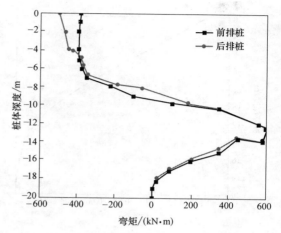

图 3-22　双排桩桩身弯矩图

从图 3-21 中可以看出双排桩前后排桩的位移大体是一致的，由于该计算模型在结构上是反对称的，其变形的不同主要取决于荷载在前后排桩的分配比例，如果前后排桩的荷载一样，那么前后排桩的位移应该完全一致。又因为连梁的 EA/L 在数值上比较大，相对的压缩变形很小，所以前后排桩桩顶位移几乎是一致的。

对于弯矩，前后排桩的弯矩分布大体上是一致的，只是因为连梁的作用桩身上部分的弯矩分布有一定的差异，但总体的趋势是很明显的，即上部分弯矩和下部分的弯矩方向刚好相反，并且反弯点在基坑底面附近。

1）双排桩与单排桩受力及变形对比分析。单排桩的悬臂支护也广泛应用于大量的基坑工程中，但从受力性能和机理上同双排桩还是有很大的区别。基于图 3-21 所示双排桩的算例建立一个单排桩算例，即在其他条件不变的前提下，将前后排桩合并为单排桩（桩的数量相同），排桩内的桩纵向间距为1m。土压力同样采用朗肯主动土压力，基坑底面以下部分的荷载采用矩形分布。单排桩的计算采用弹性抗力法，计算简图如图 3-23所示。

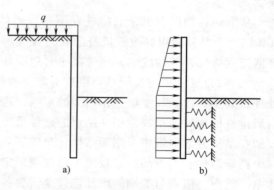

图 3-23　单排桩计算模型简图

根据上述单排桩的算例，采用弹性抗力法计算得到桩身位移及弯矩图如图 3-24 所示。

将图 3-21 和图 3-22 与图 3-24 进行对比，即使采用相同的桩且桩的数量相同，双排桩是前后布置，单排桩是加密成单排布置，但受力及变形的机理完全不同。

从图 3-24 位移图中可以看出，单排桩桩顶位移几乎是双排桩桩顶位移的两倍，这是由于单排悬臂桩完全依靠弹性桩嵌入基坑土内的深度来承受桩后的土压力并维持其稳定性，因此桩顶位移和桩体本身变形较大。而双排支护桩是由刚性连梁与前后排桩组成的超静定结构，整体刚度大，加上前后排桩形成与侧压力反向作用的力偶的原因，双排桩的位移明显减

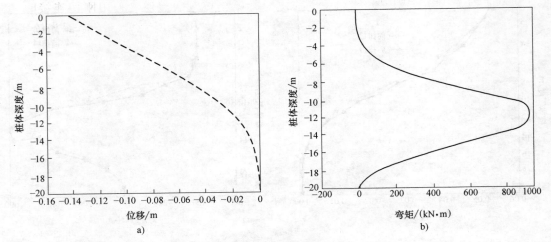

图 3-24 单排桩位移及弯矩图

a）单排桩桩身位移图　b）单排桩桩身弯矩图

小。双排桩具有明显的抵抗变形的能力。单排桩要减小桩体变形就必须加深支护结构的入土深度，而通过加大桩长只能在一定程度上减小支护结构的位移，到达某一深度之后，再增加支护结构的入土深度，并不能有效地减小位移。

对于弯矩来说，由于没有内支撑，单排桩桩顶和桩底的弯矩都为零，且桩身弯矩都为正。双排桩的最大弯矩为 599.5kN·m，单排桩的最大弯矩为 988.7kN·m。如果考虑配筋，很明显双排桩由于桩身弯矩分布比较均匀，而且最大值比单排桩小，所以配筋量比单排桩要少。

从上述算例可看出，双排桩在不增加桩体数量的同时，可以减少基坑支护结构的位移 50% 以上，并且能很好改善桩身的受力及变形，使之更加趋于合理。因此，可以减少配筋，降低工程造价，节约成本，同时减小对周围环境的影响。

2）双排桩桩顶与连梁结点刚度对双排桩内力及变形的影响。双排桩桩顶与连梁的连接处理对其受力性能和变形有相当大的影响，这也是在施工中必须要注意的一方面。当横梁与前后排桩桩顶的连接视为刚性结点的，桩梁之间不能相互转动，可以抵抗弯矩。这样的计算模型在结构力学中常称为刚架结构。只要下部嵌固条件能够满足铰接要求，刚架就可以组成一个稳定结构。当下部约束较强可以按照固定支座来考虑时，刚架结构就是一个三次超静定体系。然而，横梁与桩端的刚性连接是需要各种措施加以保证的。

首先，要计算结点抵抗的弯矩值，以确定断面的大小，进而决定配筋多少和钢筋的布置。此外，按钢筋混凝土结构设计材料包络图的要求，除计算不需要配筋的截面以外，还必须保证钢筋的锚固长度不小于规范要求的受拉钢筋的锚固长度。

因此，在进行双排桩内力和变形分析时，必须事先考虑桩梁结点的影响，按照结构的实际做法来简化计算简图。当桩梁连接结点设计满足框架结点的设计要求时，就按照刚性结点来简化计算简图，否则要按照铰结点来进行计算和设计。铰接时结点只能够传递轴力和剪力，不能够承担弯矩。当前后排桩桩顶都为铰接时，连梁就等价于链杆了。

针对双排桩连梁与桩顶的不同连接方式对双排桩的内力及变形机理影响的计算分析表明，因为桩顶的连接方式不同导致了前后排桩桩体上部位移不同。连梁对于前后排桩来说，起到了一个协同变形和分配内力的作用。当前排桩桩顶与连梁采用刚性连接时，桩顶的位移最小，前后排桩的协同作用的效果发挥得最好；而当前排桩与连梁为铰接时，位移最大；当为半刚性连接时，基本上是随着转角约束弹簧的刚度值增大，位移逐渐减小。当前排桩桩顶为铰接时，前排桩的桩顶弯矩为零，而此时后排桩的弯矩却为最大；当前排桩桩顶为刚接时，虽然前排桩的桩顶弯矩达到了最大，后排桩的弯矩达到了最小，但此时两桩的弯矩相差不大，连梁起到很好的协调变形和分配内力的作用。当两桩顶都为刚接时，弯矩分配比较均匀，变形也很相近；当一端刚接，另一端铰接时，则刚接处弯矩很大，而铰接处弯矩为零；当两端都为铰接时，虽然弯矩都为零，但在桩身范围内存在很大的正弯矩，此时，前排桩的弯矩图与悬臂式单排桩支护结构有明显的差异，而类似于带支撑的支护结构。

这说明，即使双排支护桩顶的连接比较薄弱，后排桩依然对前排桩产生比较大的锚拉作用，使前排桩的变形和受力性能得到极大的改善。后排桩顶与连梁的连接方式对前排桩的弯矩分布也产生了很大的影响，尤其是当后排桩与连梁刚接时，能够减小前排桩的正弯矩值，使桩体的正、负弯矩值接近，减少结构配筋。

从上述分析结果看，增强桩梁的连接，能够调整双排桩的变形和内力特征，减小结构位移，调整正负弯矩值，减少配筋，降低造价。

3）前后排桩排距对双排桩性状的影响分析。双排桩之所以能有很大侧向刚度，其关键因素就是通过前后排桩之间的桩顶连梁形成门式刚架结构。前后排桩的排距是影响双排桩内力与变形性状的重要因素。

在图 3-20 所示的双排桩计算模型中，其前后排桩的间距 s（简称排距）为 $2.5d$（d 为桩直径）。为研究排桩距 s 对双排桩的影响，分别计算了排距 s 分别为 $1.5d$、$2d$、$3d$、$4d$、$5d$、$7d$ 和 $8d$ 的情况。在排距 s 由 $1.5d$ 增加到 $8d$ 的过程中，前排桩桩身中下部的位移基本上是随着排距增大而增大；后排桩桩身中下部的位移是随着排距的增大而减小。桩体中上部的位移在排距变化时，变化比较大，前面也已经提到了，这种变化很大程度上是由连梁线刚度随排距增大而引起的。

对于桩顶的位移随桩距 s 增大的变化，分析如下（以图 3-20 所示的计算模型为例）：当排距为 $1.5d$ 时，前后排桩的计算位移为 5.65cm；随着排距增大，桩顶位移先是减小，当排距为 $4d$ 时，前后排桩的位移达到最小值 5.11cm，此后，当排距继续增大时，桩顶位移反而增大；排距为 $8d$ 时，桩顶位移为 5.31cm。所以，当排距很小时，双排桩通过连梁形成的门式刚架结构，其空间性能不能很好地发挥，不能充分发挥连梁协调变形和受力的作用。随着排距的增大，双排桩与连梁形成的整体结构的整体性能得到了体现，位移也逐渐地减小。但随着排距进一步增大，位移经过一个极小值后再慢慢地增大，这充分说明了，排距如果太大，双排桩的整体受力和变形性能会逐渐削弱。当排距非常大时，连梁对前后排桩的作用不能看作是一个整体的刚架体系，对前排桩而言，更像是在桩顶对前排桩施加的线弹簧和转角弹簧约束。

（3）双排桩的内力与变形计算　双排桩的计算较为复杂，首先是作用在双排桩结构上的土压力难以确定，特别是桩间土的作用对前后排桩的影响难以确定。桩间土的存在对前后排桩所受的主动及被动土压力均产生影响。由于有后排桩的存在，双排支护结构与无后排桩的单排悬臂支护桩相比，墙背土体的剪切角将发生改变。剪切破坏面不同，将导致土体的主动土压力的变化。应考虑上述因素的作用，对前后排桩所受土压力进行修正。其次是双排支护结构的简化计算模型难以确立，包括嵌固深度的确定、固定端的假定、桩顶位移的计算等。下面介绍三种常见计算方法：

1）桩间土静止土压力模型。假定前排桩桩前受被动土压力，后排桩桩后受主动土压力，桩间土压力为静止土压力，并采用经典土压力理论确定土压力值，以此可求得门式刚架的弯矩及轴向力。这种土压力确定方法较为简单，但反映的因素较少，计算结果误差很大。

2）前后排桩土压力分配模型。一般来说，双排桩由于桩间土的作用和"拱效应"的影响，确定土压力的不定因素很多，前后排桩的排列形式对土压力的分布也起关键影响。因此，需要考虑不同布桩形式的情况下，桩间土的土压力传递对前后排桩的土压力分布的影响。

双排桩前后排桩的布置形式一般有矩形布置和梅花形布置（图3-25）。

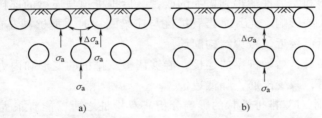

图3-25 双排桩前后排桩布置形式及桩间土对土压力的传递

a）梅花形排列 b）矩形排列

① 排桩梅花形布置，如图3-25a所示。前、后排桩由于梅花形布置，所以土体一侧均有主动土压力 σ_a，且桩间土的存在会对前、后排桩产生土压力 $\Delta\sigma_a$。由于桩间土宽度一般很小，故认为前、后排桩受到桩间土的压力相同，并认为前排桩的土压力增大时，后排桩的土压力减小，从而前、后排桩土压力 p_{af} 和 p_{ab} 分别按式（3-2a）、（3-2b）计算：

前排桩 $\qquad\qquad p_{af} = \sigma_a + \Delta\sigma_a$ （3-2a）

后排桩 $\qquad\qquad p_{ab} = \sigma_a - \Delta\sigma_a$ （3-2b）

假定不同深度下 $\Delta\sigma_a$ 和 σ_a 的比值相同，即

$$\Delta\sigma_a = \beta\sigma_a \qquad (3\text{-}2c)$$

式中 β——比例系数。

将式（3-2c）代入式（3-2a）、式（3-2b），得

$$p_{af} = (1+\beta)\sigma_a \qquad (3\text{-}2d)$$

$$p_{ab} = (1-\beta)\sigma_a \qquad (3\text{-}2e)$$

基坑开挖示意图如图3-26所示，比例系数 β 按下式计算

$$\beta = \frac{2L}{L_0} - \left(\frac{L}{L_0}\right)^2 \qquad (3\text{-}3a)$$

$$L_0 = H\tan(45° - \varphi/2) \qquad (3\text{-}3b)$$

式中 H——基坑挖深（m）；

L——双排桩排距（m）；

φ——土体内摩擦角（°）。

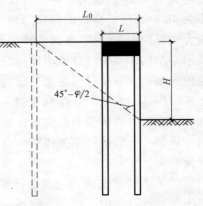

图3-26 基坑开挖示意图
（β 计算模型）

② 双排桩矩形布置如图 3-25b 所示。由于前、后排桩呈矩形布置，那么主动土压力 σ_a 可以假定作用在后排桩上，桩间土压力同样取 $\Delta\sigma_a$，则前、后排桩的土压力 p_{af} 和 p_{ab} 分别为

前排桩
$$p_{af} = \Delta\sigma_a = \beta\sigma_a \tag{3-4a}$$

后排桩
$$p_{ab} = \sigma_a - \Delta\sigma_a = (1-\beta)\sigma_a \tag{3-4b}$$

比例系数 β 按式 （3-3a）、式 （3-3b） 计算，即

$$\beta = \frac{2L}{L_0} - \left(\frac{L}{L_0}\right)^2$$

$$L_0 = H\tan(45°-\varphi/2)$$

3）考虑前后排桩相互作用的计算模型。前面介绍的几种方法均是对前后排桩分担的荷载提出某些假设，人为进行分配，没有考虑前后排桩的相互作用。为考虑前后排桩的相互作用，可采用弹性抗力法进行分析。弹性抗力法是基于弹性地基梁 m 法来考虑前后排桩相互作用的。

考虑前后排桩相互作用的计算模型中，桩体采用弹性地基梁单元，地基水平反力系数采用 m 法确定，在一定程度上考虑了桩与土在水平方向的相互作用。双排桩抗倾覆能力之所以强主要是因为它相当于一个插入土体的刚架，能够靠基坑以下桩前土的被动土压力和刚架插入土中部分的前桩抗压、后桩抗拔所形成的力偶来共同抵抗倾覆力矩。为此，可在桩侧设置考虑了桩与土摩擦的弹性约束，并可在前排桩桩端处设置弹性约束以模拟桩端处桩底反力对抗倾覆的作用。

该模型另一个重要特点是，考虑到双排桩间距一般较小，在前后排桩的约束下，有类似水平方向受压缩的薄压缩层，因此，可采用在前后排桩之间设置弹性约束，反映前后排桩之间土体压缩性的影响，避免了"前后排桩土压力分配模型"中确定 β 时不考虑桩间土压缩性对前后排桩之间相互作用的影响的缺陷。考虑前后排桩与土相互作用的模型如图 3-27 所示。

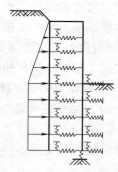

图 3-27　考虑前后排桩
与土相互作用的模型

3. 桩与锚杆结构

（1）桩与锚杆结构的特点　桩-锚支护体系的主要特点是采用锚杆取代基坑支护内支撑，给支护排桩提供锚拉力，以减小支护排桩的位移与内力，并将基坑的变形控制在允许范围内。桩-锚支护体系主要由护坡桩、土层锚杆、腰梁和锁口梁四部分组成，在基坑地下水位较高的地方，支护桩后还有防渗堵漏的水泥土挡墙等，它们之间相互联系、相互影响、相互作用，形成一个有机整体。目前，国内外深基坑开挖深度从几米到几十米，桩-锚支护结构在基坑支护中得到了广泛的应用[12]，获得了显著的经济效益，但是，其中也有很多失败的教训[13]。

相对于排桩-内支撑体系来说，桩-锚支护结构具有如下特点：

1）土方开挖与地下结构施工方便。由于由锚杆取代了基坑内支撑，故基坑内的土方开挖与地下结构的施工更为方便。特别是当基坑尺寸较小时，采用锚杆可使地下结构的施工更为方便。而当基坑平面尺寸很大时，锚杆可避免大量的支撑，降低工程造价。

2）锚杆是在基坑开挖过程中，逐层开挖、逐层设置的，因此，上下排锚杆的间距除必须满足围护桩的强度要求外，还必须考虑变形控制的要求。

3）锚杆所需锚固力是由自由段之外的锚固段的锚固体与围岩（土）的摩阻力所提供，因此，当基坑深度较大时，由于锚杆必须有足够的伸出潜在破裂面之外的锚固长度，故而锚杆的长度较大。因为锚杆会因土中产生的应力扩散造成的应力重叠而产生群锚效应所以对锚杆的上下排锚杆最小间距、同一排锚杆中锚杆的水平向最小间距要进行限制。一般而言，上下排锚杆的间距不宜小于 2.5m；同一排锚杆的水平向间距不宜小于 1.5m，但也不宜大于 4m。此外，由于锚杆的侧阻力需要足够的上覆土压力来保证，故锚杆的上覆土层厚度不宜小于 4m。

4）由于锚杆在软黏土中会因土的流变和锚固体与周围土的接触面的流变而产生锚固力损失和变形逐渐增大的现象，锚杆不宜在软黏土层中使用。

（2）桩-锚支护结构的受力与变形计算

1）锚对桩的约束刚度与群锚效应。桩-锚支护体系的计算主要在于合理地确定锚杆对桩提供的约束刚度。与水平支撑不同的是，锚杆会因土中产生的应力扩散造成的应力重叠而产生群锚效应，由于群锚效应的影响，锚固体的间距会显著影响锚杆的刚度。当锚杆间距较小时，与单根锚杆的约束刚度相比，群锚效应影响下的锚杆的约束刚度可显著减小。此外，在黏性土中，锚杆的刚度和提供给排桩的锚拉力也是逐渐变化的，锚杆的刚度会逐渐减小。在这两个因素的综合作用下，相对于锚杆拉拔试验时的刚度，工作条件下锚杆的刚度会显著下降。天津某工程的实测反演分析表明，群锚效应严重时，锚杆刚度可下降数倍。

2）锚的预加拉力、群锚效应对内力与变形的影响。由于锚杆均是逐根施工、逐根张拉施加预拉力和锁定，故锚杆施加的预应力对围护桩的内力与变形均会产生影响。与一般现浇的钢筋混凝土水平支撑不同，锚杆张拉、锁定所产生的在锚杆中的预应力会对桩体的内力（弯矩与剪力）分布造成影响。与此类似的是，当水平支撑采用现场安装的钢支撑时，有时也在钢支撑中施加预加轴力。

4. 桩体与帽梁、腰梁的连接构造

（1）单排桩排桩与帽梁、腰梁的连接构造　顶圈梁及围檩是排桩围护体设计的组成部分，应结合支撑设计选择其与排桩围护体的合理的连接构造形成，以保证排桩围护体的整体刚度，使之与支撑形成共同受力的稳定结构体系，从而达到限制桩体位移及保护周围环境的目的。

目前，顶圈梁及围檩与排桩围护体的连接形式有多种，各适应于不同的围护体系，应根据具体的施工条件选择。

灌注桩与顶圈梁的连接形式如图 3-28a 所示。一般要求灌注桩主筋锚入顶圈梁，顶圈梁宽度应大于灌注桩直径，在设有顶支撑时应大于顶支撑的竖向尺寸。顶圈梁高一般为 600～1000mm。

SMW 与顶圈梁的连接形式及示意图分别如图 3-28b、图 3-29 所示。要求 H 型钢锚入顶圈梁，顶圈梁宽度应大于 H 型钢宽度。为保证 H 型钢锚入顶圈梁中的长度，可将 H 型钢顶端的翼缘宽度割至 200mm 左右，以保证型钢能通过圈梁的箍筋间隙进入圈梁，此时圈梁内的箍筋间距不宜小于 200mm，主筋布置也应避开 H 型钢。采用 SMW 作为挡土桩墙时，为了保证施工结束后能顺利将型钢拔出，需要在型钢与顶圈梁之间设置隔离措施，例如对在顶圈梁高度范围内的型钢采用塑料包裹措施等，如图 3-29 所示，图中顶圈梁尚未施工。

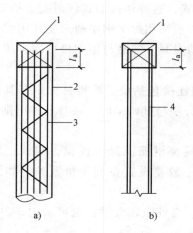

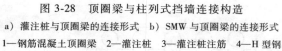

图 3-28　顶圈梁与柱列式挡墙连接构造

a）灌注桩与顶圈梁的连接形式　b）SMW 与顶圈梁的连接形式

1—钢筋混凝土顶圈梁　2—灌注桩　3—灌注桩注筋　4—H 型钢

图 3-29　SMW 工法型钢与顶圈梁连接

（2）围檩与排桩围护体的连接构造　为了加强排桩围护体的整体稳定性，除 SMW 外，围檩结构大多为钢筋混凝土结构，钢筋混凝土围檩结构与排桩围护体的连接构造如图 3-30 所示。其中图 3-30a 连接形式最为常见，拉吊钢筋的数量应根据围檩和支撑的重量通过计算得到。

图 3-30a 中，从灌注桩焊接的拉吊钢筋，拉吊角度一般要求不小于 60°，且灌注桩上的焊接主筋应尽量利用灌注桩中和轴上的主筋。

图 3-30b 为灌注桩中预埋环形钢板的连接形式，一般钢板宽度不宜超过灌注桩箍筋间距，以保证该处灌注桩混凝土浇灌密实，如因受力较大时，可增至 2～3 块环形钢板。

图 3-30c 所示为在顶圈梁或顶支撑梁中集中预留竖直拉吊钢筋，这种形式受力明确、施工方便、快捷，但由于将下面几道支撑及围檩的重力全部转移到顶圈梁（或顶支撑梁）上，顶圈梁局部集中荷载增大，往往需在顶圈梁（或顶支撑梁）悬吊处增大混凝土截面或配筋。

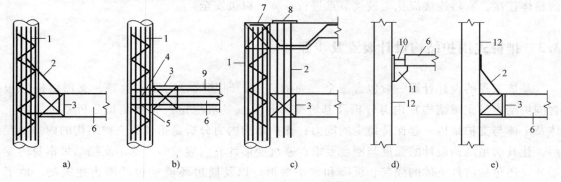

图 3-30　围檩与柱列式挡土墙构造

a）灌注桩中焊接拉吊钢筋　b）灌注桩中预埋环形钢板

c）顶圈梁中预留竖向拉吊钢筋　d）、e）围檩与型钢柱列式挡土墙连接形式

1—灌注桩主筋　2—拉吊筋　3—围檩　4—环形钢板　5—小牛腿　6—支撑　7—顶圈梁

8—钢板　9—混凝土支撑主筋　10—钢围檩　11—钢牛腿　12—型钢柱列式挡土墙

图 3-30d、e 所示为围檩与型钢排桩围护体连接形式，这种连接形式较混凝土挡墙容易。其中图 3-30d 所示为钢围檩与排桩围护体连接形式，一般采用焊接钢牛腿来支托围檩，围檩与型钢排桩围护体采用焊接连接。图 3-30e 所示为钢筋混凝土围檩与型钢排桩围护体连接形式，这种连接形式与图 3-28a 所示的相仿。

（3）双排桩与帽梁的连接构造 双排桩与帽梁的连接包括前、后排桩分别与其帽梁的连接，以及前后排桩之间的帽梁的连接。前、后排桩分别与其帽梁的连接与上述单排桩形式时的连接相似。

双排桩前、后排桩顶的帽梁的连接，一般采用现浇钢筋混凝土连梁，与前、后排桩顶的帽梁同时浇注，以确保其连接的整体性。连梁一般要设置在桩顶位置处，如图 3-31 所示。

当桩距较小时，可采用图 3-31a 所示的连梁设置，当桩距较大时，也可采用 3-31b 所示的连梁设置。

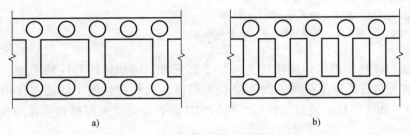

图 3-31 双排桩前后排桩帽梁的连接
a）连梁设置方式 1 b）连梁设置方式 2

当前、后排桩桩顶帽梁及其之间的连梁采用现浇混凝土整体浇筑时，可将帽梁与连梁的连接简化为刚性节点进行计算。

实际工程中采用双排桩时，双排桩的前后排桩可采用等长和非等长布置，也可采用不同的桩顶标高，形成不等高双排桩形式。此时，前、后排桩之间的连接构造方式比较复杂，可设置现浇斜撑或预制斜撑将前后排桩的桩顶帽梁进行连接。若不能可靠保证帽梁与斜撑之间的整体连接，宜将连接简化为铰接节点进行计算，以策安全。

3.3 排桩式围护结构设计要点及步骤

基坑工程的设计计算一般包含三个方面的内容，即基坑稳定性的验算、支挡结构（包含围护结构与支锚结构）内力分析及基坑变形计算。基坑稳定性验算是指分析基坑周围土体及土体与支护结构一起保持稳定的能力；支挡结构内力分析是指计算支护结构的内力与变形，让其满足结构设计的强度与刚度要求；基坑变形计算内容较多，除了支挡结果本身的变形外，还包括坑外土体的隆起、沉降和水平变形，以及周边环境（包括周边建筑物、地下管线沟等）的变形等。

基坑稳定性分析内容主要有整体稳定性分析、抗倾覆稳定性分析、抗隆起稳定性分析以及抗渗（包括突涌、管涌以及流土、流砂等）稳定性分析等。对于不同形式的支护结构，基坑稳定性分析在内容上要求有差别，相同内容的计算方法也不一样。

1．支挡结构内力分析

按基坑开挖深度及支挡结构受力情况，排桩支护可分为以下几种情况：

1）无支撑（悬臂）支护结构：当基坑开挖深度不大，即可利用悬臂作用挡住墙后土体。

2）单支撑结构：当基坑开挖深度较大时，不能采用无支撑支护结构，可以在支护结构顶部附近设置一单支撑（或拉锚）。

3）多支撑结构：当基坑开挖深度较深时，可设置多道支撑，以减少挡墙的内力。

桩墙结构的内力可按平面问题来简化计算，排桩计算宽度可取排桩的中心距。目前在工程实践中内力变形计算应用较多的是极限平衡法和弹性支点法（竖向弹性地基梁法）。

对于悬臂式及支点刚度较小的桩墙支护结构，由于水平变形大，可按极限平衡法计算；包括常用的静力平衡法、等值梁法[一]等。

当支点刚度较大，桩墙水平位移较小时，可按弹性支点法[二]进行计算。JGJ 120—2012《建筑基坑支护技术规程》第4.1.1条第2点规定：支撑式支挡结构，可将整个结构分解为挡土结构、内支撑结构分别进行分析；挡土结构宜采用平面杆系结构弹性支点法进行分析；内支撑结构可按平面结构进行分析，挡土结构传至内支撑的荷载应取挡土结构分析时得出的支点力；对挡土结构和内支撑结构分别进行分析时，应考虑其相互之间的变形协调。

2．稳定性验算

基坑稳定性分析内容主要有：整体稳定性分析、抗倾覆稳定性分析、抗隆起稳定性分析以及抗渗（包括突涌、管涌以及流土、流砂等）稳定性分析等。对于不同形式的支护结构，基坑稳定性分析在内容上要求有差别，相同内容的计算方法也不一样。

3．基坑变形计算

基坑变形有支挡结构水平位移、坑内土体隆起、坑外地面沉降和水平变形，以及周边环境（包括周边环境、地下管线沟等）的变形。

3.4　排桩式围护结构案例剖析与训练

1．基坑围护安全性报告技术评审意见回复及落实情况介绍

本工程于2013年6月25日邀请地基基础设计和施工方面专家进行了基坑围护安全性报告的技术评审，根据专家评审意见，安全性报告资料基本齐全，内容基本完整，应结合专家评审意见进一步调整优化。本次基坑围护设计方案根据最新的主体结构图纸，结合专家评审意见，在基坑围护安全性报告的基础上对方案做了相应调整，主要内容如下。

（1）环境和地质条件

1）基坑南侧为已建的钢结构厂房，在基坑2倍挖深影响范围内，根据专家意见，本次设计方案要求对其结构进行调查取证，在施工中加强监测，保证安全。

2）根据专家意见进一步查明了基坑东、西两侧拟建建筑的施工时间，现已明确其施工

○　等值梁法见"知识点扩展：重力式水泥土挡墙墙体变形计算"。

○　弹性支点法见"知识点扩展：重力式水泥土挡墙墙体变形计算"。

时间晚于本基坑围护施工。

3）结合专家意见，本方案拟对场地西北侧暗浜区域采取下列技术措施：对浜填土进行换填，并将暗浜区域三轴搅拌桩的水泥掺量由20%提高至25%；钻孔灌注桩施工时加长护筒。

4）根据专家意见和最新的主体结构图纸（开挖深度减少300mm），本次方案复核了场地第⑦层承压含水层对基坑局部落深区域的影响，考虑最不利情况的抗突涌稳定系数为1.07（大于1.05）；因此第⑦层承压水对本基坑开挖无影响。

（2）支护结构体系

1）根据专家意见，本方案调整了支撑的平面布置，采用了十字对撑加角撑的布置形式。

2）本次设计方案仍采用三轴水泥土搅拌桩作为基坑围护结构的止水帷幕，根据专家意见，要求施工满足在基坑转角处不少于"套接一孔"的搭接要求。

3）场地内普遍分布有浅层③夹层砂质粉土，渗透系数大，根据专家意见，在钻孔灌注桩与止水帷幕之间增加了压密注浆，水泥掺量为10%。

4）根据专家意见，本方案调整了基坑内降水井的平面位置，使之避开土体加固区。

5）根据专家意见，本方案对钻孔灌注桩的具体施工技术要求和质量标准提出了相应的要求，并利用部分工程桩为立柱桩。

2. 工程概况

（1）一般概况

1）建筑名称：测试塔及自由落体测试塔。

2）建筑场所：上海市某工业区内。

3）主要用途：测试塔。

4）建设单位：某电梯有限公司。

5）设计单位：上海市某设计研究院有限公司。

（2）建筑、结构概况

1）拟建项目位于上海某工业区内，北侧为某市政道路，东、西两侧为空地，南侧为一期已建建筑。

2）拟建项目包括一栋41层200.7m高测试塔及自由落体测试塔（采用钢筋混凝土剪力墙）、一栋2层办公楼（采用框架结构），整个地块下设3层地下室，各拟建建筑物拟采用桩基础。本项目总建筑面积18636m²，其中地上建筑面积15660m²，地下建筑面积2976m²。基坑开挖面积1135.7m²，周边134.8延米。

3）拟建项目场地较为平整，勘探孔口标高在4.27～4.49m之间。本工程±0.000为+4.650m，自然场地平均标高取为+4.400m（相对标高−0.250m）。

4）基坑开挖深度详见表3-1。

表3-1　基坑开挖深度

地点	底板面标高/m	底板厚度/m	垫层厚度/m	基坑开挖面标高/m	开挖深度/m
普遍区域	−11.040	3.000	0.200	−14.240	13.990
集水井	−12.540	3.000	0.200	−15.740	15.490

3. 深基坑围护设计依据

1）建设方提供的建筑总平面图、结构总体设计图及底板、桩位图等。

2）建设方提供的由上海某岩土工程有限公司编制的"某电梯有限公司、某区总部研发中心制造中心二期测试塔及自由落体测试塔岩土工程勘察报告"（工程编号为 1304-DKL-04，2013 年 5 月 17 日）。

3）建设方提供的工程相关信息及要求。

4）邻近已建类似基坑工程相关资料。

5）其他相关工程资料及信息。

4. 工程地质条件

依据建设方提供的由上海某岩土工程有限公司编制的"某电梯有限公司、某区总部研发中心制造中心二期测试塔及自由落体测试塔岩土工程勘察报告"（工程编号为 1304-DKL-04，2013 年 5 月 17 日），拟建场地位于上海市某工业区内，属长江三角洲冲淤积滨海平原地貌类型。进场勘探时，场地较平整，勘探孔口标高在 4.27~4.49m 之间。场地平均标高约为 4.40m。

根据本次勘探时现场土层鉴别、原位测试和土试验成果综合分析，本场地自地表至 90.0m 深度范围内所揭露的土层均为第四纪松散沉积物[⊖]，按其成因可分为 11 层，其中第①、③、⑤、⑦层和第⑧层按其土性及土色差异又可分为若干亚层。整个场地在拟建物处下的土层起伏较平缓。

（1）场地内的地下水

1）潜水。本基地对工程有影响的地下水主要为浅层的潜水，其主要补给来源为大气降水，水位随季节变化而变化，水位埋深一般为 0.3~1.5m。钻探期间浅层地下水初见水位埋深 2.7~3.0m，稳定水位埋深 1.4~1.7m，根据上海市工程建设规范 DGJ 08—11—2010《地基基础设计规范》有关条款规定，上海地区潜水位年平均水位埋深一般为 0.5~0.7m，设计按不利条件采用地下水位埋深 0.5m 考虑。

2）承压水。本工程的基坑最大开挖深度为 15.49m，对基坑工程可能有影响的是赋存于⑦层中的承压水。上海市 DGJ 08—37—2012《岩土工程勘察规范》第 12.1.3 条规定，此类承压水的水头埋深 3~11m。本基地⑦层土的层面埋深最浅为 30.42m，本场地拟建地下室普遍挖深 13.99m，最大挖深 15.49m，根据上海市 DGJ 08—37—2012《岩土工程勘察规范》中规定，以最不利的承压水头[⊖]（埋深 3m）计算，基坑底开挖面以下至⑦层顶板间覆盖土的自重压力 P_{cz} 与承压水压力 P_{wy} 之比 P_{cz}/P_{wy} 分别为 1.15（一般区域）和 1.07（局部落深区域），均大于 1.05。因此，⑦层承压水对本工程基坑无影响。

（2）场地内可能存在的不良地质现象

1）暗浜。经本次勘探结果分析，在拟建场地基坑周边线靠近基坑线西北处钻见一条暗浜，暗浜分布区域，填土分布较厚，钻见暗浜最深处约 4.4m（相当于绝对标高 0.0m），暗浜区域缺失第②层褐黄-灰黄色粉质黏土，对天然地基和基坑围护不利。本方案拟对暗浜区域采取下列技术措施：对浜填土进行换填，并将暗浜区域三轴搅拌桩的水泥掺量由 20% 提

⊖　第四纪沉积物是指第四纪时期因地质作用所沉积的物质，一般呈松散状态。在第四纪连续下沉地区，其最大厚度可达 1000m。

⊖　承压水头指的是承压含水层顶界面到测压水位面的垂直距离。

高至 25%；钻孔灌注桩施工时加长护筒。

2）软弱土层。场地内第③、④层均属于高压缩性土，具有含水量高、孔隙比大、压缩模量小等特性。这两层土呈饱和、流塑状态，抗剪强度低，灵敏度中到高，具有触变性和流变性特点，是上海地区最为软弱的土层，同时也是导致基坑围护体变形、内力增大的土层。在基坑围护结构设计和施工中，应注意这层土对基坑开挖的影响，尽量避免对主动区土体的扰动，并采取适当、合理的措施对被动区土体进行加固，控制围护结构体的变形在允许的范围之内。

3）浅层粉土：在整个场地深度 4.7~7.3m 之间普遍有浅层粉土分布（第③夹层砂质粉土）存在，该土层渗透较大，开挖时易产生流砂现象，以上土层对基坑开挖施工不利。

（3）基坑围护计算所需土层物理力学性质指标　本次设计采用的基坑围护设计参数见表 3-2，土层力学性质指标在设计计算中考虑取用固结快剪峰值强度。

表 3-2　基坑围护设计参数

地层编号	平均层厚	土层名称	固结快剪峰值强度		天然重度 $/(kN/m^3)$
			c/kPa	$\varphi/(°)$	
①₁	1.76	填土			
②	2.30	粉质黏土	20	19.5	18.7
③	0.70	淤泥质粉质黏土	12	18.5	17.6
③夹	1.80	砂质粉土	5	29.5	18.7
③	2.50	淤泥质粉质黏土	12	18.5	17.6
④	3.00	淤泥质黏土	10	11.5	16.8
⑤₁₋₁	6.50	黏土	13	12	17.4
⑤₁₋₂	7.00	粉质黏土	18	19.5	18.4
⑤₃	7.50	粉质黏土	17	20.5	18.4
⑦₁₋₁	5.50	黏质粉土	5	30.5	18.2
⑦₁₋₂	4.00	砂质粉土	5	30.5	18.3
⑧₁	3.70	粉质黏土	23	20.5	18.5
⑧₂₋₁	5.80	黏质粉土	4	34	18.7
⑧₂₋₂	16.80	砂质粉土	4	35	18.7
⑨	31.20	粉砂	3	35.5	18.9

注：c 指的是土的黏聚力，φ 指的是土的内摩擦角。

5. 基坑周边环境概况

某电梯有限公司、某区总部研发中心及制造中心二期测试塔及自由落体测试塔项目位于上海市某工业区内，北侧为某市政道路，东西两侧为空地，南侧为一期已建建筑。整个基坑开挖面积 1135.7m²，周边 134.8 延米，普遍开挖深度 13.99m，集水井局部落深区域开挖深度 15.49m。基坑开挖深度较深，施工影响范围较大，场地环境图如图 3-32 所示。

（1）基地周边环境　基地周边环境的现状如图 3-33 所示。

1）基地北侧环境。基地北侧围护结构外边线距离红线约 30.1m，红线附近位置有彩钢

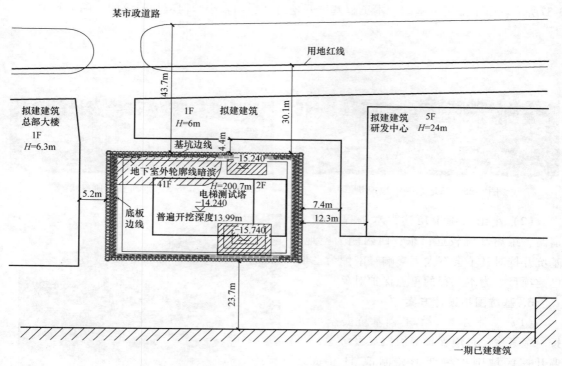

图 3-32　场地环境图

板围墙，应加强对该围墙的监测。红线外为某市政道路，道路距离基坑围护外边线约 43.7m，超过三倍基坑普遍开挖深度，基坑开挖对其影响较小。后期拟建建筑距离基坑围护外边线约 4.4m，目前为空地，基地北侧某市政道路现状如图 3-34 所示。

图 3-33　场地现状

图 3-34　基地北侧某市政道路现状

2）基地东侧环境。基地东侧为后期拟建建筑场地，目前为空地，围护外边线距离拟建建筑 7.4m，基地东侧空地现状如图 3-35 所示。

3）基地西侧环境。基坑西侧为拟建总部大楼场地，目前为空地，围护内边线距离拟建总部大楼 5.2m，基地西侧空地现状如图 3-36 所示。

4）基地南侧环境。基地南侧为一期已建厂房，建筑为钢结构，柱下设多桩承台，采用预应力混凝土空心方桩，桩截面 350mm×350mm，桩长 31～41m 不等，分 3 节。建筑距离基坑围护外边线约 23.7m，在 1～2 倍基坑开挖影响范围内，基地南侧一期已建建筑现状如图

3-37所示。由于采用桩基础，本工程基坑开挖对其影响较小，但应加强监测，确保安全。

图3-35　基地东侧空地现状

图3-36　基地西侧空地现状

（2）小结　综上所述，本工程北侧为道路，距离基坑较远；东、西两侧为空地，基坑开挖对其不会有太大影响；南侧为一期已建项目，为本工程的重点保护对象。

6. 基坑围护设计方案

（1）总体方案　本工程基坑安全等级按一级考虑，环境保护等级按二级考虑，普遍开挖区域围护桩变形控制值41.97mm，集水井局部落深区域围护桩变形控制值

图3-37　基地南侧一期已建建筑现状（临时道路）

46.47mm。本着安全可靠、技术先进、经济合理、方便施工的原则，综合考虑本次基坑工程情况、周边环境条件及基坑开挖深度、面积，并对各种围护结构进行比较分析的基础上，本方案建议基坑采用钻孔灌注桩+三轴水泥土搅拌桩止水+三道钢筋混凝土内支撑的围护形式。

（2）基坑围护设计方案

1）围护桩结构。基坑开挖深度分别为13.99m、15.49m，采用如下的围护形式：①普遍开挖区域（1—1剖面），基坑开挖深度13.99m，设计采用直径1000mm、间距1200mm的钻孔灌注桩作为围护结构，桩长29.55m，止水采用直径850mm、间距600mm的850@600三轴水泥土搅拌桩，桩长21.35m，水泥掺量20%；②集水井局部落深区域（2—2剖面），基坑开挖深度15.49m，设计采用直径1000mm、间距1200mm的钻孔灌注桩作为围护结构，桩长31.55m，止水采用直径850mm、间距600mm的850@600三轴水泥土搅拌桩，桩长21.35m，水泥掺量20%。局部深坑区域（落深1~1.5m）采用直径800mm、间距600mm的高压旋喷桩加固，桩长4m，水泥掺量25%。

2）支撑体系选型。本次基坑设计设置三道钢筋混凝土水平内支撑，基坑支撑信息见表3-3。

表3-3　基坑支撑信息表

支撑/围檩	支撑围檩 中心标高/m	支撑截面尺寸/mm （宽×高）	围檩截面尺寸/mm （宽×高）
第一道支撑/围檩	-0.650	900×800	1200×800
第二道支撑/围檩	-5.500	1000×800	1400×800
第三道支撑/围檩	-10.000	1100×800	1400×800

第一道钢筋混凝土支撑中心标高为 -0.650m，截面为 900mm×800mm。第一道围檩为钢筋混凝土围檩，截面为 1200mm×800mm。

第二道钢筋混凝土支撑中心标高为 -5.500m，截面为 1000mm×800mm。第二道围檩为钢筋混凝土围檩，截面为 1400mm×800mm。

第三道钢筋混凝土支撑中心标高为 -10.000m，截面为 1100mm×800mm。第三道围檩为钢筋混凝土围檩，截面为 1400mm×800mm。

关于立柱：支撑立柱采用型钢格构柱 4∟160×14，截面为 480mm×480mm，其下利用工程桩作为立柱桩，型钢格构立柱在穿越底板的范围内需设置止水片。

关于换撑：在底板和楼板处均设置混凝土传力带换撑，混凝土设计强度 C30。当换撑完成并达到设计强度后，根据位移监测情况，再逐步拆除支撑。

7. 围护设计方案内力及变形计算——规范方法验算

（1）计算条件　板式基坑围护体的计算采用规范推荐的竖向弹性地基梁法[⊖]，土的 c、φ 值均采用勘察报告提供的固结快剪峰值指标，围护墙变形、内力计算和各项稳定验算均采用水土分算原则。地面超载按实际情况考虑，计算中取 20kN/m²。在支撑体系的计算中，将支撑与围檩作为整体，按平面杆系有限元进行内力、变形分析。详见相关计算结果。

（2）地面超载计算工况

第一步：首先开挖至 -1.050m 处。

第二步：开槽施工围护桩顶部压顶梁、第一道钢筋混凝土支撑。

第三步：待压顶梁及混凝土支撑达到设计强度后，开挖至 -5.900m 处。

第四步：开槽施工第二道围檩及支撑。

第五步：待腰梁及混凝土支撑达到设计强度后，开挖至 -10.400m 处。

第六步：开槽施工第三道围檩及支撑。

第七步：待第三道支撑和围檩达到设计强度后，开挖至坑底处，并立即浇筑垫层。

第八步：施工底板及换撑带。

第九步：待底板及换撑带达到设计强度后，拆除第三道支撑。

第十步：施工地下三层结构及地下三层楼板和相应的换撑带。

第十一步：待地下三层楼板和换撑带达到设计强度后，拆除第二道支撑。

第十二步：施工地下二层结构及地下二层楼板和相应的换撑带。

第十三步：待地下二层楼板和换撑带达到设计强度后，拆除第一道支撑。

（3）主要计算结果　围护结构剖面 1—1、2—2 计算结果汇总见表 3-4。

8. 围护结构施工技术措施

（1）围护基坑设计与施工中应注意的要点

1）基坑开挖时坑底不得长期暴露，更不得积水，以保护基底土体不受扰动。

2）加强监测，做到信息化施工，以确保周围道路、建筑及围护结构本身的安全和施工的顺利进行。

3）为节约工程费用，立柱桩应结合工程桩考虑统一设计。

⊖　弹性地基梁法指的是横向荷载作用下桩身内力与位移的计算方法。

表 3-4　围护结构剖面计算结果汇总表

剖面情况	围护结构	计算结果	
1—1 剖面（普遍开挖区域） 开挖 13.99m 地面超载 20kN/m²	采用直径 1000mm、间距 1200mm 的钻孔灌注桩，桩长 29.55m	最大正弯矩$+M_{max}$/kN·m	1718.6
		最大负弯矩$-M_{max}$/kN·m	-689.5
		最大正剪力$+Q_{max}$/kN	448.1
		最大负剪力$-Q_{max}$/kN	-736.7
		最大位移 S_{max}/mm	35.8
		第一道支撑力 N_{max}/kN	163.8
		第二道支撑力 N_{max}/kN	609.8
		第三道支撑力 N_{max}/kN	721.1
		整体稳定安全系数	1.87
		抗倾覆安全系数	1.29
		坑底抗隆起安全系数	2.42
2—2 剖面（集水井局部落深区域） 开挖 15.49m 地面超载 20kN/m²	采用直径 1000mm、间距 1200mm 的钻孔灌注桩，桩长 31.55m	最大正弯矩$+M_{max}$/kN·m	2189.1
		最大负弯矩$-M_{max}$/kN·m	-892.6
		最大正剪力$+Q_{max}$/kN	582.1
		最大负剪力$-Q_{max}$/kN	-988.6
		最大位移 S_{max}/mm	44.8
		第一道支撑力 N_{max}/kN	163.8
		第二道支撑力 N_{max}/kN	603.3
		第三道支撑力 N_{max}/kN	1007.2
		整体稳定安全系数	1.80
		抗倾覆安全系数	1.21
		坑底抗隆起安全系数	2.31

4）本工程基坑围护施工之前，总包方必须做好详细的施工组织设计，经建科委评审通过，建设方、设计方同意后，方可进行基坑围护结构的施工。

（2）钻孔灌注桩相关技术措施

1）钻孔灌注桩成桩中心与设计桩位中心偏差小于 5cm；桩身垂直度应不大于 1/200；沉渣厚度小于等于 10cm（浇灌混凝土前）；混凝土设计强度 C30（水下提高一级浇筑）。

2）钻孔灌注桩应满足桩身质量及钢筋笼焊接质量要求，不得有断桩[⊖]、混凝土离析[⊜]、夹泥[⊜]现象发生。

3）混凝土应连续灌注，每根桩的灌注时间不得大于混凝土的初凝时间[㉃]。混凝土灌注应适当大于桩顶的设计标高，凿除浮浆后的桩顶混凝土强度等级必须满足设计要求。

4）钻孔灌注桩工序：钻孔灌注桩定位→钻击成孔（泥浆护壁）→第一次清孔→下放钢

⊖　断桩是指灌注完成后的桩身某一截面完全无连续性或出现蜂窝、局部夹泥、局部不凝固等部分无连续性的情况。

⊜　混凝土的离析是指混凝土拌合物组成材料之间的黏聚力不足以抵抗粗骨料下沉、混凝土拌合物成分相互分离，造成内部组成和结构不均匀的现象。通常表现为粗骨料与砂浆相互分离，例如密度大的颗粒沉积到拌合物的底部，或者粗骨料从拌合物中整体分离出来。

⊜　夹泥是钻孔灌注桩施工中常出现的一种质量事故。钻孔桩穿越粉砂与圆砾混砂等土层时，泥浆中含砂率大，灌注时砂沉淀于混凝土面且板结，造成混凝土无法正常上翻，一旦冲破后，部分上履层夹裹在桩身中。

㉃　初凝时间是指从水泥加水到开始失去塑性的时间，而对应的终凝时间是指从加水到完全失去塑性的时间。

筋笼→下导管→第二次清孔→水下浇筑混凝土。

5）泥浆。槽内泥浆液面应保持高于地下水位 0.5m 以上，泥浆的密度应保持孔壁稳定。

6）清孔。清孔应分二次进行。第一次清孔在成孔完毕后立即进行；第二次在下放钢筋笼和灌注混凝土导管安装完毕后进行。

（3）三轴水泥土搅拌墙相关技术措施

1）三轴搅拌桩直径 850mm，间距 600mm，套接一孔施工。水泥选用 42.5 级普通硅酸盐水泥，水胶比 1.5，水泥掺量 20%。

2）三轴水泥搅拌桩 28d 无侧限抗压强度应不小于 0.8MPa。桩位偏差不于 50mm，垂直度偏差不大于 0.5%。

3）三轴搅拌机搅拌下沉速度宜控制在 0.5~1m/min 范围内，提升速度宜控制在 1~2m/min 范围内，并应保持匀速下沉与匀速提升。搅拌提升时不应使孔内产生负压造成周边地基沉降。相邻搅拌桩的搭接时间不宜大于 24h。

（4）高压旋喷桩相关技术措施　旋喷桩有效直径 800mm，采用三重管注浆工艺，喷浆水泥采用 42.5 级普通硅酸盐水泥，水泥掺量为 25%，水喷射压力不小于 25MPa，喷射量不小于 30L/min；水泥浆液的水胶比 1.0，注浆压力 1MPa，喷射量不小于 25L/min；气流压力 0.7MPa，提升速度不大于 0.15m/min。上述施工参数可根据实际施工情况调整。

9. 开挖与降水施工要求

（1）土方开挖要求

1）土方开挖前施工单位需编制详细的土方开挖的施工组织设计，并取得基坑围护设计单位和相关主管部门的认可，然后方可实施。

2）施工顺序应遵循先撑后挖的原则。对于本工程即需待地下室各层楼板达到设计强度及局部区域临时混凝土支撑达到设计强度后方可向下继续开挖。

3）土方开挖要求：第一道支撑以下基坑挖土宜做到"分层、分块、对称、平衡、限时"开挖支撑；将基坑开挖造成的周围设施的变形控制在允许的范围内。

4）基坑应根据后浇带的位置分块进行开挖。

5）除井点降水措施外，地面及坑内应设排水措施，及时排除雨水及地面流水。坑内排水严禁在坑边挖沟。

6）地面超载应控制在 20kN/m² 以内。

7）机械进出口通道应铺设路基箱扩散压力，或局部加固地基。

8）混凝土垫层应随挖随浇，即垫层必须在见底后 24h 内浇筑完成。

9）下部的挖掘机在行使过程中严禁碰撞格构柱及降水管。在挖除格构柱四周的土方时，严禁碰撞，必要的时候四周土方采取人工挖土。严禁格构柱周边土方挖土高差大于 1m，格构柱周边土方堆土要严格控制。

10）严禁超挖，基坑底部留 20cm 进行人工挖土。

（2）坑内降水

1）土方开挖前要进行基坑降水。坑内降水主要是基坑内侧降低潜水，建议基坑采用真空深井降水⊖。

⊖ 真空深井降水是通过真空泵将真空管密封的深井抽吸成负压，使其周围形成真空，地下水和土体中的水压在大气压力和土体压力作用下，由高压向低压流动，流入井管内，然后通过一定扬程的潜水泵排出管外，以达到降低地下水位和减少土体中水分的作用，使得基坑开挖在干燥的情况下进行。

2）施工单位应提供详尽的降水施工方案，经设计单位认可后方可实施。降水应有一定周期，一般预降水不宜少于三周，以保证降水深度控制在基坑开挖面以下 0.5~1.0m（包括深坑部位）。

3）降水开始前，需对基坑内外水位进行全面的监测，以确保降水效果。降水单位在基坑开挖期间应每天测报抽水量及坑内地下水位。

4）在降水开始前应做好井点和管路的清洗和检查工作，如发现问题及时处理，防止"死井现象"的发生。在降水过程中施工单位应加强管理，确保管路畅通和井点正常工作。

5）基坑降水时，应根据工期安排、挖土工况合理安排降水速率，随着基坑土方开挖工程的进行，逐渐将地下水位降低至设计标高。

6）井点降水应确保砂滤层施工质量，做到出水常清。对出水混浊的井点管应予更换或停闭。

7）除井点降水措施外，开挖面及坑内设明沟和集水井相结合的排水措施。基坑内明排水沟及集水坑不得设置于基坑周边。开挖过程中发现围护体接缝处渗水应及时采取封堵措施。

（3）承压水控制　本工程的基坑最大开挖深度为 15.49m，对基坑工程可能有影响的是赋存于⑦层中的承压水。上海市 DGJ 08—37—2012《岩土工程勘察规范》第 12.1.3 条规定，此类承压水的水头埋深 3~11m。本基地⑦层土的层面埋深最浅为 30.42m，本场地拟建地下室普遍挖深 13.99m，最大挖深 15.49m，根据上海市 DGJ 08—37—2012《岩土工程勘察规范》中的规定，以最不利的承压水头（埋深 3m）计算。本基坑底开挖面以下至⑦层顶板间覆盖土的自重压力 P_{cz} 与承压水压力 P_{wy} 之比 P_{cz}/P_{wy} 分别为 1.15（一般区域）和 1.07（局部落深区域），均大于 1.05。因此，⑦层承压水对本工程基坑无影响。

10. 施工质量检测

深基坑监测是信息化施工常见的一种方法，对确保深基坑开挖安全起着十分重要的作用。监测的主要内容有支撑轴力、围护桩位移和沉降变形、基坑周边地表沉降、基坑周边管线的位移沉降、基坑周边构建物的位移沉降、基坑隆起、地下水位变化等。

本工程应加强信息化施工，施工期间根据监测资料及时控制和调整施工进度和施工方法。

（1）监测内容

1）水平垂直位移的量测。主要用于观测围护桩顶、立柱顶端及邻近建筑物的水平位移及沉降。

2）测斜。主要目的是观测基坑开挖过程中围护桩身和土体位移。建议在基坑四面围护桩内和土体内埋置测斜管。

3）支撑内力的测试。本次工程围护设计方案共设置 3 道水平支撑，需选择一定的支撑杆件量测轴力，建议每个截面布置传感器不少于 2 个，用于量测基坑开挖期间支撑轴力的变化。

4）地下水位的观测。建议布置坑内、外地下水位观测井，监测地下水位的波动情况。

5）地面沉降观测。本工程应沿基坑周边设置沉降观测点，根据观测结果反馈设计、施工，确保周边环境安全，确保基坑工程顺利实施。

（2）观测要求

　　1）在围护结构施工前，应先测得初读数。

　　2）在基坑降水及开挖期间，必须做到一日一测。在基坑施工期间的观测间隔，可视测得的位移及内力变化的具体情况适当放长或减短。

　　3）测得的数据应及时上报甲方、设计院及相关单位和部门。

　　（3）本基坑特点及周边环境的保护措施　　本工程基坑开挖面积 1135.7m²，周边 134.8 延米。普遍开挖深度 13.99m，集水井局部落深区域开挖深度 15.49m。基坑周边环境相对简单，北侧为道路，东、西两侧为空地，南侧为一期已建建筑。根据相关规范，基坑安全等级和环境保护等级分别为一级和二级。结合本基坑的开挖深度、开挖面积及周边环境情况，从基坑的安全性和经济性等方面综合考虑，本方案采用的保护措施如下：

　　1）采用刚度较大的钻孔灌注桩作为围护结构，以控制变形。

　　2）采用止水效果较好的三轴水泥土搅拌桩作为止水结构，避免坑内降水带来周边地表的沉降。

　　3）采用三道钢筋混凝土支撑，以支撑为主，辅以角撑，支撑体系刚度大，可有效控制变形。

　　4）局部落深区域采用高压旋喷桩加固，进一步控制围护结构变形及基坑稳定性。

　　5）加强对周边环境的监测。

　　根据本工程的实际情况、地质条件、场地条件及相应的比较、计算、分析，在选择合理的支护及开挖工况条件下，本场地建造本类基坑工程采用本设计方案是安全、可靠的。

知识点扩展：多道支撑结构内力分析

　　桩墙结构的内力计算可按平面问题来简化，排桩计算宽度可取排桩的中心距。当支点刚度较大，桩墙水平位移较小时，可按弹性支点法进行计算。挡土结构宜采用平面杆系结构弹性支点法进行分析，内支撑结构可按平面结构进行分析，挡土结构传至内支撑的荷载应取挡土结构分析时得出的支点力，内力变形计算应用较多的是极限平衡法和弹性支点法（竖向弹性地基梁法）。当基坑开完深度较深时，可设置多道支撑，以减少挡土墙压力。

　　目前多支撑结构的计算方法有很多，一般有等值梁法（连续梁法）、m 法、支撑荷载的二分之一分担法、逐层开挖支撑（锚杆）支承力不变法、弹性地基梁法、弹性支点法等。

1. 等值梁法

　　按一端嵌固另一端简支的梁进行研究，此时单支撑挡墙的弯矩图如图 3-38c 所示，若在得出此弯矩图前已知弯矩零点位置，并于弯矩零点处将梁（即桩）断开以简支计算，则不难看出所得该段的弯矩图将同整梁计算时一样，此断梁段即称为等值梁。实际上单支撑挡墙其净土压力零点位置与弯矩零点位置很接近，因此可在压力零点处将板桩划开作为两个相连的简支梁来计算。这种简化计算法就称为等值梁法。等值梁法计算计算简图如图 3-38 所示，其计算步骤如下。

　　1）根据基坑深度、勘察资料等，计算主动土压力与被动土压力，求出土压力零点 B 的位置，并计算 B 点至坑底的距离 u 值。

　　2）由等值梁 AB 根据平衡方程计算支撑反力 R_a，及 B 点剪力 Q_B。

　　3）由等值梁 BG 求算板桩的入土深度。近似计算将 G 点以下的桩上的土压力合力简化成一作用于 G 点的集中力 E'_p，取 $\sum M_G = 0$，得

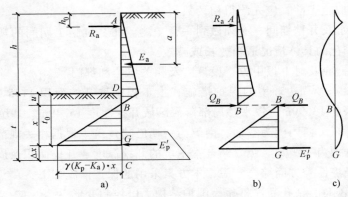

图 3-38　等值梁法计算简图

$$Q_B x = \frac{1}{6}\left[K_p \gamma (u+x) - K_a \gamma (h+u+x) \right] x^2 \tag{3-5}$$

由上式求得
$$x = \sqrt{\frac{6Q_B}{\gamma(K_p - K_a)}} \tag{3-6}$$

式中　K_a、K_p——主动和被动土压力系数。

桩的最小入土深度为
$$t_0 = u + x \tag{3-7a}$$

如土质差时，应乘 1.1~1.2 系数，得
$$t = (1.1 \sim 1.2) t_0 \tag{3-7b}$$

4）求剪力为零的点，计算最大弯矩 M_{max}。

前已阐明等值梁法的计算原理，即多支撑结构计算一般可当作刚性支承的连续梁计算（即支座无位移），并应对每一施工阶段建立静力计算体系。

基坑支护系统，应按以下各施工阶段的情况分别进行计算，各施工段的计算简图如图 3-39 所示。

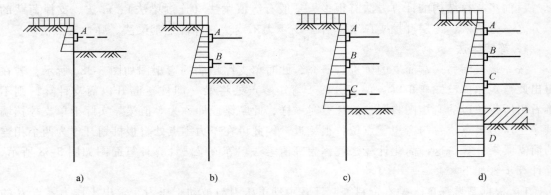

图 3-39　各施工段的计算简图

a）设置支撑 A 以前的开挖阶段　b）设置支撑 B 以前的开挖阶段
c）设置支撑 C 以前的开挖阶段　d）在浇筑底板以前的开挖阶段

① 在设置支撑 A 以前的开挖阶段（图 3-39a），可将挡墙作为一端嵌固在土中的悬臂桩。

② 在设置支撑 B 以前的开挖阶段（图 3-39b），挡墙是两个支点的静定梁，两个支点分别是 A 及土中净土压力为零的一点。

③ 在设置支撑 C 以前的开挖阶段（图 3-39c），挡墙是具有三个支点的连续梁，三个支点分别为 A、B 及土中的土压力零点。

④ 在浇筑底板以前的开挖阶段（图 3-39d），挡墙是具有四个支点的三跨连续梁。

以上各阶段，挡墙在土内的下端支点，已如上所述取土压力零点，即地面以下的主动土压力与被动压力平衡的点。

2. m 法

设有多道支撑的挡墙，前面提到的 m 法同样适用。挡墙在坑底以上的部分可以用结构力学的方法进行计算内力，而挡墙在基坑底面以下的入土部分，在求得支撑力后，可通过 m 法分析其内力。与其他方法相比，m 法可计算挡墙位移。

关于多道支撑（锚杆）挡土墙计算如下：

【工程案例 3-1】　北京某大厦为超高层建筑，地上 52 层，地下 4 层，建筑面积 $110270m^2$，地面以上高 183.53m，基础深 23.76m（设计按 23.5m 计算），采用进口 488mm×30mm 的 H 型钢桩挡土，桩间距 1.1m，三层锚杆拉结，如图 3-40 所示。试对此多道支撑（锚杆）挡土墙进行计算。

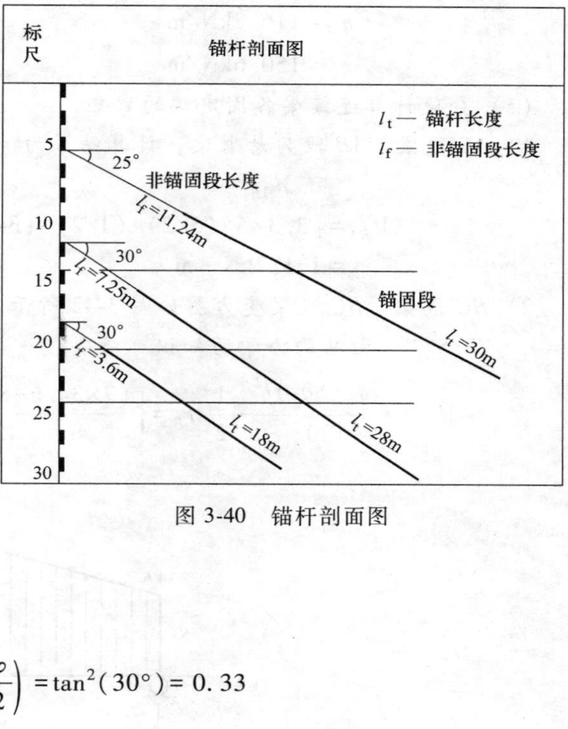

对各土层进行加权平均后得：重度 $\gamma = 19kN/m^3$，内摩擦角 $\varphi = 30°$，黏聚力 $c = 10kPa$。23m 以下为砂卵石，$\varphi_p = 35°\sim43°$，潜水位在 $23\sim30m$ 深的圆砾石中，深 10m，地面荷载按 $10kN/m^2$ 计算。

图 3-40　锚杆剖面图

【解】　1. 按等值梁法计算

（1）计算土压力系数　取 $\varphi_p = 36°$，$\delta = (2/3)\varphi_p \approx 25°$。

主动土压力系数为　　$K_a = \tan^2\left(45° - \dfrac{\varphi}{2}\right) = \tan^2(30°) = 0.33$

被动土压力系数为

$$K_p = \left[\frac{\cos\varphi_p}{\sqrt{\cos\delta} - \sqrt{\sin(\varphi_p+\delta)} \cdot \sqrt{\sin\rho_p}}\right]^2$$

$$= \left[\frac{\cos36°}{\sqrt{\cos25°} - \sqrt{\sin(36°+25°)} \cdot \sqrt{\sin36°}}\right]^2 = 11.8$$

（2）计算土压力零点（近似零弯矩点）距基坑坑底的距离 u：

$$e_{aH1} = qK_a = (10×0.33)kPa = 3.3kPa$$

$$e_{aH2} = \nu HK_a = (19×23.5×0.33)kPa = 147.3kPa$$

$$e_{aH} = e_{aH1} + e_{aH1} = (3.3 + 147.3)\text{kPa} = 150.6\text{kPa}$$

$$\gamma(K_p - K_a) = [19 \times (11.8 - 0.33)]\text{kN/m}^3 = 217.9\text{kN/m}^3$$

土压力零点距基坑坑底的距离

$$u = \frac{e_{aH}}{\gamma(K_p - K_a)} = \frac{150.6\text{kPa}}{217.9\text{kN/m}^3} = 0.69\text{m}$$

（3）绘制基坑支护简图（图3-41）

（4）求各支点的荷载集度（本例不考虑土的黏聚力 c）

$$q_A = qK_a = (10 \times 0.33)\text{kN/m}^2 = 3.3\text{kN/m}^2$$

$$q_B = qK_a + \gamma h_{AB}K_a = (3.3 + 19 \times 5 \times 0.33)\text{kN/m}^2 = 34.6\text{kN/m}^2$$

同理可求得

$$q_C = 78.5\text{kN/m}^2$$

$$q_D = 116.2\text{kN/m}^2$$

$$q_E = 150.6\text{kN/m}^2$$

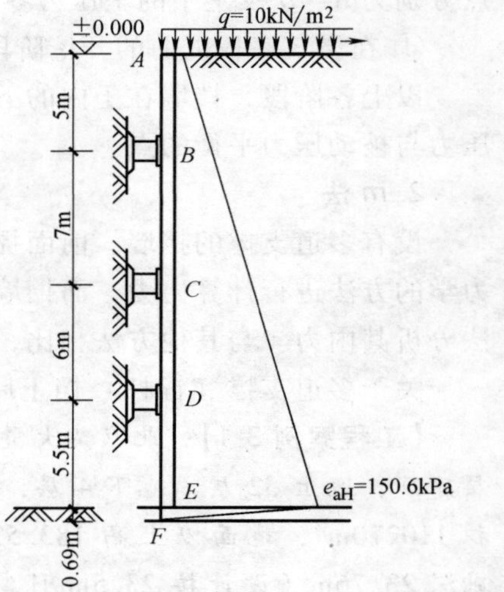

（5）分段计算连续梁各固定端的弯矩

1）AB 段梁。AB 段为悬臂梁，计算结果为

$$M_{AB} = 0$$

$$M_{BA} = [3.3 \times 5 \times (5/2) + (1/2) \times (34.6 - 3.3) \times 5 \times (5/3)]\text{kN·m}$$

$$= 171.7\text{kN·m}$$

图 3-41　基坑支护简图

2）BC 段梁。BC 段梁受力图如图3-42所示，B 支点荷载 $q_1 = q_B = 34.6\text{kN}$，$C$ 支点荷载 $q_2 = q_C = 78.5\text{kN}$，由结构力学的知识可求得

$$M_C = \frac{(7q_1 + 8q_2)l^2}{120} - \frac{1}{2}M_B = \left[\frac{(7 \times 34.6 + 8 \times 78.5) \times 7^2}{120} - \frac{171.7}{2}\right]\text{kN} = 269.5\text{kN}$$

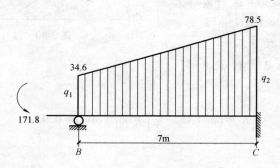

图 3-42　BC 段梁受力图

3）CD 段梁。CD 段梁受力图如图3-43所示，两端均为固支，将原梯形分布荷载看成一矩形荷载 $q_1 = q_C = 78.5\text{kN}$ 和一三角形荷载 $q_2 = q_D - q_C = (116.2 - 78.5)\text{kN} = 37.7\text{kN}$ 的叠加，由结构力学知识可求得

$$M_{CD} = -\frac{q_1 l^2}{12} - \frac{q_2 l^2}{30} = \left(-\frac{78.5 \times 6^2}{12} - \frac{37.7 \times 6^2}{30}\right)\text{kN·m} = -280.7\text{kN·m}$$

$$M_{DC} = \frac{q_1 l^2}{12} + \frac{q_2 l^2}{20} = \left(\frac{78.5 \times 6^2}{12} + \frac{37.7 \times 6^2}{20} \right) \mathrm{kN \cdot m} = 303.4 \mathrm{kN \cdot m}$$

4) DEF 段梁。DEF 段梁受力图如图 3-44 所示，D 端固定，F 点为零弯矩点，简支。将原多边形分布荷载看成一个矩形分布荷载和两个三角形分布荷载的叠加。$q_1 = q_D = 116.2 \mathrm{kN}$，$q_2 = (150.6 - 116.2) \mathrm{kN} = 34.4 \mathrm{kN}$，$q_3 = 150.6 \mathrm{kN}$。从《建筑结构静力计算手册》里可以查得

$$M_{DF} = -\frac{q_1 a^2}{8} \left(2 - \frac{a}{l} \right)^2 - \frac{q_2 a^2}{24} \left[8 - \frac{9a}{l} + \frac{12}{5} \left(\frac{a}{l} \right)^2 \right] - \frac{q_3 b}{6} \left[1 - \frac{3}{5} \left(\frac{b}{l} \right)^2 \right]$$

将 $a = 5.5 \mathrm{m}$，$b = 0.69 \mathrm{m}$，$l = 6.19 \mathrm{m}$，$q_1 = 116.2 \mathrm{kN}$，$q_2 = 34.4 \mathrm{kN}$，$q_3 = 150.6 \mathrm{kN}$ 代入上式，可以计算出

$$M_{DF} = -637 \mathrm{kN \cdot m}$$

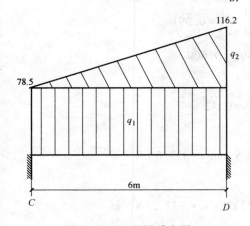

图 3-43　CD 段梁受力图

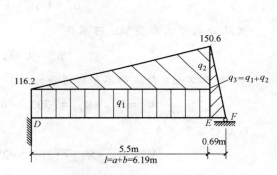

图 3-44　DEF 段梁受力图

(6) 弯矩分配

1) 弯矩分配，由结构力学知识可得

$$M_{Ik}^{\mu} = -\mu_I^k M_I^g \tag{3-8a}$$

$$M_{kI}^C = C_{Ik} M_{Ik}^{\mu} \tag{3-8b}$$

$$\mu_I^k = \frac{S_{Ik}}{\sum S_{Ij}} \tag{3-8c}$$

式中　M_I^g——固定端 I 上的不平衡弯矩（kN·m）；

M_{Ik}^{μ}——会交于固定端 I 的第 k 根杆上的分配弯矩（kN·m）；

M_{kI}^C——会交于固定端 I 的第 k 根杆上另一端的弯矩，称为传递弯矩，（kN·m）；

μ_I^k——会交于固定端 I 的第 k 根杆上的弯矩分配系数；

C_{Ik}——传递系数；

S_{Ik}——劲度系数。

在等截面杆件的情况下，各杆的劲度系数和传递系数如下：

远端为固定支座时

$$S_{Ik} = 4 i_{Ik}, \; C_{Ik} = 1/2 = 0.5 \tag{3-9a}$$

远端为铰支座时

$$S_{IK} = 3i_{Ik}, C_{Ik} = 0 \qquad (3\text{-}9b)$$

其中，杆件的线刚度计算式为

$$i_{Ik} = EI / l_{Ik} \qquad (3\text{-}9c)$$

在前面的分段计算中得到的固定端 C、D 的弯矩不能相互平衡，需要继续用刚刚介绍的弯矩分配法来平衡支点 C、D 的弯矩。

2）分配系数。固端 C 的分配系数按公式（3-8c）、式（3-9a）计算，得

$$S_{CB} = 3i_{CB} = (3/7) EI$$

$$S_{CD} = 4i_{CD} = (4/6) EI = (2/3) EI$$

$$\sum S_{CI} = S_{CB} + S_{CD} = (23/21) EI$$

$$\mu_C^B = \frac{(3/7)}{(23/21)} = \frac{3}{7} \times \frac{21}{23} = \frac{9}{23} = 0.391$$

$$\mu_C^D = 1 - \mu_C^B = 1 - 0.391 = 0.609$$

固端 D 与固端 C 类似，可求得

$$\mu_D^C = 0.58, \quad \mu_D^F = 0.42$$

3）分配弯矩。D 点的不平衡力矩为

$$M_D^g = M_{DC} + M_{DF} = (303.4 - 637) \text{kN} \cdot \text{m} = -333.6 \text{ kN} \cdot \text{m}$$

C 点的不平衡力矩为

$$M_C^g = M_{CB} + M_{CD} = (269.5 - 280.7) \text{kN} \cdot \text{m} = -11.2 \text{kN} \cdot \text{m}$$

首先对 D 支点进行弯矩分配，得

$$M_{DC}^\mu = -\mu_D^C M_D^g = [-0.58 \times (-333.6)] \text{kN} \cdot \text{m} = +193.5 \text{kN} \cdot \text{m}$$

$$M_{DF}^\mu = -\mu_D^F M_D^g = [-0.42 \times (-333.6)] \text{kN} \cdot \text{m} = +140.1 \text{kN} \cdot \text{m}$$

由于 C 点是固支，M_{DC}^μ 将对其产生传递弯矩，即

$$M_{CD}^C = C_{DC} M_{DC}^\mu = (0.5 \times 193.5) \text{kN} \cdot \text{m} = 96.8 \text{kN} \cdot \text{m}$$

而 F 点是简支，M_{DF}^μ 不会对其产生传递弯矩。

再对 C 支点进行弯矩分配，得

$$M_C^{g'} = M_C^g + M_{CD}^C = [(-11.2) + 96.8] \text{kN} \cdot \text{m} = 85.6 \text{kN} \cdot \text{m}$$

与其相应的分配弯矩和传递弯矩分别为

$$M_{CB}^\mu = (0.391 \times 85.6) \text{kN} \cdot \text{m} = -33.5 \text{kN} \cdot \text{m},$$

$$M_{CD}^\mu = (0.609 \times 85.6) \text{kN} \cdot \text{m} = -52.1 \text{kN} \cdot \text{m}$$

$$M_{DC}^C = [(1/2) \times (-52.1)] = -26.1 \text{kN} \cdot \text{m}$$

此时，C 点达到了基本平衡，而 D 点又有了新的不平衡弯矩 $M_D^{g'} = M_{DC}^C = -26.1 \text{kN} \cdot \text{m}$，不过已经小于原先的不平衡弯矩。不断重复上断步骤，依次在结点 C 和 D 上消去不平衡弯矩，则不平衡弯矩将越来越小。当传递力矩小到可以忽略不计时，便可停止计算。此时，挡土桩墙已非常接近其真实平衡状态。

上述各次计算结果见表 3-5：

表 3-5　弯矩分配结果

杆　　　端	$B_左$	$B_右$	$C_左$	$C_右$	$D_左$	$D_右$	$F_左$	$F_右$
分配系数		0.391		0.609	0.58	0.42		
固端弯矩	171.7	−171.7	+269.5	−280.7	+303.4	−637		
D 一次分配传递				+96.8	+193.5		+140.1	
C 一次分配传递		−33.5		−52.1	−26.1			
D 二次分配传递				+7.6	+15.1		+11	
C 二次分配传递		−3.0		−4.6	−2.3			
D 三次分配					+1.3		+1.0	
最后杆端弯矩（近似）	171.7	−171.7	240	−240	+485	−485		

通过以上计算, 得到各支点的弯矩为

$$M_B = -171.7\text{kN}$$

$$M_C = -240\text{kN}$$

$$M_D = -485\text{kN}$$

$$M_F = 0$$

(7) 求各支点反力　根据连续梁各支点的弯矩平衡 (图 3-45), 可以求得各支点反力。

如图 3-45a 所示, 根据 $\sum M_A = 0$, 求 R'_B, 即

$$R'_B \times 5\text{m} = \left[3.3 \times 5 \times \frac{5}{2} + \frac{5 \times (34.6 - 3.3)}{2} \times \frac{2}{3} \times 5 + 171.7 \right] \text{kN} \cdot \text{m} = 473.8\text{kN} \cdot \text{m}$$

得

$$R'_B = 94.8\text{kN}$$

如图 3-45b 所示, 同样可以求得

$$R''_B = 114.5\text{kN}$$

$$R'_C = 281.4\text{kN}$$

如图 3-45c 所示, 可以求得

$$R''_C = 153.6\text{kN}$$

$$R'_D = 430.5\text{kN}$$

由于 DF 段受力比较复杂, 计算时应当小心。

如图 3-45d 所示, 根据 $\sum M_F = 0$, 可以列出

$$6.19\text{m} \times R''_D = \left[116.2 \times 5.5 \times \left(\frac{5.5}{2} + 0.69 \right) + \frac{5.5 \times 34.4}{2} \times \left(\frac{5.5}{3} + 0.69 \right) + \frac{0.69 \times 150.6}{2} \times \frac{2}{3} \times 0.69 + 485 \right] \text{kN} \cdot \text{m}$$

得

$$R''_D = 476\text{kN}$$

由 $\sum M_D = 0$, 可以列出

$$6.19\text{m} \times R_F = \left[116.2 \times 5.5 \times \frac{5.5}{2} + \frac{5.5 \times 34.4}{2} \times \frac{2 \times 5.5}{3} + \frac{0.69 \times 150.6}{2} \times \left(\frac{0.69}{3} + 5.5 \right) \right] \text{kN} \cdot \text{m}$$

得

$$R_F = 388\text{kN}$$

得到各支点反力为

$$R_B = R'_B + R''_B = (94.8 + 114.5)\text{kN} = 209.3\text{kN}$$

$$R_C = R'_C + R''_C = (281.4 + 153.6)\text{kN} = 435\text{kN}$$

$$R_D = R'_D + R''_D = (430.5 + 476)\,\text{kN} = 906.5\,\text{kN}$$

$$R_F = 388\,\text{kN}$$

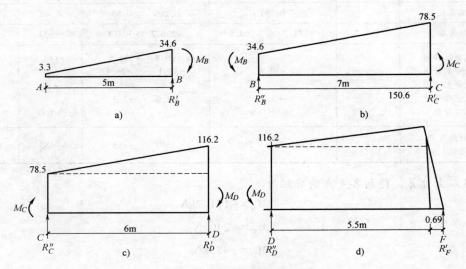

图 3-45　连续梁各支点的弯矩

（8）复核 488 型钢的强度　进口 SM_{50} 及 488×30 的截面系数 $W_x = 2910\,\text{cm}^3$，$[\sigma]=$ 200MPa，计算最大弯矩为 485kN·m/m，H 型钢中心距为 1.1m，因此，有

$$M_{\max} = 485 \times 1.1\,\text{kN·m} = 533.5\,\text{kN·m},$$

$\sigma_{\max} = M_{\max}/W_x = 183.3\,\text{MPa} < [\sigma] = 200\,\text{MPa}$，强度满足要求。

（9）反力核算　土压力及地面荷载之和为

$$[3.3 \times 23.5 + (150.6 - 3.3) \times 23.5/2 + 150.6 \times 0.69/2]\,\text{kN} = 1860.4\,\text{kN}$$

支点反力之和为

$$R_B + R_C + R_D + R_F = 1938.8\,\text{kN}$$

误差为

$$[(1938.8 - 1860.4)/1860.4] \times 100\% = 4.2\%$$

（10）H 型钢的插入深度计算　前面已经计算出土压力零点 $u = 0.69\text{m}$，再按式（3-6）计算出

$$x = \sqrt{\frac{6R_F}{\gamma(K_p - K_a)}} = \sqrt{\frac{6 \times 388}{217.9}}\,\text{m} = 3.2\,\text{m}$$

则 H 型钢桩的最小入土深度可按式（3-7a）计算，即

$$t = u + x = 3.9\,\text{m}$$

实际 H 型钢桩长 27m，入土 3.9m，已入砂卵石层，故不需要埋入更深。

（11）悬臂段 H 型钢的变形　悬臂段为 5m，但施工时必须多挖 50cm 深才能做锚杆，因此需按 5.5m 悬臂计算，桩顶变形计算简图如图 3-46 所示。

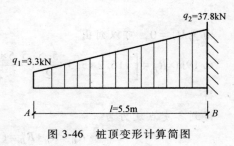

图 3-46　桩顶变形计算简图

悬臂段 H 型钢的变形为

$$f_A = \frac{(11q_1 + 4q_2)l^4}{120EI} \text{mm} = 16.4 \text{mm}$$

因 H 型钢桩中心距为 1.1m，故乘 1.1，同时考虑土体变形，乘以 3，则桩顶变形为 16.4mm×1.1×3＝54mm。

3. 支撑荷载的二分之一分担法

二分之一分担法是多支撑连续梁的一种简化计算方法。Terzaghi 和 Peck 根据对柏林和芝加哥等地铁工程基坑挡土结构支撑受力的测定，以包络图为基础，用二分之一分担法将支撑轴力转化为土压力，提出了土压力分布如图 3-47 所示。反之，如土压力分布已知（设计计算时必须确定土压力分布），则可以用二分之一分担法来计算多道支撑的受力。这种方法不考虑支撑桩、墙的变形，求支撑所受的反力时，直接将土压力、水压力平均分配给每一道支撑，将支撑承受的压力（土压力、水压力、地面超载）分为每一支撑段受压力的一半，然后求出正负弯矩、最大弯矩，以确定挡土桩的截面及配筋。显然，这种计算简单方便。二分之一分担法计算简图如图 3-47 所示，多支撑板桩墙上土压力的分布图形如图 3-48 所示。

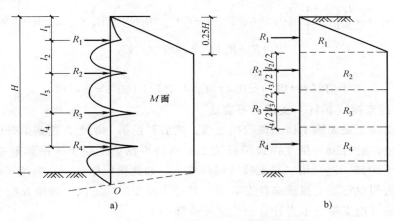

图 3-47　二分之一分担法计算简图

a）弯矩图　b）轴力图

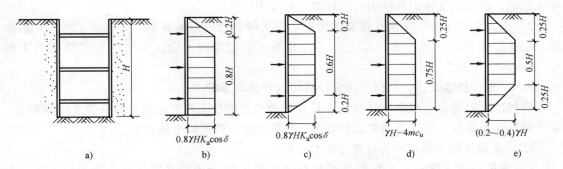

图 3-48　多支撑板桩墙上土压力的分布图形

a）板桩支撑　b）松砂　c）密砂　d）、e）黏土

如要计算反力 R_2，只要求出 $(l_1+l_2/2)$ 至 $(l_1+l_2+l_3/2)$ 之内的总土压力，因此计算很方便。

【工程案例 3-1】 多道支撑结构按二分之一法计算如下：

由于土为黏性土（图 3-48d），则最大土压力强度计算式为

$$p_a = \gamma H - 4mc_u$$

式中，m 为修正系数，当基底下存在较厚软黏土时取 0.4，当地下存在坚硬土层时取 1.0，则得到

$$p_a = 430.5 \text{kPa}$$

板桩墙上的土压力分布如图 3-48d 所示，各支撑点的支撑力分别为

$$R_1 = K_a q\left(\frac{l_2}{2}+l_1\right) + \frac{1}{2}\gamma K_a \times \left(\frac{l_2}{2}+l_1\right)^2 = 254.6 \text{kN}$$

$$R_2 = \left[\gamma K_a\left(\frac{l_2}{2}+l_1\right)+q_A\right] + \left[q_A + \gamma K_a \times \left(l_1+l_2+\frac{l_3}{2}\right)\right] \times \frac{1}{2} \times \left(\frac{l_2+l_3}{2}\right) = 500.5 \text{kN}$$

$$R_3 = \left[\gamma K_a \times \left(l_1+l_2+\frac{l_3}{2}\right)+q_A\right] + \left[q_A + \gamma K_a\left(l_1+l_2+l_3+\frac{l_4}{2}\right)\right] \times \frac{1}{2} \times \left(\frac{l_4+l_3}{2}\right) = 708.6 \text{kN}$$

$$R_4 = \left[\gamma K_a \times \left(l_1+l_2+l_3+\frac{l_4}{2}\right)+q_A\right] + \left[q_A + \gamma K_a\left(l_1+l_2+l_3+\frac{l_4}{2}+0.69\right)\right] \times \frac{1}{2} \times \frac{l_4}{2} + \frac{1}{2}q_E \times 0.69 = 424.717 \text{kN}$$

$$R_1 + R_2 + R_3 + R_4 = 1888.417 \text{kN}$$

误差为

$$[(1888.417-1860.4)/1888.417] \times 100\% = 1.48\%$$

4. 逐层开挖支撑（锚杆）支承力不变法

多层支护的施工是先施工挡土桩或挡土墙，然后开挖第一层土，挖到第一层支撑或锚杆点以下若干距离，进行第一层支撑或锚杆施工。然后再挖第二层土，挖到第二层支撑（锚杆）支点下若干距离，进行第二层支撑或锚杆施工。如此循序作业，直至挖到坑底为止。

该计算方法假设每层支撑或锚杆安装后，其受力和变形均不因下阶段开挖及支撑设置而改变。关于逐层开挖支撑支承力计算的假定及步骤如下：

（1）逐层开挖支撑支承力计算假定

1）支撑荷载不变。每层支撑（锚杆）受力后不因下阶段开挖及支撑（锚杆）设置而改变其数值，所以钢支撑需加轴力，锚杆需加预应力。

2）支撑位移不变。下层开挖和支撑对上层支撑变形的影响甚小，可以不予考虑。例如第二层支撑完成后，进行第三层土方开挖和第三道支撑时，就认为第二层支撑变形不再变化。

3）对支护桩墙来讲，每层支撑安设后可以看作简单铰支座。

根据以上假定，上层支撑（锚杆）设计，要考虑的挖土深度应当直到下层支撑（锚杆）施工时的开挖深度。并且应当考虑到坑底下的零弯点，即近似土压力零点。

（2）逐层开挖支撑支承力计算方法及步骤

1）求第一道支撑的支承力 R_B，计算简图如图 3-49 所示。基坑开挖到 B 点以下若干距离（满足支撑或锚杆施工的距离），但未做第一层（B 点）支撑或锚杆时，必须考虑悬臂桩（AC 段）的要求，如弯矩、位移等。在设计和施工第一层（B 点）支撑时，要考虑它必须

满足第二阶段挖土所产生的水平力，直到第二道（C点）支撑未完工之前。算法是：先用前述公式求出C点下零弯点O距临时坑底的距离u；然后求出O点以上总的主动土压力E_a（包括主动土压力、水压力），此时C点尚未支撑或未做锚杆，B支撑以下部分的土压力将由R_B及R_O承受。对O点建立力矩平衡方程可以求出R_B。$E_a = R_O + R_B$，即一部分主动土压力由被动土压承担。

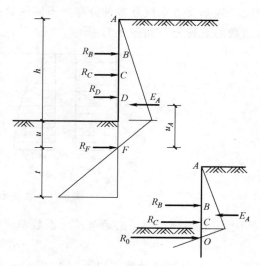

图 3-49　计算简图

2）求第二道（C点）支撑（锚杆）的支承力R_C。同样，在求第二道（C点）支撑的支承力R_C时，要先求出第三道支撑（D点）下的零弯点O'（土压力零点），再求出第三阶段挖土结束但第三道（D点）支撑（锚杆）尚未完成时的各种水平力。对O'点建立力矩平衡方程可以求出R_C。以下各道支撑的支承力R_i求解方法与以上相同。

3）求各断面的弯矩。将桩视为连续梁，各道支撑为支点，连续梁上各支点的支承力已经通过上述计算得到，从而可以求出各断面的弯矩，找出其中的最大值作为核算强度依据。

5. 弹性地基梁法

（1）弹性地基梁法简介　目前在支挡结构设计中应用较多的仍然是等值梁法和弹性地基梁法。等值梁法基于极限平衡状态理论，假定支挡结构前、后受极限状态的主、被动土压力作用，不能反映支挡结构的变形情况，无法预估开挖对周围建筑物的影响，故一般只能用于校核支护结构内力。

弹性地基梁法则能够考虑支挡结构的平衡条件和结构与土的变形协调，并可有效地计入基坑开挖过程中的多种因素的影响，例如，挡墙两侧土压力的变化，支撑数量随开挖深度的增加，支撑预加轴力和支撑架设前的挡墙位移对挡墙内力、变形的影响等。同时从支挡结构的水平位移也可以初步估计开挖对邻近建筑的影响程度。因此，弹性地基梁已经成为一种重要的基坑支挡工程设计方法，具有广阔的应用前景。

基坑工程弹性地基梁法是取单位宽度的挡墙作为竖直放置的弹性地基梁，支撑简化为与截面积和弹性模量、计算长度等有关的二力杆弹簧，一般采用规范推荐的侧向弹性地基梁法和共同变形法（图3-50）。

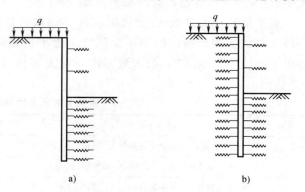

图 3-50　弹性地基梁法的计算图式
a）侧向弹性地基梁法　b）共同变形法

弹性地基梁法中土对支挡结构的抗力（地基反力）用弹簧来模拟，地基反力的大小与挡墙的变形有关，即地基反力由水平地基反力系数（基床系数）同该深度挡墙变形的乘积确定。地基反力系数有多种分布，不同的分布形式就形成了不同的分析与计算方法。地基反力系数的五种分布如图 3-51 所示。

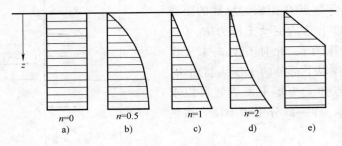

图 3-51　地基反力系数沿深度的分布

上述五种分布图示的地基反力系数都可以按下式计算

$$K_h = A_0 + kz^n \tag{3-10}$$

式中　z——地面或开挖面以下深度（m）；

　　　k——比例系数；

　　　n——指数，反映地基反力系数随深度而变化的情况；

　　　A_0——地面或开挖面处土的地基反力系数，一般取为零。

根据 n 的取值，我们将图 3-51a、b、d 所示的分布模式的计算方法分别称为张氏法（$n=0$）、C 法（$n=0.5$）和 K 法（$n=2$）。在图 3-51c 中，$n=1$，水平地基反力系数计算式为

$$K_h = kz \tag{3-11a}$$

此式表明水平地基反力系数沿深度按线性规律增大，由于我国以往应用此种分布图示时，用 m 表示比例系数，即 $K_h = mz$，故通称 m 法。

采用 m 法时土对支挡结构的水平地基反力 f 可写成

$$f = mzy \tag{3-11b}$$

式中　y——计算点处挡墙的水平位移（m）。

水平地基反力系数 K_h 和比例系数 m 的取值原则上宜由现场试验确定，也可参照当地类似工程的实践经验。国内不少基坑工程手册或规范也都根据铁路、港口工程技术规范给出了相应土类 K_h 和 m 的大致范围。当无现场试验资料或当地经验时可参照表 3-6 和表 3-7 选用。

表 3-6　不同土的水平地基反力比例系数 m

地基土类型	$m/(\mathrm{MN/m^4})$
液性指数 $I_L \geq 1$ 的黏性土，淤泥	$1 \sim 2$
液性指数 $0.5 \leq I_L \leq 1.0$ 的黏性土，粉砂，松散砂	$2 \sim 4$
液性指数 $0 \leq I_L \leq 0.5$ 的黏性土，细砂，中砂	$4 \sim 6$
坚硬的黏性土和粉质黏土，砂质粉土，粗砂	$6 \sim 10$

（2）墙后作用荷载　对于正常固结的黏性土、砂土等，一般认为弹性地基梁法是目前较好的近似计算方法，但仍存在如何处理墙后作用荷载的问题。对于通用的弹性地基梁法有四种常用的土压力模式如图 3-52 所示。

表 3-7　不同土的水平地基反力系数 K_h

地基土类型	$K_h / (\text{MN/m}^3)$
淤泥质黏性土	5
夹薄砂层的淤泥质黏性土采取超前降水加固时	10
淤泥质黏性土采用分层注浆加固时	15
直径 600~800mm 的灌注桩且桩距为 3~3.5 倍的桩径，围护墙前坑底土的 0.7 倍开挖深度采用搅拌桩加固，加固率在 25%~30% 时	6~10

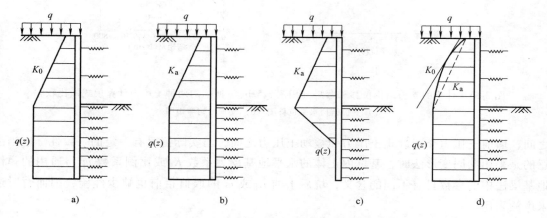

图 3-52　弹性地基梁法的常用土压力模式

　　目前通常采用的土压力模式如图 3-52b 所示，即在基坑开挖面上作用主动土压力，该主动土压力常根据朗肯理论计算，而开挖面以下土压力不随深度变化。在土质特别软弱地区，土压力模式也被用于挡土结构的内力及变形分析（图 3-52c）。图 3-52a 所示的模式则适用于挡墙基本不变形或变形很小的基坑工程。

　　图 3-53 显示了用两种土压力模式（图 3-52b、c），对一悬臂支撑的 6.0m 深基坑的挡墙变形、弯矩进行计算的结果。由图 3-53 可见，两种模式计算的位移、弯矩值差别较大，从一些工程的实测资料来看，图 3-52c 模式中的土压力是偏小的，分析中若用此模式将低估了支护结构的内力和变形。

　　图 3-52b 所示的基于共同变形理论的弹性地基梁法提出了墙体变形对土压力增减的计算方法，在挡土结构两侧均考虑结构变形对土压力的影响。在初始状态，即挡墙位移为零时，土压力（也包括水压力）按静止土压力考虑。在墙体发生变形后，假定作用于墙上的土压力随墙的变形而变化，但其最小主动土压力强度值为 e_a，最大的被动土压力强度值为 e_p。设墙体某点的水平位移为 δ，则此时该点墙前（开挖侧）土压力强度 e_α 和墙后土压力强度 e_β 分别按下面两式计算

$$e_\alpha = e_0 + K_\alpha \delta \leqslant e_p \tag{3-12a}$$

$$e_\beta = e_0 + K_\beta \delta \geqslant e_a \tag{3-12b}$$

式中　e_0——静止土压力强度；

　　K_α、K_β——该点墙前、墙后的地基反力系数。

　　采用共同变形的弹性地基梁法时，分析得到的墙背土压力介于主动土压力和静止土压力

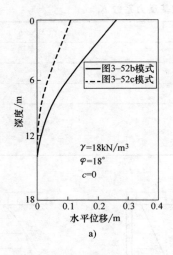 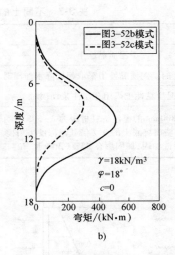

a)　　　　　　　　　　b)

图 3-53　计算的支护结构位移和弯矩（用图 3-52b、c 所示的两种土压力计算模式做比较）

a）支护结构水平位移图　b）支护结构弯矩图

之间，墙前土压力介于静止土压力和被动土压力之间，与实际情况有一定的一致性。应当注意的是采用共同变形法时，基坑内土体的水平地基反力系数 K_h 或比例系数 m 与通用的弹性地基梁法中的参数具有不同的含义，坑后土的 K_h 或 m 的取值目前也缺少经验，因而暂时还未广泛采用。

（3）求解方法

1）解析法和有限差分法。弹性地基梁的挠曲微分方程仅对最简单的情况有解析解，其微分方程为

$$EI\frac{\mathrm{d}^4y}{\mathrm{d}z^4}=q(z) \tag{3-13a}$$

式中　E——挡墙的弹性模量；

I——挡墙的截面惯性矩（m^4），惯性矩按式（3-13b）、式（3-13c）计算；

z——地面或开挖面以下深度（m）；

$q(z)$——梁上荷载强度，包括地基反力、支撑力和其他外荷载。

矩形截面的惯性矩计算式为

$$I_z=bh^3/12 \tag{3-13b}$$

圆形截面的惯性矩计算式为

$$I_z=\frac{\pi d^4}{64} \tag{3-13c}$$

对于悬臂式支挡结构，可以将开挖面以上的水平荷载等效为开挖面处的水平力和力矩，按式（3-13a）计算，参照桩头作用有水平力和力矩的完全埋置的水平受载桩的理论求解（由《桩基工程手册》[16] 第四章或其他文献可知），得出开挖面以下挡墙的变形和内力，再根据开挖面上、下挡墙的内力变形协调，推算出开挖面以上挡墙的内力和变形。当然只有简单的外荷载分布模式才有可能求得解析解。

对于设有支撑、挡墙前后作用荷载分布模式比较复杂的挡土结构，可以按有限差分法的

一般原理求解，从而得到挡墙在各深度的内力和变形。

2）杆系有限单元法。利用杆系有限单元法分析挡土结构的一般过程与常规的弹性力学有限元法相类似，主要过程如下：

① 把挡土结构沿竖向划分为有限个单元，其中基坑开挖面以下部分采用弹性地基梁单元，开挖面以上部分采用一般梁单元，一般每隔 1~2m 划分为一个单元。为计算方便，尽可能把节点布置在挡土结构的截面、荷载突变处、弹性地基反力系数变化段及支撑或锚杆的作用点处，各单元以边界上的节点相连接。支撑和锚杆作为一个自由度的二力杆单元。荷载为主动侧的土压力和水压力。

② 由各个单元的单元刚度矩阵集成总刚矩阵，根据静力平衡条件，作用在结构节点的外荷载必须与单元内荷载平衡，外荷载为土压力和水压力，可以求得未知的结构节点位移，进而求得单元内力。其基本平衡方程为

$$K = \delta R \tag{3-14}$$

式中　K——总刚矩阵；

　　　δ——位移矩阵；

　　　R——荷载矩阵。

一般梁单元、弹性地基梁单元的单元刚度矩阵可参考有关弹性力学文献，对于弹性地基梁的地基反力，可按式（3-12a）、式（3-12b）计算，由结构位移乘以水平地基反力系数求得。计算得到的地基反力还需用土压力理论来判断是否在容许范围之内，若超过容许范围，则必须进行修正，重新计算直至满足要求。

采用杆系有限元法，也必须计入开挖施工过程、支撑架设前挡土结构已发生的位移及支撑预加轴力的影响等。

一般地，挡墙净土压力为零的位置与弯矩为零点的位置很接近，因此可以按土压力零点位置断开。

6. 弹性支点法

弹性支点法是在弹性地基梁分析方法基础上形成的一种方法，弹性地基梁的分析是考虑地基与基础共同作用条件，假定地基模型[⊖]后对基础梁的内力与变形进行的分析计算。

弹性支点法假定地基模型中文克尔地基模型计算如下。

（1）文克尔地基模型压力强度计算　文克尔地基模型如图 3-54 所示，地基上任一点所受的压力强度 p 与该点的地基沉降量 s 成正比，压力强度为

$$p = ks \tag{3-15}$$

式中　k——基床反力系数。

（2）文克尔地基上梁的分析　在文克尔地基上有一梁，在外荷载作用下发生挠曲，梁底面的反力为 p，宽度为 b，从梁上取出长为 $\mathrm{d}x$ 的梁微单元，其上作用着分布荷载 q 和基底反力 p，以及截面上的弯矩 M 与剪力 V，如图 3-55 的示。

由梁微单元的静力平衡条件，有

$$\frac{\mathrm{d}M}{\mathrm{d}x} = V \tag{3-16a}$$

⊖　地基模型指的是地基反力与变形之间的关系。目前，运用最多的是线性弹模型（即文克尔地基模型）弹性半空间地基模型和有限压缩层地基模型。

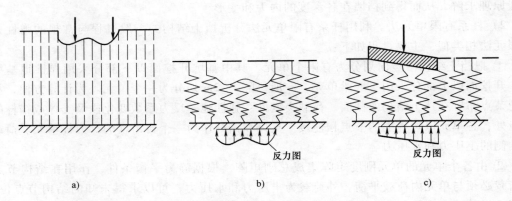

图 3-54　文克尔地基模型

a）侧面无摩擦阻力的主柱体系　b）弹簧模型　c）文克尔地基上的刚性基础

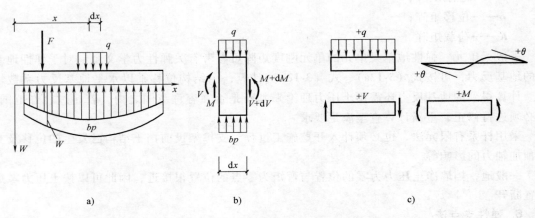

图 3-55　文克尔地基上梁的受力分析

a）梁上荷载和绕曲　b）梁的微单元　c）符合规定

$$\frac{\mathrm{d}V}{\mathrm{d}x} = bp - q \tag{3-16b}$$

式中　V——剪力（kN）；

q——梁上的分布荷载（kN/m）；

p——地基反力（kN）；

b——梁的宽度（m）。

在材料力学中，由梁的纯弯曲得到的挠曲微分方程式按下式计算

$$EI\frac{\mathrm{d}^2 w}{\mathrm{d}x^2} = -M \tag{3-17a}$$

将式连续对 x 取两次导数，可得

$$EI\frac{\mathrm{d}^4 w}{\mathrm{d}x^4} = -\frac{\mathrm{d}^2 M}{\mathrm{d}x^2} = -\frac{\mathrm{d}V}{\mathrm{d}x} = -bp + q \tag{3-17b}$$

对于没有分布荷载作用（$q = 0$）的梁段，上式成为

$$EI \frac{\mathrm{d}^4 w}{\mathrm{d}x^4} = -bp \tag{3-17c}$$

已知式（3-15）为

$$p = ks \qquad s = w$$

将式（3-15）代入式（3-17c）中，得

$$\frac{\mathrm{d}^4 w}{\mathrm{d}x^4} + 4\lambda^4 w = 0 \tag{3-17d}$$

式（3-17d）中，λ 为

$$\lambda = \sqrt[4]{\frac{kb}{4EI}} \tag{3-17e}$$

得到通解为

$$w = e^{\lambda x}(C_1 \cos\lambda_x + C_2 \sin\lambda_x) + e^{-\lambda x}(C_3 \cos\lambda_x + C_4 \sin\lambda_x) \tag{3-17f}$$

式中　e——自然对数的底；

λ_x——无量纲数。

当 $x = L$ 时，$\lambda x = \lambda L$，λL 为柔度指数，反映相对刚度对内力分布的影响，此时 $x = L$（L 为基础长度）。

柔度指数 λL 值将梁划分为以下三种情况：

$$\lambda L \leqslant \pi/4 \qquad 短梁（或刚性梁）$$

$$\pi/4 < \lambda L < \pi \qquad 有限长梁（或有限刚度梁）$$

$$\lambda L \geqslant \pi \qquad 无限长梁（或柔性梁）$$

（3）水平荷载作用下弹性桩的分析　地基反力系数 k_h 的分布与大小，将直接影响桩的挠曲微分方程的求解。在水平荷载作用下，这类计算理论所假定的四种较为常用的 k_h 分布图如图 3-56 所示。

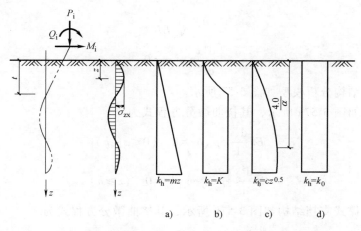

图 3-56　水平荷载作用下 k_h 分布图

a）m 法　b）K 法　c）C 值法　d）常数法

其中，常数法，假定地基水平抗力系数沿深度为均匀分布，则地基反力系数为

$$k_h = k_0 \tag{3-18a}$$

K 法，假定桩身第一挠曲零点以上按抛物线变化，则地基反力系数为常数，即

$$k_{\mathrm{h}} = K \tag{3-18b}$$

m 法，假定 k_{h} 随深度成正比地增加，则地基反力系数为

$$k_{\mathrm{h}} = mz \tag{3-18c}$$

C 值法，假定 k_{h} 随深度按 $cz^{0.5}$ 的规律分布，则地基反力系数为

$$k_{\mathrm{h}} = cz^{0.5} \tag{3-18d}$$

（4）弹性支点法的计算过程

1）确定桩顶荷载计算式，即

$$N_0 = \frac{F+G}{n} \tag{3-19a}$$

$$H_0 = \frac{H}{n} \tag{3-19b}$$

$$M_0 = \frac{M}{n} \tag{3-19c}$$

2）桩的挠曲微分方程为

$$EI \frac{\mathrm{d}^4 w}{\mathrm{d}x^4} = -p_x b_0 = -k_{\mathrm{h}} x b_0 \tag{3-20a}$$

已知式（3-18c）地基反力系数计算式为

$$k_{\mathrm{h}} = mz$$

将式（3-18c）代入式（3-20a），得

$$\frac{\mathrm{d}^4 x}{\mathrm{d}z^4} + \frac{m b_0}{EI} zx = 0 \tag{3-20b}$$

令

$$\alpha = \sqrt[5]{\frac{m b_0}{EI}} \tag{3-20c}$$

得

$$\frac{\mathrm{d}^4 x}{\mathrm{d}z^4} + \alpha^5 zx = 0 \tag{3-20d}$$

弹性支点法结构分析模型如图 3-57 所示。

悬臂式结构如图 3-57a 所示，其挠曲微分方程式为

$$EI \frac{\mathrm{d}^4 y}{\mathrm{d}z} - p_{\mathrm{ak}} b_{\mathrm{a}} = 0 \quad (0 \leqslant z \leqslant h) \tag{3-21a}$$

$$EI \frac{\mathrm{d}^4 y}{\mathrm{d}z} + p_{\mathrm{s}} b_0 - p_{\mathrm{ak}} b_{\mathrm{a}} = 0 \quad (z \geqslant h) \tag{3-21b}$$

锚拉式或支撑式支挡结构如图 3-57b 所示，其挠曲微分方程式为

$$EI \frac{\mathrm{d}^4 y}{\mathrm{d}z} + F_{\mathrm{h}} - p_{\mathrm{ak}} b_{\mathrm{a}} = 0 \quad (0 \leqslant z \leqslant h) \tag{3-22a}$$

$$EI \frac{\mathrm{d}^4 y}{\mathrm{d}z} + F_{\mathrm{h}} + p_{\mathrm{s}} b_0 - p_{\mathrm{ak}} b_{\mathrm{a}} = 0 \quad (z \geqslant h) \tag{3-22b}$$

3）弹性支点法的参数说明。土反力计算宽度 b_0 和水平荷载计算宽度 b_{a} 如图 3-58 所示。

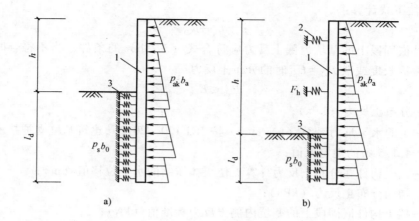

图 3-57　弹性支点法计算

a）悬臂式支挡结构　b）锚拉式支挡结构或支撑式支挡结构

1—挡土构件　2—由锚杆或支撑简化而成的弹性支座　3—计算土反力的弹性支座

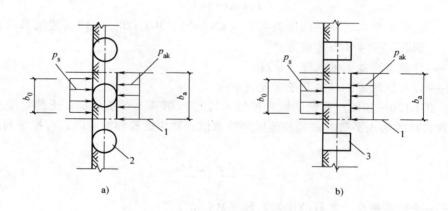

图 3-58　排桩计算宽度

a）圆形截面排桩计算宽度　b）矩形或工字型截面排桩计算宽度

1—排桩对称中心线　2—圆形桩　3—矩形桩或工字桩

对于圆形桩，土反力计算宽度 b_0 为

$$b_0 = 0.9(1.5d + 0.5) \qquad (d \leqslant 1\text{m}) \tag{3-23a}$$

$$b_0 = 0.9(d + 1) \qquad (d > 1\text{m}) \tag{3-23b}$$

对于矩形桩或工字形桩，土反力计算宽度 b_0 为

$$b_0 = 1.5b + 0.5 \quad (b \leqslant 1\text{m}) \tag{3-24a}$$

$$b_0 = b + 1 \quad (b > 1\text{m}) \tag{3-24b}$$

式中　b_0——单根支护桩上的土反力计算宽度（m），当按式（3-23）、式（3-24）计算的 b_0 大于排桩间距时，b_0 取排桩间距；

　　　　d——桩的直径（m）；

　　　　b——矩形桩或工字形桩的宽度（m）。

4）JGJ 120—2012《建筑基坑支护技术规程》第 4.1.4 条规定，作用在挡土构件上的分

布土反力 p_s 按下式计算：

$$p_s = k_s v + p_{s0} \tag{3-25a}$$

挡土构件嵌固段上的基坑内侧土反力应符合式（3-25b）的条件，当不符合时，应增加挡土构件的嵌固长度或取 $P_{sk} = E_{pk}$ 时的分布土反力

$$P_{sk} \leqslant E_{pk} \tag{3-25b}$$

式中　p_s——分布土反力（kPa）；

$\quad\quad k_s$——土的水平反力系数（kN/m³），按 JGJ 120—2012《建筑基坑支护技术规程》第4.1.5 条的规定取值；

$\quad\quad v$——挡土构件在分布土反力计算点使土体压缩的水平位移值（m）；

$\quad\quad p_{s0}$——初始分布土反力（kPa）；

$\quad\quad P_{sk}$——挡土构件嵌固段上的基坑内侧土反力标准值（kN）；

$\quad\quad E_{pk}$——挡土构件嵌固段上的被动土压力标准值（kN）。

5）JGJ 120—2012《建筑基坑支护技术规程》第4.1.5 条规定，基坑内侧土的水平反力系数可按下式计算

$$k_s = m(z - h) \tag{3-26a}$$

式中　m——土的水平反力系数的比例系数（kN/m⁴），JGJ 120—2012《建筑基坑支护技术规程》第4.1.6 条确定；

$\quad\quad z$——计算点距地面的深度（m）；

$\quad\quad h$——计算工况下的基坑开挖深度（m）。

其中，JGJ 120—2012《建筑基坑支护技术规程》第4.1.6 条规定，土的水平反力系数的比例系数宜按桩的水平荷载试验及地区经验取值，缺少试验和经验时，可按下列经验公式计算

$$m = \frac{0.2\varphi^2 - \varphi + c}{v_b} \tag{3-26b}$$

式中　m——土的水平反力系数的比例系数（MN/m⁴）；

$\quad\quad c$、φ——土的黏聚力（kPa）、内摩擦角（°），对多层土，按不同土层分别取值；

$\quad\quad v_b$——挡土构件在坑底处的水平位移量（mm），当此处的水平位移不大于 10mm 时，可取 $v_b = 10\text{mm}$。

6）JGJ 120—2012《建筑基坑支护技术规程》第4.1.8 条规定，锚杆和内支撑对挡土结构的作用力应按下式确定

$$F_h = k_R(v_R - v_{R0}) + P_h \tag{3-27a}$$

式中　F_h——挡土结构计算宽度内的弹性支点水平反力（kN）；

$\quad\quad k_R$——挡土结构计算宽度内弹性支点刚度系数（kN/m）；采用锚杆时可按 JGJ 120—2012《建筑基坑支护技术规程》第4.1.9 条的规定确定，采用内支撑时可按上述规程第4.1.10 条的规定确定；

$\quad\quad v_R$——挡土构件在支点处的水平位移值（m）；

$\quad\quad v_{R0}$——设置锚杆或支撑时，支点的初始水平位移值（m）；

$\quad\quad P_h$——挡土结构计算宽度内的法向预加力（kN）；采用锚杆或竖向斜撑时，取 $P_h = P \cdot \cos\alpha \cdot b_a / s$；采用水平对撑时，取 $P_h = P \cdot b_a / s$；对不预加轴向压力的支

撑，取 $P_h = 0$；采用锚杆时，宜取 $P = 0.75N_k \sim 0.9N_k$，采用支撑时，宜取 $P = 0.5N_k \sim 0.8N_k$；

　　P——锚杆的预加轴向拉力值或支撑的预加轴向压力值（kN）；

　　α——锚杆倾角或支撑仰角（°）；

　　b_a——挡土结构计算宽度（m），对单根支护桩，取排桩间距，对单幅地下连续墙，取包括接头的单幅墙宽度；

　　s——锚杆或支撑的水平间距（m）；

　　N_k——锚杆轴向拉力标准值或支撑轴向压力标准值（kN）。

　　7）锚拉式支挡结构的弹性支点刚度系数应按下列规定确定，并通过 JGJ 120—2012《建筑基坑支护技术规程》第 4.1.9 节中规定的基本试验按下式计算

$$k_R = \frac{(Q_2 - Q_1) b_a}{(s_2 - s_1) s} \tag{3-27b}$$

式中　Q_1、Q_2——锚杆循环加荷或逐级加荷试验中 Q-s 曲线上对应锚杆锁定值与轴向拉力标准值的荷载值（kN）；对锁定前进行预张拉的锚杆，应取循环加荷试验中在相当于预张拉荷载的加载量下卸载后的再加载曲线上的荷载值；

　　s_1、s_2——Q-s 曲线上对应于荷载为 Q_1、Q_2 的锚头位移值（m）；

　　s——锚杆水平间距（m）。

　　当缺少试验时，弹性支点刚度系数也可按下式计算

$$k_R = \frac{3 E_s E_c A_p A b_a}{[3 E_c A l_f + 3 E_s A_p (l - l_f)] s} \tag{3-27c}$$

$$E_c = \frac{E_s A_p + E_m (A - A_p)}{A} \tag{3-27d}$$

式中　E_s——锚杆杆体的弹性模量（kPa）；

　　E_c——锚杆的复合弹性模量（kPa）；

　　A_p——锚杆杆体的截面面积（m²）；

　　A——注浆固结体的截面面积（m²）；

　　l_f——锚杆的自由段长度（m）；

　　l——锚杆长度（m）；

　　E_m——注浆固结体的弹性模量（kPa）。

　　当锚杆腰梁或冠梁的挠度不可忽略不计时，应考虑梁的挠度对弹性支点刚度系数的影响。

　　8）JGJ 120—2012《建筑基坑支护技术规程》第 4.1.10 条规定，支撑式支挡结构的弹性支点刚度系数宜通过对内支撑结构整体进行线弹性结构分析得出的支点力与水平位移的关系确定。对水平对撑，当支撑腰梁或冠梁的挠度可忽略不计时，按下式计算

$$k_R = \frac{\alpha_R E A b_a}{\lambda l_0 s} \tag{3-27e}$$

式中　λ——支撑不动点调整系数：支撑两对边基坑的土性、深度、周边荷载等条件相近，且分层对称开挖时，取 $\lambda = 0.5$；支撑两对边基坑的土性、深度、周边荷载等条件或开挖时间有差异时，对土压力较大或先开挖的一侧，取 $\lambda = 0.5 \sim 1.0$，且

差异大时取大值，反之取小值；对土压力较小或后开挖的一侧，取（1−λ）；当基坑一侧取 λ = 1 时，基坑另一侧应按固定支座考虑；对竖向斜撑构件，取 λ = 1；

α_R——支撑松弛系数，对混凝土支撑和预加轴向压力的钢支撑，取 $\alpha_R = 1$，对不预加轴向压力的钢支撑，取 $\alpha_R = 0.8 \sim 1.0$；

E——支撑材料的弹性模量（kPa）；

A——支撑截面面积（m²）；

l_0——受压支撑构件的长度（m）；

s——支撑水平间距（m）。

7. 稳定性验算

（1）整体圆弧滑动稳定性验算　如图 3-59 所示，JGJ 120—2012《建筑基坑支护技术规程》第 4.2.3 条规定，采用圆弧滑动条分法时，其整体滑动稳定性应按下式计算：

$$\min\{K_{s,1}, K_{s,2}, \cdots, K_{s,i}, \cdots\} \geq K_s \tag{3-28a}$$

$$K_{s,i} = \frac{\sum\{c_j l_j + [(q_j b_j + \Delta G_j)\cos\theta_j - u_j l_j]\tan\varphi_j\} + \sum R'_{k,k}[\cos(\theta_k + \alpha_k) + \psi_v]/s_{x,k}}{\sum(q_j b_j + \Delta G_j)\sin\theta_j} \tag{3-28b}$$

式中　K_s——圆弧滑动稳定安全系数；安全等级为一级、二级、三级的支挡式结构，K_s 分别不应小于 1.35、1.3、1.25；

$K_{s,i}$——第 i 个圆弧滑动体的抗滑力矩与滑动力矩的比值；抗滑力矩与滑动力矩之比的最小值宜通过搜索不同圆心及半径的所有潜在滑动圆弧确定；

c_j、φ_j——第 j 土条滑弧面处土的黏聚力（kPa）、内摩擦角（°）；

b_j——第 j 土条的宽度（m）；

θ_j——第 j 土条滑弧面中点处的法线与垂直面的夹角（°）；

l_j——第 j 土条的滑弧长度（m），取 $l_j = b_j/\cos\theta_j$；

q_j——第 j 土条上的附加分布荷载标准值（kPa）；

ΔG_j——第 j 土条的自重（kN），按天然重度计算；

u_j——第 j 土条滑弧面上的水压力（kPa）；采用落底式截水帷幕时，对地下水位以下的砂土、碎石土、砂质粉土，在基坑外侧，可取 $u_j = \gamma_w h_{wa,j}$，在基坑内侧，可取 $u_j = \gamma_w h_{wp,j}$；滑弧面在地下水位以上或对地下水位以下的黏性土，取 $u_j = 0$；

γ_w——地下水重度（kN/m³）；

$h_{wa,j}$——基坑外侧第 j 土条滑弧面中点的压力水头（m）；

$h_{wp,j}$——基坑内侧第 j 土条滑弧面中点的压力水头（m）；

$R'_{k,k}$——第 k 层锚杆在滑动面以外的锚固段的极限抗拔承载力标准值与锚杆杆体受拉承载力标准值（$f_{ptk}A_p$）的较小值（kN）；对悬臂式、双排桩支挡结构，不考虑 $\sum R'_{k,k}[\cos(\theta_k + \alpha_k) + \psi_v]/s_{x,k}$ 项；

α_k——第 k 层锚杆的倾角（°）；

θ_k——滑弧面在第 k 层锚杆处的法线与垂直面的夹角（°）；

$s_{x,k}$——第 k 层锚杆的水平间距（m）；

ψ_v——计算系数；可按 $\psi_v = 0.5\sin(\theta_k + \alpha_k)\tan\varphi$ 取值；

φ——第 k 层锚杆与滑弧交点处土的内摩擦角（°）。

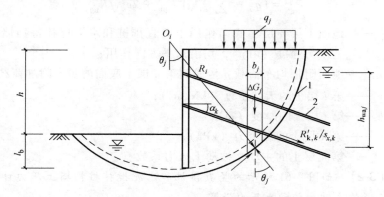

图 3-59　圆弧滑动条分整体稳定性验算

1—任意圆弧滑动面　2—锚杆

（2）隆起稳定性验算　支挡式结构的嵌固深度应符合下列坑底隆起稳定性要求。

1）锚杆式支挡结构和支撑式支挡结构的隆起稳定性验算按 JGJ 120—2012《建筑基坑支护技术规程》第 4.2.4 条规定进行，其验算公式与本书第 2.3 节中的重力式水泥土墙的隆起稳定性验算公式一致，即

$$K_b \leqslant \frac{\gamma_{m2} D N_q + c N_c}{\gamma_{m1}(h+D) + q_0} \qquad (2\text{-}9a)$$

$$N_q = \tan^2\left(45° + \frac{\varphi}{2}\right) e^{\pi\tan\varphi} \qquad (2\text{-}9b)$$

$$N_c = (N_q - 1)/\tan\varphi \qquad (2\text{-}9c)$$

2）当挡土构件底面以下有软弱下卧层时，坑底隆起稳定性的验算部位尚应包括软弱下卧层。软弱下卧层的隆起稳定性可按式（2-9a）验算，但式中 γ_{m1}、γ_{m2} 的应取软弱下卧层顶面以上土的重度（图 3-60），D 取基坑底面至软弱下卧层顶面的土层厚度。

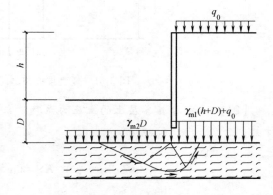

图 3-60　软弱下卧层的隆起稳定性验算

3）悬臂式支挡结构可不进行隆起稳定性验算。

3.5　排桩式围护结构计算训练

3.5.1　排桩式围护结构手算

1. 排桩式围护结构中土压力强度计算

（1）作用于竖直排桩和水泥搅拌桩挡墙的主动和被动土压力强度　计算此类围护结构的主动和被动土压力强度的计算公式为

$$P_{an} = \left(q_n + \sum_{i=1}^{n} \gamma_i h_i\right) K_{an} - 2c_n \sqrt{K_{an}} \qquad (3\text{-}29a)$$

$$P_{pn} = \left(q_n + \sum_{i=1}^{n} \gamma_i h_i \right) K_{pn} + 2c_n \sqrt{K_{pn}} \qquad (3\text{-}29\text{b})$$

式中 P_{an}、P_{pn}——地面下第 n 层土底面作用于竖直排桩和水泥搅拌桩挡墙的主动、被动
土压力强度（kPa），均沿水平方向作用；

q_n——地面附加均布荷载 q 传递到第 n 层土底面的竖向附加荷载（kPa）；

γ_i——第 i 层土的天然重度（kN/m³）；

h_i——第 i 层土的厚度（m）；

c_n——第 n 层土的黏聚力（kPa）；

K_{an}、K_{pn}——第 n 层土的主动、被动土压力系数。

【工程案例 3-2】 如图 3-61 所示的竖直排桩和水泥搅拌桩挡墙土压力计算简图，试计算第一层、第二层的主动和被动土压力强度。

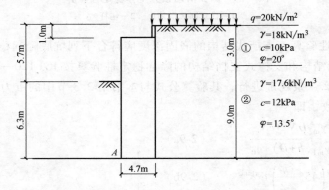

图 3-61 竖直排桩和水泥搅拌桩挡墙土压力计算图

【解】 1）计算各层土的土压力系数。本例中主动土压力系数和被动土压力系数按下列计算：

$$K_{an} = \tan^2\left(45° - \frac{\varphi_n}{2} \right)$$

$$K_{pn} = \tan^2\left(45° + \frac{\varphi_n}{2} \right)$$

第一层土的主动土压力系数 $K_{a1} = \tan^2\left(45° - \dfrac{20°}{2} \right) = 0.49$，$\sqrt{K_{a1}} = 0.7$

第二层土的主动土压力系数 $K_{a2} = \tan^2\left(45° - \dfrac{13.5°}{2} \right) = 0.62$，$\sqrt{K_{a2}} = 0.79$

第二层土的被动土压力系数 $K_{p2} = \tan^2\left(45° + \dfrac{13.5°}{2} \right) = 1.61$，$\sqrt{K_{p2}} = 1.27$

2）计算各层土的土压力强度。本例中主动土压力强度和被动土压力强度分别按式（3-29a）、式（3-29b）计算，则有

第一层土顶部和底部的主动土压力强度分别为

$$P_{a1上} = (20\text{kN/m}^2 + 18\text{kN/m}^3 \times 1\text{m}) \times 0.49 - 2 \times 10\text{kPa} \times 0.7 = 4.62\text{kPa}$$

$$P_{a1\overline{F}} = (20\text{kN/m}^2 + 18\text{kN/m}^3 \times 3\text{m}) \times 0.49 - 2 \times 10\text{kPa} \times 0.7 = 22.26\text{kPa}$$

第二层土顶部和底部的主动土压力强度分别为

$$P_{a2\overline{L}} = (20\text{kN/m}^2 + 18\text{kN/m}^3 \times 3\text{m}) \times 0.62 - 2 \times 12\text{kPa} \times 0.79 = 26.92\text{kPa}$$

$$P_{a2\overline{F}} = (20\text{kN/m}^2 + 18\text{kN/m}^3 \times 3\text{m} + 17.6\text{kN/m}^3 \times 9\text{m}) \times 0.62 - 2 \times 12\text{kPa} \times 0.79 = 125.13\text{kPa}$$

基坑底部位于第二层土，其顶部和底部的被动土压力强度分别为

$$P_{a2\overline{L}} = 2 \times 12\text{kPa} \times 1.27 = 30.48\text{kPa}$$

$$P_{a2\overline{F}} = (17.6\text{kN/m}^3 \times 6.3\text{m} \times 1.61 + 2 \times 12\text{kPa} \times 1.27) = 209.00\text{kPa}$$

3）绘图。将各层土的主动和被动土压力强度值在计算简图中标出，结果如图 3-62 所示。

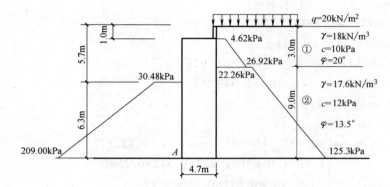

图 3-62　竖直排桩和水泥搅拌桩挡墙的土压力

（2）支护结构为非竖直排桩时土压力强度的计算　此时挡墙顶部和底部的主动土压力强度计算公式为

$$P_{ah1} = qK_a \Big/ \left(1 + \frac{2q}{\gamma h}\right) \tag{3-30a}$$

$$P_{ah2} = (\gamma h + q)K_a \Big/ \left(1 + \frac{2q}{\gamma h}\right) \tag{3-30b}$$

式中　γ——计算深度范围内各土层重度的加权平均值（kN/m^3）；

K_a——主动土压力系数，按式（3-30c）计算。

$$K_a = \frac{\sin(\alpha+\beta)}{\sin^2\alpha \sin^2(\alpha+\beta-\varphi-\delta)} \left\{ \begin{array}{l} k_q[\sin(\alpha+\beta)\sin(\alpha-\delta)+\sin(\varphi+\delta)\sin(\varphi-\beta)]+ \\ 2\eta\sin\alpha\cos\varphi\cos(\alpha+\beta-\varphi-\delta)- \\ 2[k_q\sin(\alpha+\beta)\sin(\varphi-\beta)+\eta\sin\alpha\cos\varphi]\times \\ [k_q\sin(\alpha-\delta)\sin(\varphi+\delta)+\eta\sin\alpha\cos\varphi]^{\frac{1}{2}} \end{array} \right\} \tag{3-30c}$$

$$k_q = 1 + \frac{2q\sin\alpha\cos\beta}{\gamma h \sin(\alpha+\beta)} \tag{3-30d}$$

$$\eta = \frac{2c}{\gamma h} \tag{3-30e}$$

式中　α——挡土墙倾角（°）；

δ——软土对挡墙背的摩擦角（°），取 $\delta = \varphi/2$；

β——墙后地表倾角（°）；

q——地表均布荷载标准值（kN·m），以单位水平投影面上的荷载强度计。

【工程案例3-3】 已知 $\beta=0$，$\alpha=90°+27°$，$h=4.3m$，土的物理力学指标取加权平均值 $\gamma=18kN/m^3$，$\varphi=15°$，$c=8kPa$，δ 取 $\varphi/3=5°$，$q=20kN/m^2$。求排桩式支护结构非竖直时土压力。

【解】 1）将土压力信息代入式（3-30c）、式（3-30d）、式（3-30e）中，得到土的主动土压力系数为

$$\eta=\frac{2c}{\gamma h}=\frac{2\times8}{18\times4.3}=0.207$$

$$k_p=1+\frac{2q\sin\alpha\cos\beta}{\gamma h\sin(\alpha+\beta)}=1+\frac{2\times20\cos27°}{18\times4.3\cos27°}=1.517$$

$$\sin(\alpha+\beta)=\cos27°=0.891$$

$$\sin(\alpha+\beta-\varphi-\delta)=\cos7°=0.993$$

$$\sin(\alpha-\delta)=\sin(91°+27°-5°)=\cos22°=0.927$$

$$\sin(\varphi+\delta)=\sin(15°+5°)=\sin20°=0.342$$

$$\sin(\varphi-\beta)=\sin15°=0.259$$

$$\cos\varphi=\cos15°=0.966$$

$$\cos(\alpha+\beta-\varphi-\delta)=\cos(90°+27°-15°-5°)=-\sin7°=-0.122$$

$$K_a=\frac{0.891}{0.891^2\times0.993^2}\left\{\begin{array}{l}1.517\times[0.891\times0.927+0.342\times0.259]\\+2\times0.207\times0.891\times0.966\times0.12-\\2\times[1.517\times0.891\times0.259+0.207\times0.891\times0.966]\times\\ {[1.517\times0.927\times0.342+0.207\times0.891\times0.966]}^{\frac{1}{2}}\end{array}\right\}=0.65$$

2）挡墙顶部和底部主动土压力强度按式（3-30a）、式（3-30b）计算，得

$$P_{ah1}=\left[20\times0.65\Big/\left(1+\frac{2\times20}{18\times43}\right)\right]kN/m^2=12.36kN/m^2$$

$$P_{ah2}=[(20+18\times4.3)\times0.65/1.517]kN/m^2=41.73kN/m^2$$

合力计算式为

$$E=\frac{h}{2}(P_{ah1}+P_{ah2}) \tag{3-31a}$$

合力作用点在墙底以上的高度为

$$Z=\frac{h}{3}\cdot\frac{2P_{ah1}+P_{ah2}}{P_{ah1}+P_{ah2}} \tag{3-31b}$$

得

合力：$E_a=\left[\frac{4.3}{2}\times(12.36+41.73)\right]kN/m^2=116.29kN/m^2$

合力作用点在墙底以上：$Z=\left(\frac{4.3}{3}\times\frac{41.73+2\times12.36}{41.73+12.36}\right)m=1.76m$

其作用方向为向上与水平成夹角22°（图3-63）

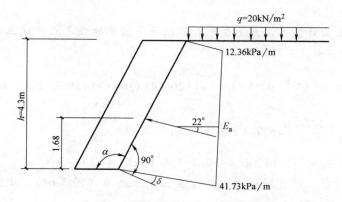

图 3-63　非竖直排桩土压力的计算图

2. 排桩加单层水平内支撑支护结构计算实例

【工程案例 3-4】　某基坑挖土深 7.3m，土层分布如图 3-64 所示，物理学指标见表 3-8，采用直径 800mm、间距 1000mm 的钻孔灌注桩排桩加单层水平内支撑支护，地表超载 20kN/m²。试对该支护结构进行分析、计算。

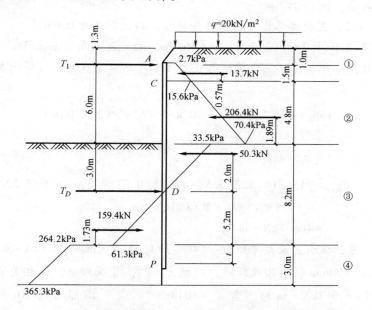

图 3-64　排桩加单层水平内支撑支护结构土层分布

表 3-8　土层物理力学指标

层号	平均厚度/m	重度/(kN/m³)	$\varphi/(°)$	c/kPa
①	2.5	19.1	20	10.0
②	4.8	18.2	12	15.0
③	8.2	17.3	9.2	17.0
④	3.0	18.5	22.1	18.0

【解】 （1）等值梁法

1）水平支撑反力计算。设土压力为零点 D 是等值梁的铰支点，建立简支梁 AD 上各力对 D 点的力矩平衡方程式：

$$9T_1 = \left[13.7(0.57+4.8+3)+206.4(1.89+3)+50.3\times2\right]\text{kN/m}$$

得支撑反力 $T_1 = \dfrac{1224.6}{9}\text{kN/m} = 136.1\text{kN/m}$

铰支点 D 反力 $T_D = (13.7+206.4+50.3-136.1)\text{kN/m} = 134.3\text{kN/m}$

2）支护桩长计算。设支护桩深入到④层土中深度为（图3-64），建立 DF 上各力对 D 点的力矩平衡方程式，即

$$134.3\times(5.2+t) = 159.4\times(1.73+t)+264.2\times\frac{t^2}{2}+(365.3-264.3)\frac{t}{3}\times\frac{t}{6}$$

代入数据得 $\qquad\qquad 137.7t^2+25.1t-422.6=0$

解得 $t=1.663\text{m}$，取 $t=1.7\text{m}$

取安全系数 1.2，支护桩总长（从顶梁底算起，顶梁高设为 0.6m）

$L = [6.0-0.3+3.0+1.2\times(5.2+1.7)]\text{m} = 16.9\text{m}$，桩底深入第四层土3m。

3）支护桩最大弯矩计算。设支护桩上剪力为零点的位置在 c 点（第一层土层底）以下 x 处，则有

$$136.1-13.7-15.6x-(70.4-15.6)x^2/(2\times4.8)=0$$

整理后得 $\qquad\qquad 5.7x^2+15.6x-122.4=0$

解得 $\qquad\qquad\qquad x=3.5\text{m}$

$$M_{\max} = \left[136.1\times(1.2+3.5)-13.7\times(0.57+3.5)-15.6\times3.5^2/2\right.$$

$$\left.-54.8\times3.5^3/(4.8\times6)\right]\text{kN}\cdot\text{m/m}$$

$$= 406.7\text{kN}\cdot\text{m/m}$$

桩距为1m，每根桩承受最大弯矩为：$(406.7\times1.0)\text{kN}\cdot\text{m} = 406.7\text{kN}\cdot\text{m}$

支护桩为直径800mm的钻孔灌注桩，混凝土C25，Ⅱ级钢筋，从相关表格中查得直径800mm的桩当 $M=406.7\text{kN}\cdot\text{m}$ 时，需 $A_s=4048\text{mm}^2$，采用13根直径20mm的钢筋，实际 $A_s=4084\text{mm}^2$。

4）顶梁、支撑计算。排桩顶梁为通常整浇钢筋混凝土连续梁，截面0.6m×1.0m，支撑间距相等，荷载按均布等跨连续梁计算，跨中和支座弯矩按 $M_0=\dfrac{1}{20}Tl_0^2$ 和 $M_s=12Tl_c^2$ 计得，如为不等跨连续梁，用力矩分配法计算弯矩和支撑反力；如为分段浇筑，按实际情况计算。

支撑按偏心受压构件计算，考虑支撑自重产生的弯矩，并分别验算其竖向和水平向的稳定性。

顶梁和支撑均按现行有关的结构计算规范计算，计算从略。

（2）弹性抗力法（m 法）　设桩长 17m（从支撑中心算起），主动土压力和坑底水平 H_0 和弯矩 M_0 作用如图 3-65 所示，土压力合力和合力位置见表 3-9。

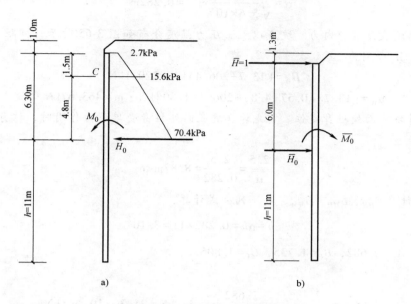

图 3-65　坑底以上土压力分布图

a）坑底主动土压力强度　b）坑底水平 H_0 和弯矩 M_0

表 3-9　土压力合力和合力位置

土层		a/kPa	b/kPa	h/m	E/kN	Z_1/m
主动土压力	1	2.7	15.6	1.5	13.7	0.57
	2	15.6	70.4	4.8	206.4	1.89
	3	33.5	0	3.0	50.3	2.0
被动土压力	3	0	61.3	5.2	159.4	1.73
	4	264.3	365.3	3.0	944.4	1.42

$$E = \frac{h}{2}(a+b)$$
$$Z_1 = \frac{h}{3} \cdot \frac{2a+b}{a+b}$$

注：a 为土层顶部土压力压强；b 为土层底部土压力压强；h 为土层厚度；E 为土压力合力；Z_1 为土压力合力作用点在墙底以上的高度。

1）确定参数

取 $m = 1000\text{kN/m}^4$，直径 800mm、间距 1000mm 的钻孔灌注桩，混凝土 C25，弹性模量 $E_c = 2.8 \times 10^7 \text{kPa}$，用简化方法求桩身刚度。

圆形截面桩的桩身刚度按式（3-13c）计算，即

$$I_z = \frac{\pi d^4}{64}$$

得到，$EI = \dfrac{\pi}{64} d^4 E_c = \dfrac{\pi}{64} \times 0.8^4 \times 2.8 \times 10^7 \text{kN/m} = 5.6 \times 10^5 \text{kN/m}$

圆形截面桩的桩身计算长度按式（3-23a）计算，即

$$b_0 = 0.9(1.5d + 0.5) \qquad (d \leqslant 1\text{m})$$

得到，$b_0 = 0.9 \times (1.5d + 0.5) = 1.53\text{m} > 1\text{m}$，取 $b_0 = 1\text{m}$（支护桩中距），则桩的水平变形

系数为

$$\alpha = \sqrt[5]{\frac{1000 \times 1}{5.6 \times 10^5}}\, \mathrm{m}^{-1} = 0.282\, \mathrm{m}^{-1}$$

2）计算坑底处桩身内力。坑底以上土压力强度分布如图 3-65 所示，桩距 1m，则水平力 H_0 和弯矩 M_0 分别为

$$H_0 = (13.7 + 206.4)\, \mathrm{kN} = 220.1\, \mathrm{kN}$$
$$M_0 = [13.7 \times (0.57 + 4.8) + 206.4 \times 1.89]\, \mathrm{kN \cdot m} = 463.67\, \mathrm{kN \cdot m}$$

3）计算坑底面处桩身变位。首先计算坑底面处桩身受单位力作用时，桩身在该处产生的变形，即

$$\frac{2.5}{\alpha} = \frac{2.5}{0.282} = 8.87\, \mathrm{m} < h$$

因此可计算 δ_{HH}、δ_{MH}、δ_{MM}，按下列公式计算：

$$\overline{h} = \alpha h = 0.282 \times 11 = 3.10$$

$\overline{h} = 3.10$ 时，$A_\mathrm{f} = 2.682$，$B_\mathrm{f} = 1.735$，$C_\mathrm{f} = 1.806$。

$H_0 = 1$ 时，

$$\delta_{HH} = \frac{A_\mathrm{f}}{\alpha^3 EI} = \frac{2.682}{0.282^3 \times 5.6 \times 10^5}\, \mathrm{m/kN} = 21.36 \times 10^{-5}\, \mathrm{m/kN}$$

$$\delta_{MH} = \frac{B_\mathrm{f}}{\alpha^3 EI} = \frac{1.735}{0.282^3 \times 5.6 \times 10^5}\, \mathrm{m/kN} = 13.8 \times 10^{-5}\, \mathrm{m/kN}$$

$M_0 = 1$ 时，$\delta_{MH} = \delta_{HM}$

$$\delta_{MM} = \frac{C_\mathrm{f}}{\alpha EI} = \frac{1.806}{0.282 \times 5.6 \times 10^5}\, \mathrm{m/kN} = 1.14 \times 10^{-5}\, \mathrm{m/kN}$$

坑底面处桩身变位为

$$X_0 = H_0 \delta_{HH} + H_0 \delta_{HM} = (220.1 \times 21.36 \times 10^{-5} + 463.67 \times 13.8 \times 10^{-5})\, \mathrm{m} = 0.11\, \mathrm{m}$$
$$\varphi_0 = -(H_0 \delta_{MH} + M_0 \delta_{MM}) = [-(220.1 \times 13.8 + 463.67 \times 1.14) \times 10^{-5}]\, \mathrm{m} = -0.036\, \mathrm{m}$$

4）计算桩顶水平位移。由土压力产生的悬臂桩桩顶位移为 Δ。按接近于三角形的荷载计算，取 $q = 70.4\, \mathrm{kN/m}$，得到桩顶位移为

$$\Delta_0 = \frac{ql^4}{30EI} = \frac{70.4 \times 6^4}{30 \times 5.6 \times 10^5}\, \mathrm{m} = 0.54 \times 10^{-2}\, \mathrm{m}$$

则悬臂桩桩顶总位移为

$$\Delta = X_0 - \varphi_0 l + \Delta_0 = (0.11 + 0.036 \times 6 + 0.54 \times 10^{-2})\, \mathrm{m} = 0.3314\, \mathrm{m}$$

5）计算水平支撑力 T_1。先假设桩顶作用单位水平力 $\overline{H} = 1\, \mathrm{kN}$，此时在坑底面处桩身受水平力 $\overline{H_0} = \overline{H} = 1\, \mathrm{kN}$，弯矩 $\overline{M} = 1 \times 6 = 6\, \mathrm{kN \cdot m}$，则坑底面处桩身变位为

$$\overline{x_0} = (1 \times 21.36 + 6 \times 3.9) \times 10^{-5}\, \mathrm{m} = 44.8 \times 10^{-5}\, \mathrm{m}$$

$$\overline{\varphi_0} = [-(1 \times 3.9 + 6 \times 1.14) \times 10^{-5}]\, \mathrm{m} = -10.7 \times 10^{-5}\, \mathrm{m}$$

悬臂桩桩顶受 1kN 水平力作用时，桩顶位移 $\overline{\Delta}$ 为

$$\overline{\Delta_0} = \frac{Pl^3}{3EI} = \frac{1 \times 6^3}{3 \times 5.6 \times 10^5} \text{m} = 12.9 \times 10^{-5} \text{m}$$

桩顶总水平位移为

$$\overline{\Delta} = \overline{x_0} - \overline{\varphi_0}l + \overline{\Delta_0} = \left[(44.8 + 6 \times 10.7 + 12.9) \times 10^{-5} \right] \text{m} = 121.9 \times 10^{-5} \text{m}$$

为了使桩顶水平位移为零，必须施加支撑力 T_1，即 $T_1\overline{\Delta} = \Delta$，则得到

$$T_1 = \frac{\Delta}{\overline{\Delta}} = \frac{0.3314}{121.9 \times 10^{-5}} \text{kN} = 271.86 \text{kN}$$

6）计算支护桩最大弯矩及其位置。设支护桩上剪力为零点处在 C 点以下 x 处，则

$$271.86 - 13.7 - 15.6x - (70.4 - 15.6)x^2/2 \times 4.8 = 0$$

整理后得

$$131.52x^2 + 15.6x - 112.4 = 0$$

解得

$$x = 0.87 \text{m}$$

$$M_{max} = \left[271.86 \times (1.2 + 0.87) - 13.7 \times (0.57 + 0.87) - 15.6 \times 0.87^2/2 \right.$$
$$\left. - 54.8 \times 0.87^3/(6 \times 4.8) \right] \text{kN} \cdot \text{m} = 535.87 \text{kN} \cdot \text{m}$$

注：本算例用 m 法计算时采用了较低的 m 值（1000kN/m⁴），算得的水平支撑力和支护桩最大弯矩分别为用等值梁法计算结果的 93% 和 89%，比较接近。

3. 排桩加双层锚杆支护结构计算实例

【工程案例 3-5】 某工程基坑挖土深度 7.8m（自然地面算起），采用直径 650mm、间距 800mm 的钻孔灌注桩加双排锚杆支护。支护桩盖梁顶在自然地面下 1m，第一排锚杆设在地面下 2m 处，水平中距 1600mm，第二排锚杆设在地面下 5m 处，水平中距 1600mm，与第一排锚杆上下错开。地面超载为条形荷载，20kN/m²，宽 4m，距支护桩外侧 2m。挖土和锚杆施工程序为：第一阶段挖土深 2.5m→第一排锚杆施工→第二阶段挖土深 6m→第二排锚杆施工→第三阶段挖土至坑底→做垫层。试对此支护结构进行分析、计算。

【解】 计算分三步进行：第一步，挖土深 6m 时，计算第一层锚杆拉力和支护桩最大弯矩；第二步，挖土至坑底深度时，计算第二排锚杆拉力和支护桩最大弯矩及桩长；第三步，计算每排桩长度。

（1）计算第一排锚杆拉力和支护桩最大弯矩 挖土深 6m 时锚杆支护土压力分布如图 3-66 所示，土压力合力和合力位置计算见表 3-10。

表 3-10 挖土 6m 时土压力合力和合力位置

土层		a/kPa	b/kPa	h/m	E/kN	Z_1/m
主动土压力	③-1	9.08	51.5	4.0	121.2	1.53
	③-1	18.8	0	1.1	10.3	0.73
被动土压力	③-1	0	96.3	5.7	274.5	1.90

$$E = h(a+b)/2$$
$$Z_1 = \frac{h}{3} \cdot \frac{2a+b}{a+b}$$

注：a、b、h、E、Z_1 等的含义同表 3-9。

1）计算第一排锚杆受力 E_1。设土压力为零点 D 在坑底以下深度为 u（图 3-66），得

$$\frac{u}{6.8-u} = \frac{18.8}{96.3}$$

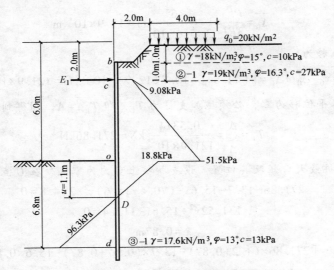

图 3-66　挖土 6m 时土压力分布图

解得
$$u = 1.1m$$

D 点以上土压力对 D 点的力矩为
$$M_D = [121.2 \times (1.53 + 1.1) + 10.3 \times 0.73] \text{kN} \cdot \text{m/m} = 326.3 \text{kN} \cdot \text{m/m}$$

第一排锚杆反力为
$$E_1 = M_D / (4 + 1.1) = (326.3/5.1) \text{kN/m} = 64.0 \text{kN/m}$$

2）求弯矩最大点及最大弯矩 M_{max}

弯矩最大点剪力为零，设该点在 c 点以下 x 处，得
$$64.0 = 9.08x + \frac{51.5 - 9.08}{4} \cdot x \cdot x/2$$

即
$$5.3x^2 + 9.08x - 64.0 = 0$$

得到
$$x = 2.73m$$

该处的弯矩为
$$M_{max} = \left(64.0 \times 2.73 + 9.08 \times \frac{2.73^2}{2} - \frac{42.4}{4} \times 2.73 \times \frac{2.73^2}{2 \times 3} \right) \text{kN} \cdot \text{m/m} = 172.6 \text{kN} \cdot \text{m/m}$$

（2）计算第二层锚杆拉力和排桩最大弯矩以及桩长　挖土深 7.8m 时土压力分布如图 3-67 所示，土压力合力和合力位置计算见表 3-11。

1）计算第二排锚杆受力。设土压力零点 D 在坑底以下深度 u 处（图 3-67），得
$$\frac{u}{5 - u} = \frac{38.28}{45.72}$$

解得
$$u = 2.3m$$

D 点以上主动土压力对 D 点的力矩为
$$M_D = [232.3 \times (2.15 + 2.3) + 44 \times 1.53] \text{kN} \cdot \text{m/m} = 1101.1 \text{kN} \cdot \text{m/m}$$

第一排锚杆到 D 点距离为
$$a_1 = (7.8 + 2.3 - 2)m = 8.1m$$

其锚杆反力取第一阶段挖土时的值，即

$$E_1 = 64.0 \text{kN/m}$$

第二排锚杆到 D 点距离为

$$a_2 = (7.8 + 2.3 - 5)\text{m} = 5.1\text{m}$$

其锚杆其反力为

$$E_2 = \frac{M_D - E_1 a_1}{a_2} = \frac{1101.1 - 64.0 \times 8.1}{5.1}\text{kN/m} = 114.2\text{kN/m}$$

表 3-11　挖土 7.8m 时土压力合力和合力位置

土层		a/kPa	b/kPa	h/m	E/kN	Z_1/m
主动土压力	③-1	9.08	71.04	5.8	232.3	2.15
	③-1	38.28	0	2.3	44	1.53
被动土压力	③-1	0	45.72	2.7	61.7	0.9
	③-2	171.94	374.11	6.2	1692.8	2.75

$$E = h(a+b)/2$$
$$Z_1 = \frac{h}{3} \cdot \frac{2a+b}{a+b}$$

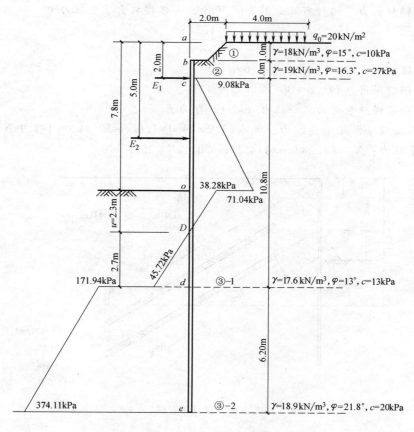

图 3-67　挖土 7.8m 时土压力分布图

2）**计算桩长**　设 bD 为一简支梁，则在支点 D 的反力，有

$$E_D = (232.3 + 44 - 64 - 114.2)\text{kN/m} = 98.1\text{kN/m}$$

设支护桩深入 d 点一下 x 处，根据 D 点以下土压力对桩底的力矩平衡条件，得

$$98.1 \times (2.7 + x) = 61.7 \times (0.9 + x) + \left(\frac{374.11 - 171.94}{6.2}\right) \times \frac{x^3}{3 \times 2} + 171.94 \cdot \frac{x^2}{2}$$

简化得到

$$5.44x^3 + 85.97x^2 + 36.5x - 209.65 = 0$$

解得

$$x = 1.7\text{m}$$

支撑桩长为

$$l = [7.8 + 2.3 + (2.7 + 1.7) \times 1.2]\text{m} = 15.38\text{m}$$

3）计算支护桩最大弯矩　支护桩剪力为零点位置在 c 点以下 x_m 处，得

$$64.0 + 114.2 = 9.08x_m + \frac{61.96}{5.8} \cdot \frac{x_m^2}{2}$$

简化得到

$$5.34x_m^2 + 9.08x_m - 178.2 = 0$$

解得

$$x_m = 5\text{m}$$

（3）锚杆计算

1）计算锚杆拉力。锚杆布置如图 3-68 所示，每根锚杆需承受拉力为

$$N_i = \frac{1.2TS}{\cos\alpha} \tag{3-32a}$$

式中　S——锚杆水平间距（m），即 1.6m；

　　　α——锚杆倾角（°），$\alpha = 30°$；

　　　T——每排锚杆承受的水平拉力（kN），即为 E_1 和 E_2。

则第一排锚杆每根应承受拉力：$N_1 = (1.2 \times 64.0 \times 1.6 / \cos 30°)\text{kN} = 141.9\text{kN}$；第二排锚杆每根应承受拉力：$N_2 = (1.2 \times 1.6 \times 114.2 / \cos 30°)\text{kN} = 253.2\text{kN}$。

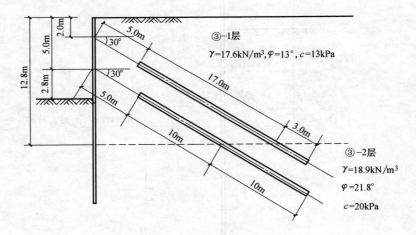

图 3-68　锚杆布置图

2）锚杆自由端长度计算。锚杆自由端长度应按下式计算：

$$l_f = (H + x - a)\frac{\sin(45° - \phi/2)}{\sin(45° + \alpha + \phi/2)} \tag{3-32b}$$

式中 H——基坑深度（m），取 7.8m；

　　　x——坑底至土压力为零点 D 距离（m），即为 2.3m；

　　　a——第一、第二排锚杆头部在地面以下深度（m），分别为 2.0m 和 5.0m；

　　　ϕ——锚杆所在土层的摩擦角（°），取 13°；

　　　α——锚杆倾角（°），$\alpha = 30°$。

3）计算锚杆的抗拔力　锚杆布置图如图 3-70 所示，第一、二排锚杆的锚固长度为 20m，均穿过③-1 土层，深入到③-2 土层中。锚杆穿过每一土层能提供的抗拔力按下式计算：

$$P_i = \lambda q_{ci} \pi D l_i \tag{3-32c}$$

式中 D——灌浆后锚杆孔径（m），$D = 0.2$m；

　　　l_i——锚杆在土层中的锚杆长度（m），第一排锚杆在③-1 和③-2 图层中的锚固长度均为 10m；

　　　λ——灌浆系数，采用二次压力灌浆，$\lambda = 1.8$；

　　　q_{ci}——土层与锚杆间摩阻力设计值（kPa），工程地质勘查报告报供钻孔桩周土的摩阻力的标准值：③-1 层为 $q_{s1} = 6$kPa，③-2 层为 $q_{s2} = 12$kPa，则 $q_{c1} = 1.2 \times 6 = 7.2$kPa，$q_{c2} = 1.2 \times 12 = 14.4$kPa。

第一、二排锚杆能提供的抗拔力设计值分别为

$$P_1 = [1.8 \times 0.2 \times \pi \times (17 \times 7.2 + 3 \times 14.4)]\text{kN} = 187.3\text{kN}$$
$$P_2 = [1.8 \times 0.2 \times \pi \times (10 \times 7.2 + 10 \times 14.4)]\text{kN} = 249.3\text{kN}$$

设计要求锚杆抗拔力分别为第一排 $N_1 = 141.9$kN，第二排 $N_2 = 253.2$kN。

在现场进行了 4 根锚杆抗力试验，试验锚杆长 25m，自由段长 5m，锚固段 20m，锚杆头位于地面下 3.5m 处，（即第一、第二排锚杆的平均深度），倾角 30°。试验结果，极限抗拔力为 280~340kN，如取安全系数 1.8，则相应的抗拔力为 155~190kN，低于第一、二排锚杆计算抗拔力设计值的平均值（216kN），但基本上满足上下两排锚杆设计要求抗拔力的平均值，根据后来实际施工检验，两排锚杆使用情况良好，说明上下两排锚杆的实际抗拔力可以满足要求。

3.5.2　电算部分的训练一

1）排桩支护结构剖面 1—1 如图 3-69 所示，支护基本信息见表 3-12。

2）本案例排桩式支护结构采用内支撑，冠梁示意图如图 3-70 所示，其中关于冠梁水平侧向刚度估算值的计算式为

$$K = \frac{\frac{1}{3}LEI}{a^2 (L-a)^2} \tag{3-33}$$

式中 K——冠梁水平侧向刚度估算值（MN/m）；

　　　a——桩、墙位置（m）；

　　　L——冠梁长度（m）；

　　　EI——冠梁截面刚度（MN·m²）；其中 I 表示截面对 x 轴的惯性矩。

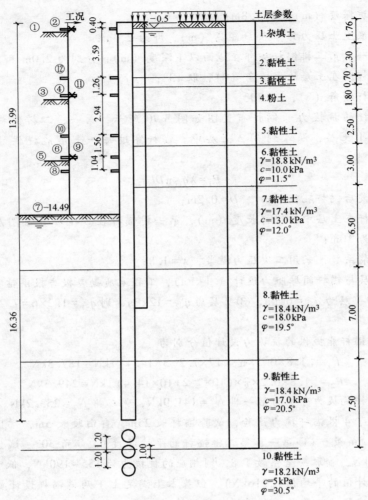

土层参数

1.杂填土

2.黏性土

3.黏性土

4.粉土

5.黏性土

6.黏性土
$\gamma=18.8\,\mathrm{kN/m^3}$
$c=10.0\,\mathrm{kPa}$
$\varphi=11.5°$

7.黏性土
$\gamma=17.4\,\mathrm{kN/m^3}$
$c=13.0\,\mathrm{kPa}$
$\varphi=12.0°$

8.黏性土
$\gamma=18.4\,\mathrm{kN/m^3}$
$c=18.0\,\mathrm{kPa}$
$\varphi=19.5°$

9.黏性土
$\gamma=18.4\,\mathrm{kN/m^3}$
$c=17.0\,\mathrm{kPa}$
$\varphi=20.5°$

10.黏性土
$\gamma=18.2\,\mathrm{kN/m^3}$
$c=5\,\mathrm{kPa}$
$\varphi=30.5°$

图 3-69 排桩支护结构剖面 1—1 示意图

表 3-12 剖面 1—1 排桩支护基本信息

规范与规程[1]	DG/T J08—61—2010 《上海市基坑工程技术规范》	规范与规程[1]	DG/T J08—61—2010 《上海市基坑工程技术规范》
内力计算方法	增量法[2]	有无冠梁	有
基坑工程安全等级	一级	├冠梁宽度/m	1.200
基坑深度 h/m	13.990	├冠梁高度/m	0.800
嵌固深度/m	16.360	└水平侧向刚度/(MN/m)	279.883
桩顶标高/m	0.000	防水帷幕[4]	有
桩材料类型	钢筋混凝土	├防水帷幕高度/m	21.350
混凝土强度等级[3]	C30	└防水帷幕厚度/m	0.850
桩截面类型	圆形	放坡级数	0
└桩直径/m	1.000	超载个数	1
桩间距/m	1.200	支护结构上的水平集中力	0

① 此处的规范规程指的是按 GB 50202—2002《建筑地基基础工程施工质量验收规范》中的划分方法划定的规范、规程。
② 增量法指的是外荷载和所求得的体系内力及位移都是相对于前一个施工阶段完成后的增量。
③ 混凝土的强度等级应以混凝土立方体抗压强度标准值划分,采用符号 C 与立方体抗压强度标准值(以 N/mm² ;或 MPa 计)表示。承受重负荷载的钢筋混凝土构件,混凝土强度等级不低于 C30。
④ 防水帷幕指的是在水源与矿井或采区之间的主要涌水通道上,将预先制备的浆液经过钻孔压入岩层裂隙,浆液沿裂隙渗透扩散并凝固、硬化,从而形成的防止地下水渗透的帷幕。

已知 $L = 8.4\text{m}$、$a = 4.2\text{m}$、$E = 3.0\text{MPa}$、惯性矩 $I = \dfrac{bh^3}{12} = \dfrac{0.8 \times 1.2^3}{12}\text{cm}^4 = 11.52\text{cm}^4$，得 $K = 279.883\text{MN/m}$

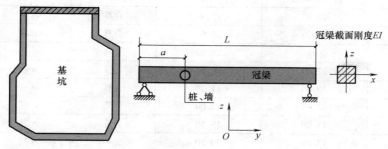

图 3-70　冠梁示意图

案例中排桩式围护结构的地面附加均布荷载 20kN/m^2，支锚道数为 6 道。剖面 1—1 的土层信息、土层参数、土层参数（水土）、支锚信息、支锚调整系数分别见表 3-13~表 3-17。

表 3-13　剖面 1—1 土层信息

土层数	14	坑内加固土	否
内侧降水最终深度[①]/m	14.490	外侧水位深度/m	0.500
内侧水位是否随开挖过程变化	是	内侧水位距开挖面距离/m	0.500
弹性计算方法按土层指定	×	弹性法计算方法	m 法
内力计算时坑外土压力计算方法	主动	坑内土压力计算方法	朗肯[②]

① 内侧降水最终深度指的是坑内降水后水位离坑底 0.5~1.0m 时的深度。据上海市工程建设规范 DGJ08—11—2010《地基基础设计规范》的有关条款，上海地区潜水位年平均水位埋深一般为 0.5~0.7m，设计按不利条件采用地下水位埋深 0.5m 考虑。内侧降水最终深度 = 13.99m + 0.5m = 14.490m。

② 这里的"朗肯"指的是朗肯土压力计算理论，该理论是根据半空间体的应力状态和土的极限平衡理论得出的土压力计算理论。朗肯理论的基本假设：墙本身是刚性的，不考虑墙身的变形；墙后填土延伸到无限远处，填土表面水平（$\beta = 0$）；墙背垂直光滑（墙与垂向角 $\varepsilon = 0$，墙与土的摩擦角 $\delta = 0$）。

表 3-14　土层参数

层号	土类名称	层厚/m	重度 /(kN/m^3)	浮重度 /(kN/m^3)	黏聚力/kPa	内摩擦角 /(°)
1	杂填土	1.76	18.0	8.0	10.00	10.00
2	黏性土	2.30	18.7	8.7	20.00	19.50
3	黏性土	0.70	17.6	7.6	12.00	18.50
4	粉土	1.80	18.7	8.7	5.00	29.50
5	黏性土	2.50	17.6	7.6	12.00	18.50
6	黏性土	3.00	16.8	6.8	10.00	11.50
7	黏性土	6.50	17.4	7.4	13.00	12.00
8	黏性土	7.00	18.4	8.4	18.00	19.50
9	黏性土	7.50	18.4	8.4	17.00	20.50
10	粉土	5.50	18.2	8.2	5.00	30.50
11	粉土	4.00	18.3	8.3	5.00	30.5
12	黏性土	3.70	18.5	8.5	23.00	20.5
13	粉土	5.80	18.7	8.7	4.00	34
14	粉土	16.80	18.7	8.7	4.00	35

表 3-15　土层参数（水土）

层号	黏聚力（水下）/kPa	内摩擦角（水下）/(°)	水土	计算方法	m 值[②]
1	10.00	10.00	分算[①]	m 法	2.00
2	20.00	19.50	合算	m 法	7.66
3	12.00	18.50	合算	m 法	6.20
4	5.00	29.50	分算	m 法	14.95
5	12.00	18.50	合算	m 法	6.20
6	10.00	11.50	合算	m 法	2.49
7	13.00	12.00	合算	m 法	2.98
8	18.00	19.50	合算	m 法	7.45
9	17.00	20.50	合算	m 法	8.06
10	5.00	30.50	分算	m 法	16.06
11	5.00	30.50	分算	m 法	16.06
12	23.00	20.50	合算	m 法	8.65
13	4.00	34.00	分算	m 法	20.12
14	4.00	35.00	分算	m 法	21.40

① 水土分算原则是分别计算土压力和水压力的计算原则，土压力和水压力之和即为总的侧压力。这一原则适用于土体孔隙中存在自由的重力水的情况，或土的渗透性较好的情况，一般适用于砂土、粉土和粉质黏土。相对应的，水土合算原则认为土孔隙中不存在自由的重力水，而存在结合水，它不传递静水压里，以土粒与孔隙水共同组成的土体作为对象，直接用土的饱和重度计算侧压力。这一原则适用于不透水的黏土层。

② m 值指的是地基土水平抗力系数的比例系数。

表 3-16　支锚信息

支锚道号	支锚类型	水平间距/m	竖向间距/m
1	内撑	8.400	0.400
2	内撑	8.400	3.590
3	内撑	8.400	1.260
4	内撑	8.400	2.940
5	内撑	8.400	1.560
6	内撑	8.400	1.040

表 3-17　支锚调整系数

支锚道号	预加力/kN	支锚刚度/(MN/m)	工况号	材料抗力/kN	材料抗力调整系数
1	0.00	3310.34	2~13	10296.00	1.00
2	0.00	3310.34	12	10296.00	1.00
3	0.00	4050.63	4~11	11440.00	1.00
4	0.00	4050.63	10	11440.00	1.00
5	0.00	4455.70	6~9	12584.00	1.00
6	0.00	4455.70	8	12584.00	1.00

3）关于支锚刚度（MN/m）计算的说明。JGJ 120—2012《建筑基坑支护技术规程》规定，对水平对撑，当支撑腰梁或冠梁的挠度忽略不计时，弹性支点刚度系数 k_R 可按式（3-27e）计算，即

$$k_R = \frac{\alpha_R E A b_a}{\lambda l_0 s}$$

其中，$\lambda = 0.5$、$\alpha_R = 1.0$、$E = 3.0 \times 10^4 \text{MPa}$。

4）关于材料抗力（kN）计算的说明，以第一层内撑为例，第一层支撑材料抗力计算简图如图 3-71 所示。

第一层内撑：已知第一层支撑长度为 13.05m，因支撑两端固定，长度系数取 $\mu = 0.5$，得

计算 x 轴的惯性矩：$I_x = \dfrac{bh^3}{12} = \dfrac{0.9 \times 0.8^3}{12}$ $\text{m}^4 = 0.0384 \text{m}^4$

计算支撑截面面积：$A = 0.8 \times 0.9 \text{m}^2 = 0.72 \text{m}^2$

计算回转半径：$i = \sqrt{\dfrac{I_x}{A}} = \sqrt{\dfrac{0.0384}{0.72}} \text{m} = 0.231 \text{m}$

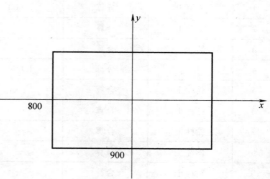

图 3-71　第一层支撑材料抗力计算简图

长细比：$\lambda = \dfrac{l_0}{i} = \dfrac{\mu l}{i} = \dfrac{0.5 \times 13.05}{0.231} = 28.25$

GB 50010—2010《混凝土结构设计规范》中规定钢筋混凝土轴心受压构件的稳定系数 1.0

计算材料抗力按下式计算：

$$T = \zeta \psi A f_c \tag{3-34}$$

式中　T——内撑的材料抗力（kN）；

　　　ζ——与工程形式有关的调整系数；

　　　ψ——与内撑长细比有关的调整系数；

　　　A——内撑截面面积（m^2）；

　　　f_c——混凝土抗压强度设计值（kPa）。

计算得到内撑的材料抗力为

$$T = \zeta \psi A f_c = \left[1.0 \times 1.0 \times 0.72 \times (14.3 \times 10^6) \right] \text{kN} = 10296 \text{kN}$$

5）土压力模型包含弹性土压力模型、经典土压力模型（图 3-72），水土压力模型（图 3-73）。土压力系数调整见表 3-18。

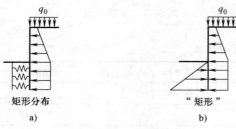

图 3-72　土压力模型

a）弹性法土压力模型　b）经典法[○]土压力模型

图 3-73　水土压力模型

[○]　此处经典法即等值梁法。

表 3-18　土压力系数调整

层号	土类名称	水土	水压力调整系数	外侧土压力调整系数 1	内侧土压力调整系数 2	内侧土压力最大值/kPa
1	杂填土	分算	1.000	1.000	1.000	10000.000
2	黏性土	合算	—	1.000	1.000	10000.000
3	黏性土	合算	—	1.000	1.000	10000.000
4	粉土	分算	1.000	1.000	1.000	10000.000
5	黏性土	合算	—	1.000	1.000	10000.000
6	黏性土	合算	—	1.000	1.000	10000.000
7	黏性土	合算	—	1.000	1.000	10000.000
8	黏性土	合算	—	1.000	1.000	10000.000
9	黏性土	合算	—	1.000	1.000	10000.000
10	粉土	分算	1.000	1.000	1.000	10000.000
11	粉土	分算	1.000	1.000	1.000	10000.000
12	黏性土	合算	—	1.000	1.000	10000.000
13	粉土	分算	1.000	1.000	1.000	10000.000
14	粉土	分算	1.000	1.000	1.000	10000.000

6）支撑信息如图 3-74 所示，包含 13 个工况（表 3-19）。原方案采用三道内撑，从上到下的竖向间距分别为 0.4m、5.25m、9.75m，在上侧的截图内，支锚道号分别表示为 1、3、5；而支锚道号为 6、4、2 的内撑分别为工况 8 在 11.04m（深 10.79m 处换撑）、工况 10 在 8.44m（深 8.19m 处换撑）、工况 12（深 4.24m 处换撑）所需要调用的支撑。六者并非同时出现，而是交替出现的，可通过灵活调整加撑拆成来解决理正软件内缺少换撑的选项的问题。

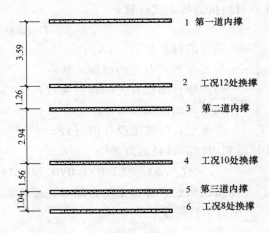

图 3-74　支撑信息

表 3-19　工况信息

工况号	工况类型	深度/m	支锚道号
1	开挖	0.700	—
2	加撑	—	1. 内撑
3	开挖	5.550	—
4	加撑	—	3. 内撑
5	开挖	10.050	—
6	加撑	—	5. 内撑

（续）

工况号	工况类型	深度/m	支锚道号
7	开挖	13.990	—
8	加撑	—	6. 内撑
9	拆撑	—	5. 内撑
10	加撑	—	4. 内撑
11	拆撑	—	3. 内撑
12	加撑	—	2. 内撑
13	拆撑	—	1. 内撑

设计参数、锚杆锚固长度对黏结强度的影响系数 φ 建议值分别见分别见表 3-20、表 3-21。

表 3-20　剖面 1—1 设计参数

整体稳定计算方法	瑞典条分法
稳定计算采用应力状态	有效应力法
稳定计算是否考虑内支撑	√
条分法中的土条宽度/m	0.50
上海规范水压力模式选择	无渗流水压力
刚度折减系数 K	0.850
是否计算隆起量	✕
考虑圆弧滑动模式的抗隆起稳定	√
是否考虑管道沟槽抗隆起计算	✕
围护墙容许力矩标准值 M_{sk}	0.000
锚固长度对黏结强度的影响系数①	1.000
是否计算防水帷幕抗剪验算	否

① 锚固长度对黏结强度的影响系数可参考 CECS 22—2005《岩土锚杆（索）技术规程》取值。

表 3-21　锚固长度对黏结强度的影响系数 φ 建议值

锚固底层	土层					软岩或极软岩				
锚固段长度/m	13~16	10~13	10	6~10	3~6	9~12	6~9	6	4~6	2~4
φ 取值	0.6~0.8	0.8~1.8	1.0	1.0~1.3	1.3~1.6	0.6~0.8	0.8~1.0	1.0	1.0~1.3	1.3~1.6

13 个工况的工况图如图 3-75 所示。其中工况 1（开挖 0.7m）与工况 2（加撑 1 为 0.4m）、工况 3（开挖 5.55m）与工况 4（加撑 3 为 5.25m）、工况 5（开挖 10.05m）与工况 6（加撑 5 为 9.75m）、工况 7（开挖 13.99m）与工况 8（加撑 6 为 10.9m）、工况 9（拆撑 5 为 9.75m）与工况 10（加撑 4 为 8.19m）、工况 11（拆撑 3 为 5.25m）与工况 12（加撑 2 为 3.99m）的工况图相同。内力位移包络图，地表沉降图分别如图 3-76、图 3-77 所示。

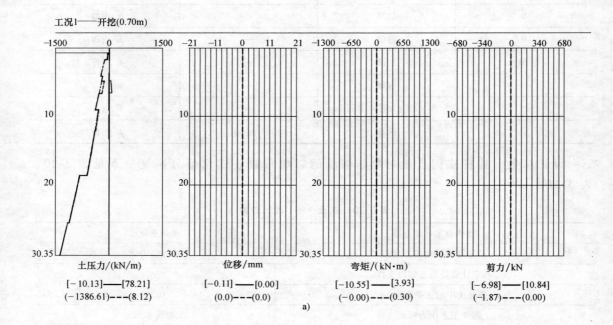

工况1——开挖(0.70m)

土压力/(kN/m)

[-10.13]——[78.21]
(-1386.61)---(8.12)

位移/mm

[-0.11]——[0.00]
(0.0)---(0.0)

弯矩/(kN·m)

[-10.55]——[3.93]
(-0.00)---(0.30)

剪力/kN

[-6.98]——[10.84]
(-1.87)---(0.00)

a)

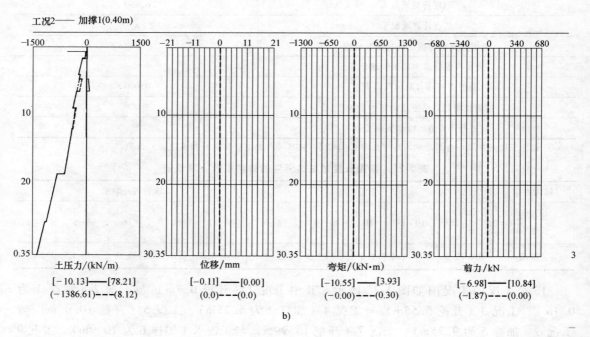

工况2——加撑1(0.40m)

土压力/(kN/m)

[-10.13]——[78.21]
(-1386.61)---(8.12)

位移/mm

[-0.11]——[0.00]
(0.0)---(0.0)

弯矩/(kN·m)

[-10.55]——[3.93]
(-0.00)---(0.30)

剪力/kN

[-6.98]——[10.84]
(-1.87)---(0.00)

b)

图 3-75　剖面

工况3——开挖(5.55m)

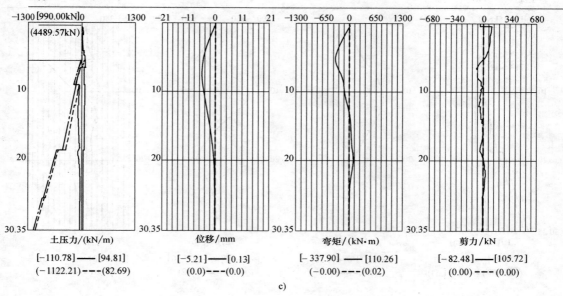

土压力/(kN/m)

[−110.78] —— [94.81]
(−1122.21) --- (82.69)

位移/mm

[−5.21] —— [0.13]
(0.0) --- (0.0)

弯矩/(kN·m)

[−337.90] —— [110.26]
(−0.00) --- (0.02)

剪力/kN

[−82.48] —— [105.72]
(0.00) --- (0.00)

c)

工况4——加撑3(5.25m)

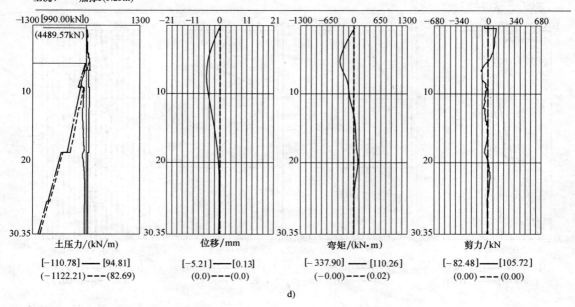

土压力/(kN/m)

[−110.78] —— [94.81]
(−1122.21) --- (82.69)

位移/mm

[−5.21] —— [0.13]
(0.0) --- (0.0)

弯矩/(kN·m)

[−337.90] —— [110.26]
(−0.00) --- (0.02)

剪力/kN

[−82.48] —— [105.72]
(0.00) --- (0.00)

d)

1—1 工况图

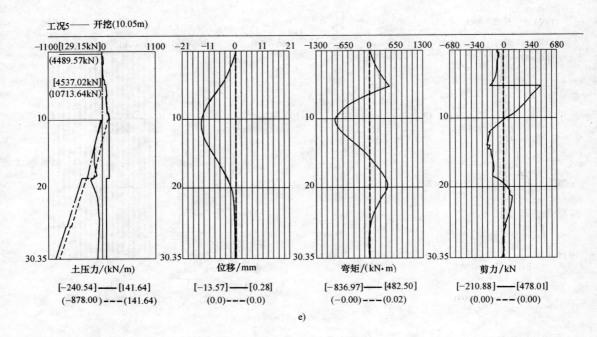

工况5—— 开挖(10.05m)

土压力/(kN/m)　　位移/mm　　弯矩/(kN·m)　　剪力/kN

[−240.54] —— [141.64]　　[−13.57] —— [0.28]　　[−836.97] —— [482.50]　　[−210.88] —— [478.01]
(−878.00) --- (141.64)　　(0.0) --- (0.0)　　(−0.00) --- (0.02)　　(0.00) --- (0.00)

e)

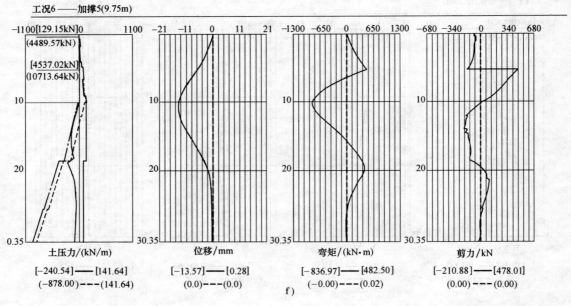

工况6——加撑5(9.75m)

土压力/(kN/m)　　位移/mm　　弯矩/(kN·m)　　剪力/kN

[−240.54] —— [141.64]　　[−13.57] —— [0.28]　　[−836.97] —— [482.50]　　[−210.88] —— [478.01]
(−878.00) --- (141.64)　　(0.0) --- (0.0)　　(−0.00) --- (0.02)　　(0.00) --- (0.00)

f)

图 3-75　剖面 1—1

工况7 —— 开挖(13.99m)

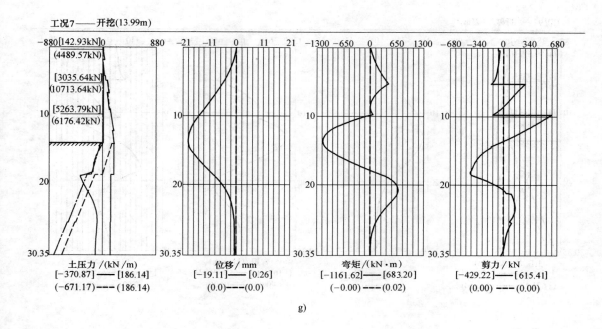

土压力/(kN/m)
[-370.87] —— [186.14]
(-671.17) --- (186.14)

位移/mm
[-19.11] —— [0.26]
(0.0) --- (0.0)

弯矩/(kN·m)
[-1161.62] —— [683.20]
(-0.00) --- (0.02)

剪力/kN
[-429.22] —— [615.41]
(0.00) --- (0.00)

g)

工况8 —— 加撑6(10.79m)

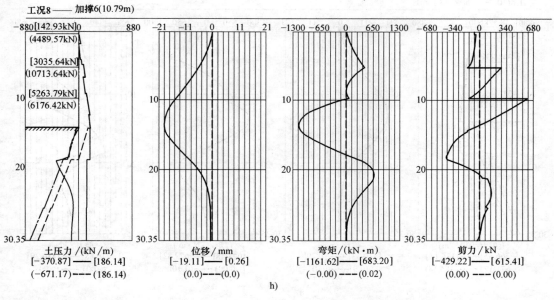

土压力/(kN/m)
[-370.87] —— [186.14]
(-671.17) --- (186.14)

位移/mm
[-19.11] —— [0.26]
(0.0) --- (0.0)

弯矩/(kN·m)
[-1161.62] —— [683.20]
(-0.00) --- (0.02)

剪力/kN
[-429.22] —— [615.41]
(0.00) --- (0.00)

h)

工况图（续）

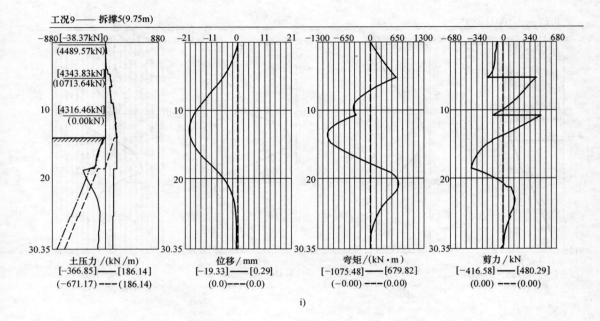

i)

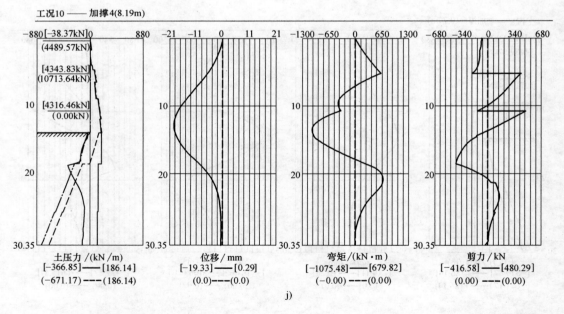

j)

图 3-75　剖面 1—1

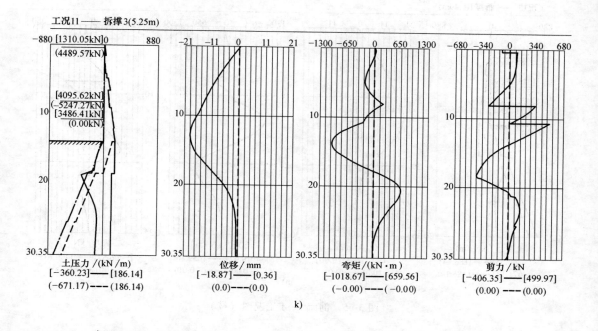

k)

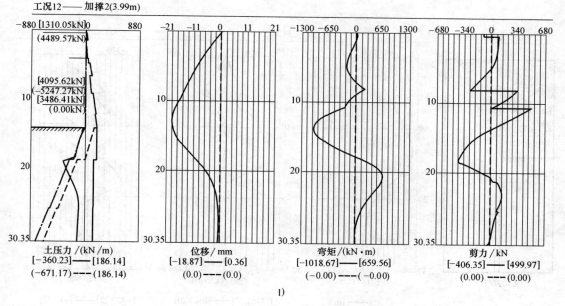

l)

工况图（续）

工况13 —— 拆撑1(0.40m)

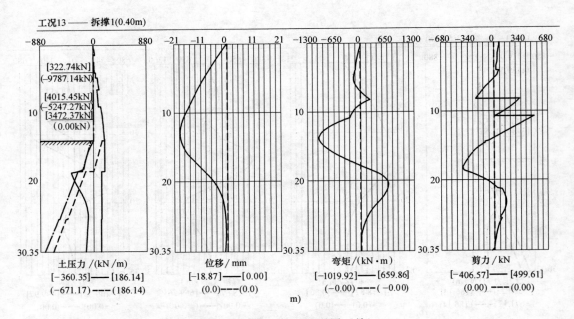

图 3-75 剖面 1—1 工况图（续）

工况13 —— 拆撑1(0.40m)   包络图

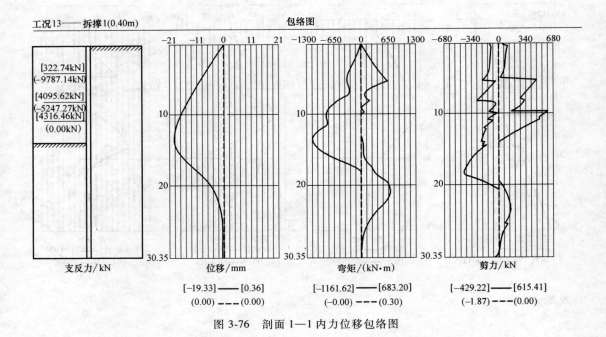

图 3-76 剖面 1—1 内力位移包络图

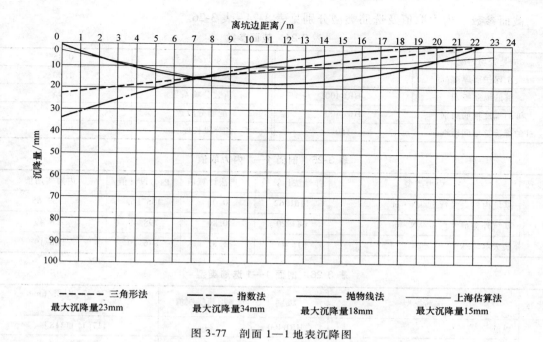

图 3-77　剖面 1—1 地表沉降图

7）冠梁选筋分别见图 3-78、表 3-22，环梁选筋见图 3-79、表 3-23。

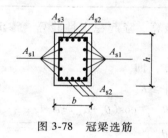

图 3-78　冠梁选筋

图 3-79　环梁选筋

表 3-22　冠梁选筋

	钢筋级别	选筋
A_{s1}	HRB400	$2\phi16$
A_{s2}	HRB400	$2\phi16$
A_{s3}	HRB400	$\phi16@2$

表 3-23　环梁选筋

	钢筋级别	选筋
A_{s1}	HPB300	$1\phi12$
A_{s2}	HPB300	$1\phi12$
A_{s3}	HPB300	$\phi12@1$

8）截面计算中钢筋类型对应关系如下：

d-HPB300，D-HRB400，E-HRB400，F-RRB400，G-HRBS500，P-HRB400，Q-HRBF400，R-HRBF500。

截面参数、内力取值及选筋类型分别见表3-24~表3-26。

表 3-24　截面参数

桩是否均匀配筋	是	弯矩折减系数	0.85
混凝土保护层厚度/mm	20	剪力折减系数	1.00
桩的纵筋级别	HRB400	荷载分项系数	1.25
桩的螺旋箍筋级别	HRB400	配筋分段数	一段
桩的螺旋箍筋间距/mm	150	各分段长度/m	30.35

表 3-25　剖面 1—1 内力取值

段号	内力类型	弹性法计算值	经典法计算值	内力设计值	内力实用值
1	基坑内侧最大弯矩/kN·m	1161.62	0.00	1357.65	1357.65
	基坑外侧最大弯矩/kN·m	683.20	0.30	798.49	798.49
	最大剪力/kN	615.41	1.87	846.19	846.19

表 3-26　剖面 1—1 选筋类型

序号	选筋类型	级别	钢筋实配值	实配[计算]面积/(mm² 或 mm²/m)
1	纵筋	HRB400	24ϕ25	11781[11318]
	箍筋	HRB400	ϕ12@150	1508[1007]
	加强箍筋	HRB400	ϕ14@2000	154

9）稳定性验算分为整体稳定性验算、倾覆稳定性验算、隆起稳定性验算、渗流稳定性验算、承压水稳定性验算。

① 整体稳定性验算按式（3-28a）、式（3-28b）计算，即

$$\min\{K_{s,1}, K_{s,2}, \cdots, K_{s,i}, \cdots\} \geqslant K_s$$

$$K_{s,i} = \frac{\sum\{c_j l_j + [(q_j b_j + \Delta G_j)\cos\theta - \mu_j l_j]\tan\varphi_j\} + \sum R'_{K,k}[\cos(\theta_k + \alpha_k) + \psi_v]/s_{x,k}}{\sum(q_j b_j + \Delta G_j)\sin\theta_j}$$

计算方法：瑞典条分法。

应力状态：有效应力法。

条分法中的土条宽度：0.50m。

滑裂面数据：圆弧半径 $R = 32.167$m；圆心坐标 $X = -3.865$m；圆心坐标 $Y = 2.040$m。

整体稳定安全系数 $K_{s,i} = 2.357 > 1.25$，满足规范要求。

② 倾覆稳定性验算。多支点结构抗倾覆稳定安全系数按下式计算

$$K_t = \frac{\sum M_{pk}}{\sum M_{ak} + \sum M_w} \tag{3-35}$$

式中　$\sum M_w$——作用在墙上的净水压力绕前趾的力矩之和（kN·m/m）；

$\quad\quad K_t$——支锚式桩墙支护结构抗倾覆稳定安全系数，当前取值1.200，规范要求不应小于1.2；

$\quad\quad M_{ak}$——作用在桩墙外侧的主动土压力对支点（多层支锚为最下层支锚点）的转动力矩标准值，$M_{ak} = aE_a$；

$\quad\quad M_{pk}$——作用在桩墙内侧嵌固段上的被动土压力对支点的抵抗力矩标准值，$M_{pk} = bE_p$。

对于 13 个工况得到其抗倾覆系数分别为：

工况 1，此工况不进行抗倾覆稳定性验算。

工况 2，此工况不进行抗倾覆稳定性验算。

工况 3，此工况不进行抗倾覆稳定性验算。

工况 4，$K_t = \dfrac{194451.037}{13233.132} = 14.694 > 1.200$，满足规范要求。

工况 5，$K_t = \dfrac{147067.122}{26451.682} = 5.560 > 1.200$，满足规范要求。

工况 6，$K_t = \dfrac{111343.316}{17207.218} = 6.471 > 1.200$，满足规范要求。

工况 7，$K_t = \dfrac{83603.798}{24502.840} = 3.412 > 1.200$，满足规范要求。

工况 8，$K_t = \dfrac{78378.41}{21914.836} = 3.552 > 1.200$，满足规范要求。

工况 9，$K_t = \dfrac{78378.41}{21914.836} = 3.552 > 1.200$，满足规范要求。

工况 10，$K_t = \dfrac{78378.41}{21914.836} = 3.552 > 1.200$，满足规范要求。

工况 11，$K_t = \dfrac{78378.41}{21914.836} = 3.552 > 1.200$，满足规范要求。

工况 12，$K_t = \dfrac{78378.41}{21914.836} = 3.552 > 1.200$，满足规范要求。

工况 13，$K_t = \dfrac{78378.41}{21914.836} = 3.552 > 1.200$ 满足规范要求。

其中倾覆安全系数最小为工况 7，其值为 $K_t = 3.412 > 1.200$，满足规范要求。

③ 隆起稳定性验算

a. 板式支护和水泥土重力式围护基坑有软弱下卧层时，按墙底地基承载力模式验算坑底抗隆起稳定性，验算式采用式（2-9a）、式（2-9b）、式（2-9c），即

$$K_b \leqslant \frac{\gamma_{m2} D N_q + c N_c}{\gamma_{m1}(h+D) + q_0}$$

$$N_q = \tan^2\left(45° + \frac{\varphi}{2}\right) e^{\pi \tan\varphi}$$

$$N_c = (N_q - 1)/\tan\varphi$$

得 $\dfrac{18.121 \times 16.360 \times 6.726 + 17.000 \times 15.314}{17.961 \times 30.350 + 20.000} = 3.989 > 1.8$，满足规范要求。

b. 板式支护体系按圆弧滑动模式验算绕最下道内支撑（或锚拉）点的抗隆起稳定性，计算式为

$$\gamma_s M_{Sk} \leqslant \frac{M_{Rk}}{\gamma_{RL}} \tag{3-36}$$

式中 γ_s——作用分项系数，取 1.0；

γ_{RL}——抗隆起分项系数（一级基坑工程取 2.20；二级基坑工程取 1.90；三级基坑工程取 1.70）；

M_{Sk}——最下道内支撑面至围护墙底间的墙后主动土压力及最下道内支撑面至围护墙底间的净水压力（坑内外水压力的差）对最下道内支撑点的倾覆力矩标准值（kN·m/m）；

M_{Rk}——基坑底至围护墙底间的墙前被动土压力对最下道内支撑点的抗倾覆力矩标准值（kN·m/m）。

具体计算略，得到，$1.0 \times 51297.445 > \dfrac{107911.969}{2.2}$，不满足规范要求。

④ 渗流稳定性验算按下式计算

$$K_s i \le i_c \tag{3-37a}$$

$$i_c = \frac{G_s - 1}{(1+e)} = \frac{\gamma'}{\gamma_w} \tag{3-37b}$$

$$i = \frac{h_w}{L} \tag{3-37c}$$

式中 K_s——安全系系数，取 1.5~2.0；

i_c——坑底土体的临界水力梯度；

i——坑底土的渗流水力梯度；

h_w——墙体内外水位差（m）；

L——产生水头损失的最短流线长度（m）；

G_s——土颗粒密度；

e——土的孔隙比。

代入数据得

$$i_c = \frac{8.458}{10.000} = 0.846$$

$$i = \frac{13.990}{42.415} = 0.330$$

数据代入式（3-37a）中，得 $1.000 \times 0.330 < 0.846/2.000$，满足规范要求。

⑤ 抗承压水稳定性验算简图如图 3-80 所示。承压水稳定性验算按下式计算

$$\gamma_s P_{wk} \le \sum \gamma_i h_i / \gamma_{RY} \tag{3-38}$$

式中 γ_s——承压水作用分项系数，取 1.0；

P_{wk}——承压含水层顶部的水压力标准值（kPa）；

γ_i——承压含水层顶面至坑底间各土层的重度（kN/m³）；

h_i——承压含水层顶面至坑底间各土层的厚度（m）；

γ_{RY}——抗承压水分项系数，当前取值 1.05。

则有

$$\gamma_s P_{wk} = (1.000 \times 300.060)\text{kPa} = 300.060\text{kPa}$$

$$\sum \gamma_i h_i / \gamma_{RY} = \left(18.160 \times \frac{19.070}{1.050}\right)\text{kPa}$$

$$= 329.827\text{kPa}$$

其中，300.060 < 329.827 满足式（3-38），基坑底部土抗承压水头稳定。

⑥ 嵌固深度构造验算。计算式为

嵌固构造深度 = 嵌固构造深度系数×基坑深度

代入数据得嵌固构造深度 = 0.200 × 13.990m = 2.798m

嵌固深度采用值 16.260m，16.260m ≥ 2.798m，满足构造要求。

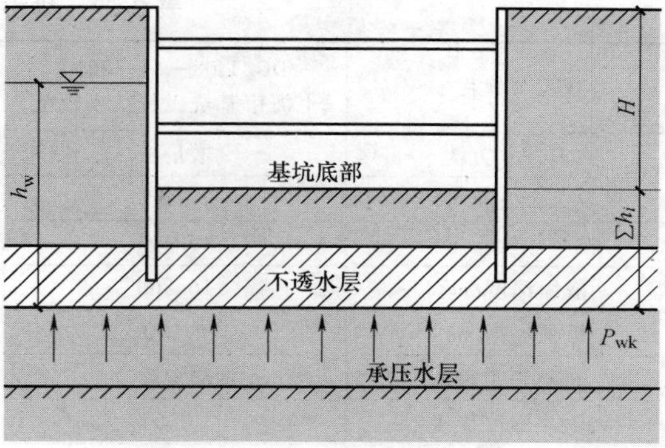

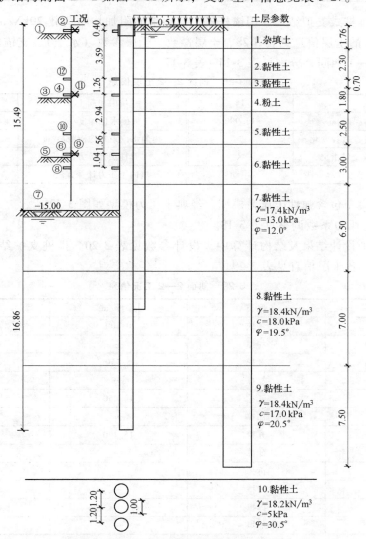

图 3-80　抗承压水稳定性验算简图

3.5.3　电算部分的训练二

1）排桩支护结构剖面 2—2 如图 3-81 所示，支护基本信息见表 3-27。

图 3-81　排桩支护结构剖面 2—2 示意图

表 3-27　排桩支护基本信息

规范与规程	DG/TJ08—61—2010《上海市基坑工程技术规范》	规范与规程	DG/TJ08—61—2010《上海市基坑工程技术规范》
内力计算方法	增量法	有无冠梁	有
基坑工程安全等级	一级	├冠梁宽度/m	1.200
基坑深度 h/m	15.490	├冠梁高度/m	0.800
嵌固深度/m	16.860	└水平侧向刚度/(MN/m)	279.883
桩顶标高/m	0.000	防水帷幕	有
桩材料类型	钢筋混凝土	├防水帷幕高度/m	21.350
混凝土强度等级	C30	└防水帷幕厚度/m	0.850
桩截面类型	圆形	放坡级数	0
└桩直径/m	1.000	超载个数	1
桩间距/m	1.200	支护结构上的水平集中力	0

2）本案例排桩式支护结构采用锚杆式，其中地面附加均布荷载 20kN/m²，支锚道数为 6 道。剖面 2—2 的土层信息见表 3-28、土层参数、土层参数（水土）、支锚信息、支锚调整系数均与剖面 1—1 相同，分别见表 3-14～表 3-17。

表 3-28　剖面 2—2 土层信息

土层数	14	坑内加固土	否
内侧降水最终深度/m	15.990	外侧水位深度/m	0.500
内侧水位是否随开挖过程变化	是	内侧水位距开挖面距离/m	0.500
弹性计算方法按土层指定	✗	弹性法计算方法	m 法
内力计算时坑外土压力计算方法	主动	坑内土压力计算方法	朗肯

3）土压力模型包含弹性土压力模型、经典土压力模型如图 3-72 所示。水土压力模型如图 3-73 所示，土压力系数调整见表 3-18。

4）排桩支护设计结果及结构计算中，设计参数见表 3-20。排桩支护结构剖面 2—2 中包含 13 个工况，各工况信息见表 3-29。

表 3-29　剖面 2—2 工况信息

工况号	工况类型	深度/m	支锚道号
1	开挖	0.700	—
2	加撑	—	1. 内撑
3	开挖	5.550	—
4	加撑	—	3. 内撑
5	开挖	10.050	—
6	加撑	—	5. 内撑
7	开挖	15.490	—
8	加撑	—	6. 内撑
9	拆撑	—	5. 内撑
10	加撑	—	4. 内撑
11	拆撑	—	3. 内撑
12	加撑	—	2. 内撑
13	拆撑	—	1. 内撑

13 个工况如图 3-82 所示。其中，工况 1（开挖 0.7m）与工况 2（加撑 1 为 0.4m）、工况 3（开挖 5.55m）与工况 4（加撑 3 为 5.25m）、工况 5（开挖 10.05m）与工况 6（加撑 5 为 9.75m）、工况 7（开挖 15.49m）与工况 8（加撑 6 为 10.79m）、工况 9（拆撑 5 为 9.75m）与工况 10（加撑 4 为 8.19m）、工况 11（拆撑 3 为 5.25m）与工况 12（加撑 2 为 3.99m）工况图相同。内力位移包络图、地表沉降图分别如图 3-83、图 3-84 所示。

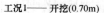

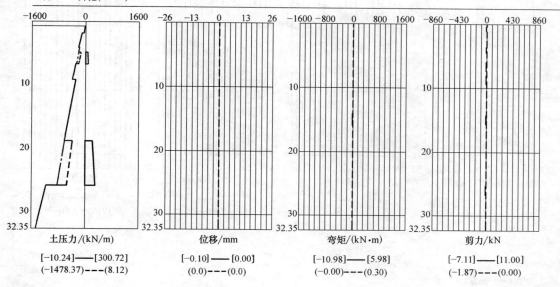

a)

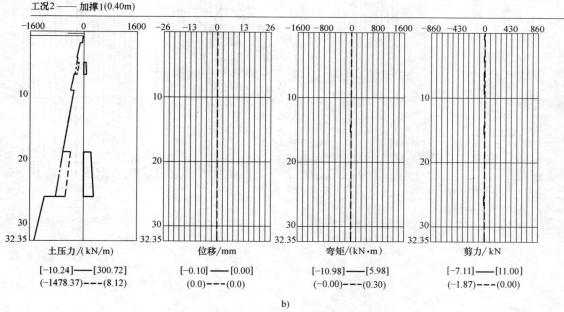

b)

图 3-82　剖面 2—2 工况图

工况3——开挖(5.55m)

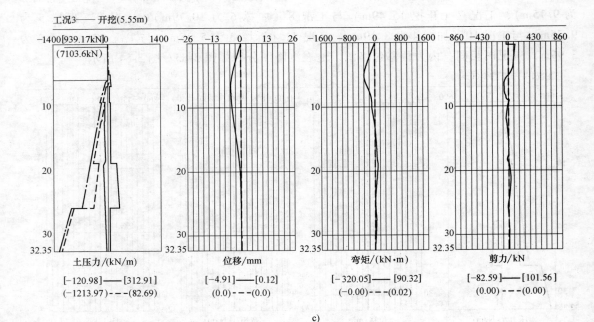

c)

工况4——加撑3(5.25m)

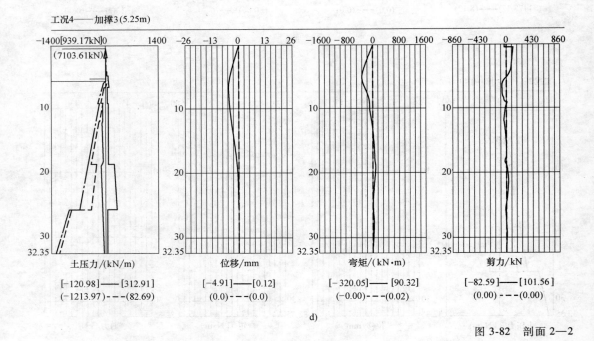

d)

图 3-82　剖面 2—2

工况5——开挖(10.05m)

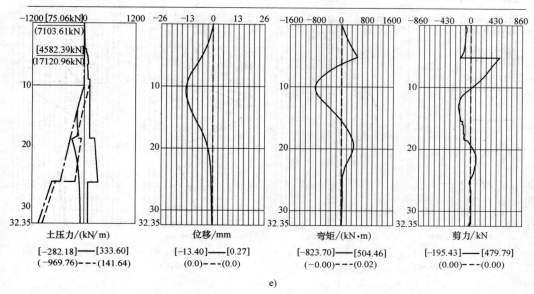

土压力/(kN/m)

[−282.18]——[333.60]
(−969.76)---(141.64)

位移/mm

[−13.40]——[0.27]
(0.0)---(0.0)

弯矩/(kN·m)

[−823.70]——[504.46]
(−0.00)---(0.02)

剪力/kN

[−195.43]——[479.79]
(0.00)---(0.00)

e)

工况6——加撑5(9.75m)

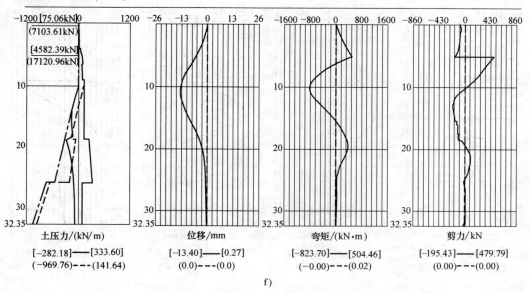

土压力/(kN/m)

[−282.18]——[333.60]
(−969.76)---(141.64)

位移/mm

[−13.40]——[0.27]
(0.0)---(0.0)

弯矩/(kN·m)

[−823.70]——[504.46]
(−0.00)---(0.02)

剪力/kN

[−195.43]——[479.79]
(0.00)---(0.00)

f)

工况图（续）

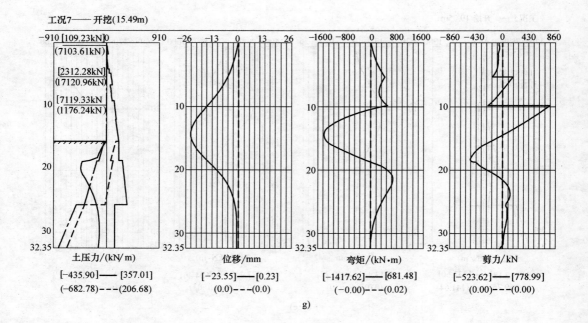

工况7——开挖(15.49m)

土压力/(kN/m)

[−435.90] —— [357.01]
(−682.78)--- (206.68)

位移/mm

[−23.55] —— [0.23]
(0.0)--- (0.0)

弯矩/(kN·m)

[−1417.62] —— [681.48]
(−0.00)--- (0.02)

剪力/kN

[−523.62] —— [778.99]
(0.00)--- (0.00)

g)

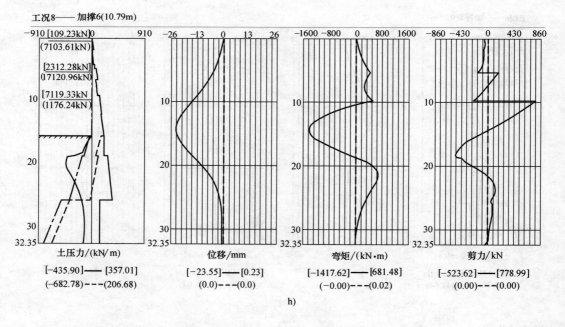

工况8——加撑6(10.79m)

土压力/(kN/m)

[−435.90] —— [357.01]
(−682.78)--- (206.68)

位移/mm

[−23.55] —— [0.23]
(0.0)--- (0.0)

弯矩/(kN·m)

[−1417.62] —— [681.48]
(−0.00)--- (0.02)

剪力/kN

[−523.62] —— [778.99]
(0.00)--- (0.00)

h)

图 3-82　剖面 2—2

工况9——拆撑5(9.75m)

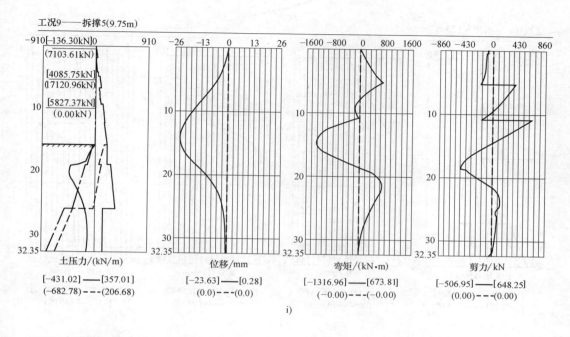

土压力/(kN/m)

[−431.02] —— [357.01]
(−682.78) --- (206.68)

位移/mm

[−23.63] —— [0.28]
(0.0) --- (0.0)

弯矩/(kN·m)

[−1316.96] —— [673.81]
(−0.00) --- (−0.00)

剪力/kN

[−506.95] —— [648.25]
(0.00) --- (0.00)

i)

工况10——加撑4(8.19m)

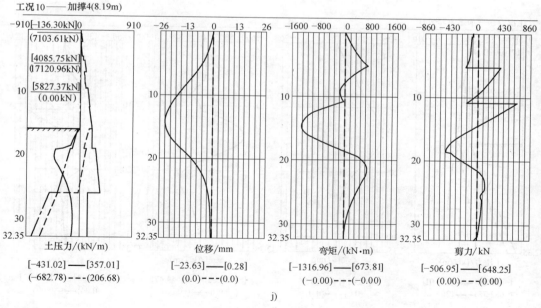

土压力/(kN/m)

[−431.02] —— [357.01]
(−682.78) --- (206.68)

位移/mm

[−23.63] —— [0.28]
(0.0) --- (0.0)

弯矩/(kN·m)

[−1316.96] —— [673.81]
(−0.00) --- (−0.00)

剪力/kN

[−506.95] —— [648.25]
(0.00) --- (0.00)

j)

工况图（续）

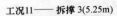

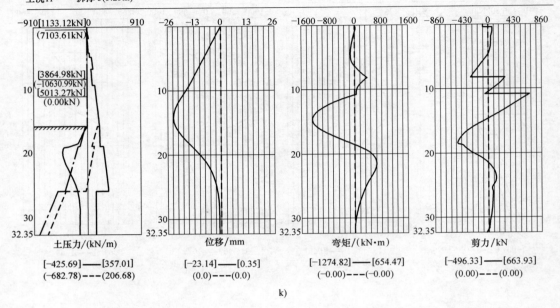

工况11—— 拆撑 3(5.25m)

土压力/(kN/m)

[-425.69] —— [357.01]
(-682.78) ---- (206.68)

位移/mm

[-23.14] —— [0.35]
(0.0) ---- (0.0)

弯矩/(kN·m)

[-1274.82] —— [654.47]
(-0.00) ---- (-0.00)

剪力/kN

[-496.33] —— [663.93]
(0.00) ---- (0.00)

k)

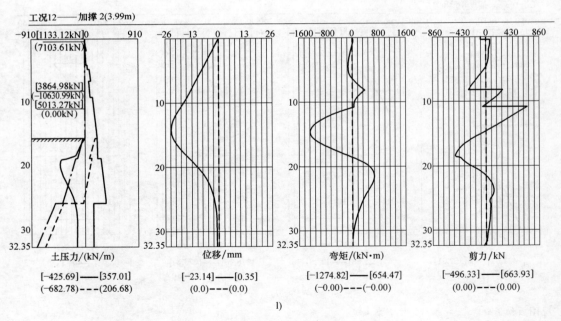

工况12—— 加撑 2(3.99m)

土压力/(kN/m)

[-425.69] —— [357.01]
(-682.78) ---- (206.68)

位移/mm

[-23.14] —— [0.35]
(0.0) ---- (0.0)

弯矩/(kN·m)

[-1274.82] —— [654.47]
(-0.00) ---- (-0.00)

剪力/kN

[-496.33] —— [663.93]
(0.00) ---- (0.00)

l)

图 3-82　剖面 2—2 工况图（续）

工况13——拆撑 1(0.40m)

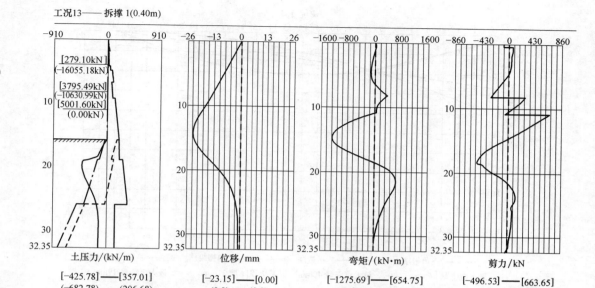

图 3-82　剖面 2—2 工况图（续）

工况13——拆撑 1(0.40m)　　　　　　　　　　　包络图

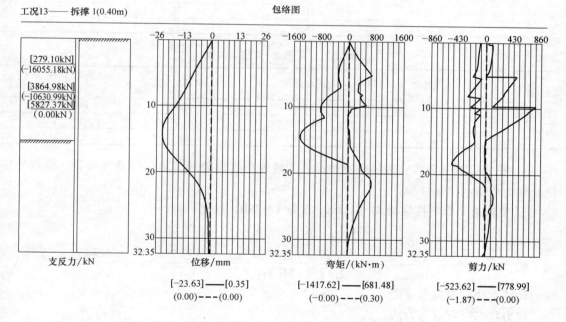

图 3-83　剖面 2—2 内力位移包络图

5）截面计算对钢筋类型对应关系如下：

d-HPB300，D-HRB400，E-HRB400，F-RRB400，G-HRBS500，P-HRB400，Q-HRBF400，R-HRBF500。

内力取值及选筋类型分别见表 3-30、表 3-31。

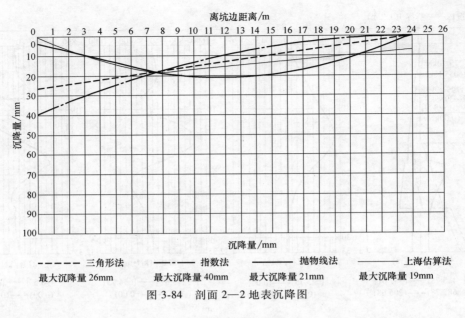

图 3-84　剖面 2—2 地表沉降图

表 3-30　剖面 2—2 内力取值

段号	内力类型	弹性法计算值	经典法计算值	内力设计值	内力实用值
1	基坑内侧最大弯矩/kN·m	1417.62	0.00	1656.85	1656.85
	基坑外侧最大弯矩/kN·m	681.48	0.30	796.48	796.48
	最大剪力/kN	778.99	1.87	1071.11	1071.11

表 3-31　剖面 2—2 选筋类型

段号	选筋类型	级别	钢筋实配值	实配[计算]面积 /(mm² 或 mm²/m)
1	纵筋	HRB400	29φ25	14235[14113]
	箍筋	HRB400	φ14@150	2053[1527]
	加强箍筋	HRB400	φ14@2000	154

6）稳定性验算分为：整体稳定性验算、倾覆稳定性验算、隆起稳定性验算、渗流稳定性验算、承压水稳定性验算。

① 整体滑动稳定性应按式（3-28a）、式（3-28b）计算，即

$$\min\{K_{s,1}, K_{s,2}, \cdots, K_{s,i}, \cdots\} \geq K_s$$

$$K_{s,i} = \frac{\sum\{c_j l_j + [(q_j b_j + \Delta G_j)\cos\theta_j - \mu_j l_j]\tan\varphi_j\} + \sum R'_{k,k}[\cos(\theta_k + \alpha_k) + \psi_v]/s_{x,k}}{\sum(q_j b_j + \Delta G_j)\sin\theta_j}$$

计算方法：瑞典条分法。

应力状态：有效应力法。

条分法中的土条宽度：0.50m。

滑裂面数据：圆弧半径　　　　　$R = 29.730$m；

圆心坐标　　　　　　　　　$X = -2.376$m；

圆心坐标　　　　　　　　　$Y = 0.001$m。

整体稳定安全系数 $K_{s,i} = 2.138 > 1.25$，满足规范要求。

② 倾覆（踢脚破坏）稳定性验算。多支点结构抗倾覆稳定安全系数按式（3-35）计算，即

$$K_t = \frac{\sum M_{pk}}{\sum M_{ak} + \sum M_w}$$

对于 13 个工况得到其抗倾覆系数分别为：

工况 1，此工况不进行抗倾覆稳定性验算。

工况 2，此工况不进行抗倾覆稳定性验算。

工况 3，此工况不进行抗倾覆稳定性验算。

工况 4，得到 $K_t = \dfrac{208826.057}{18599.307} = 11.228 > 1.200$，满足规范要求。

工况 5，得到 $K_t = \dfrac{16318.575}{36465.884} = 4.481 > 1.200$，满足规范要求。

工况 6，得到 $K_t = \dfrac{127365.049}{24903.242} = 5.114 > 1.200$，满足规范要求。

工况 7，得到 $K_t = \dfrac{90104.427}{39156.179} = 2.301 > 1.200$，满足规范要求。

工况 8，得到 $K_t = \dfrac{84732.056}{35515.133} = 2.386 > 1.200$，满足规范要求。

工况 9，得到 $K_t = \dfrac{84732.056}{35515.133} = 2.386 > 1.200$，满足规范要求。

工况 10，得到 $K_t = \dfrac{84732.056}{35515.133} = 2.386 > 1.200$，满足规范要求。

工况 11，得到 $K_t = \dfrac{84732.056}{35515.133} = 2.386 > 1.200$，满足规范要求。

工况 12，得到 $K_t = \dfrac{84732.056}{35515.133} = 2.386 > 1.200$，满足规范要求。

工况 13，得到 $K_t = \dfrac{84732.056}{35515.133} = 2.386 > 1.200$，满足规范要求。

其中倾覆安全系数最小为工况 7，则最最小安全 $K_t = 2.301 > 1.200$，满足规范要求。

③ 隆起稳定性验算

a. 板式支护和水泥土重力式围护基坑有软弱下卧层时，按墙底地基承载力模式验算坑底抗隆起稳定性，验算式采用式（2-9a）、式（2-9b）、式（2-9c）计算，即

$$K_b \le \frac{\gamma_{m2} D N_q + c N_c}{\gamma_{m1}(h+D) + q_0}$$

$$N_q = \tan^2\left(45° + \frac{\varphi}{2}\right) e^{\pi\tan\varphi}$$

$$N_c = (N_q - 1)/\tan\varphi$$

得 $\dfrac{18.121 \times 16.860 \times 6.726 + 17.000 \times 15.314}{17.988 \times 32.350 + 20.000} = 3.85 > 1.8$，满足规范要求。

b. 板式支护体系按圆弧滑动模式验算绕最下道内支撑（或锚拉）点的抗隆起稳定性，

应按式（3-36）计算，即

$$\gamma_s M_{Sk} \leqslant \frac{M_{Rk}}{\gamma_{RL}}$$

得到，$1.0 \times 68204.438 \geqslant \dfrac{136796.906}{2.2}$，不满足式（3-36），即不满足规范要求。

④ 抗渗流稳定性验算按式（3-37）计算，即

$$K_s i \leqslant i_c$$

$$i_c = \frac{G_s - 1}{(1+e)} = \frac{\gamma'}{\gamma_w}$$

$$i = \frac{h_w}{L}$$

代入数据得

$$i_c = \frac{8.729}{10.000} = 0.873$$

$$i = \frac{15.490}{40.165} = 0.386$$

代入式（3-37a）得：

$$01.000 \times 0.386 < 0.873 / 2.000$$

满足规范要求。

⑤ 承压水稳定性验算简图如图 3-80 所示。承压水稳定性验算按式（3-38）计算，即

$$\gamma_s P_{wk} \leqslant \sum \gamma_i h_i / \gamma_{RY}$$

$$\gamma_s P_{wk} = (1.000 \times 300.060)\,\text{kPa} = 300.060\,\text{kPa}$$

$$\sum \gamma_i h_i / \gamma_{RY} = \left(18.223 \times \frac{19.070}{1.050}\right)\,\text{kPa} = 330.970\,\text{kPa}$$

300.060<330.970，满足基坑底部土抗承压水头稳定。

⑥ 嵌固深度构造验算。计算式为

嵌固构造深度 = 嵌固构造深度系数×基坑深度

代入数据得到嵌固构造深度 = $(0.200 \times 15.490)\,\text{m} = 3.098\,\text{m}$

嵌固深度采用值为 16.860m，得到 16.860m>3.098m，满足构造要求。

3.5.4 电算部分的训练——理正软件的应用技巧

图 3-85 深基坑整体计算内容

1. 整体计算大致流程

应用深基坑支护结构设计软件——理正软件时，深基坑整体计算内容、整体计算大致示意图分别如图 3-85、图 3-86 所示。

（1）整体计算中方案设计　方案设计中设置信息表如图 3-87 所示。在当前方案信息中，

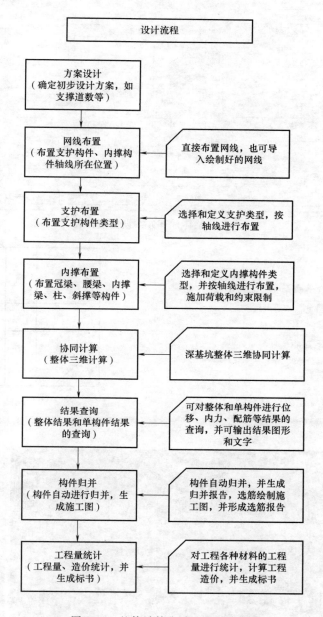

图 3-86　整体计算大致流程示意图

名称为"支撑围护三维"结构中采用内支撑并设置了冠梁。

（2）整体计算中网线布置　深基坑中网线布置一般线型可选用直线、弧线；不能用圆、矩形、构造线、多段线。

关于网线布置的方法：

1）用 CAD 进行建模另存为 . DXF 文件，直接导入 DXF 文件，如图 3-88 所示。

2）通过理正"深基坑"→"网线布置"绘制相应网线，如图 3-89 所示。

（3）支护布置

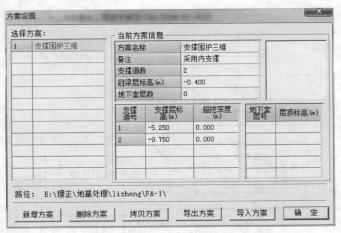

图 3-87　整体计算方案设置信息表

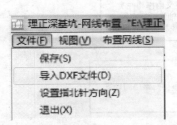

图 3-88　网线布置建模保存 DXF 文件

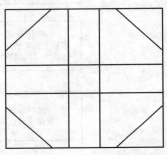

图 3-89　网线布置图

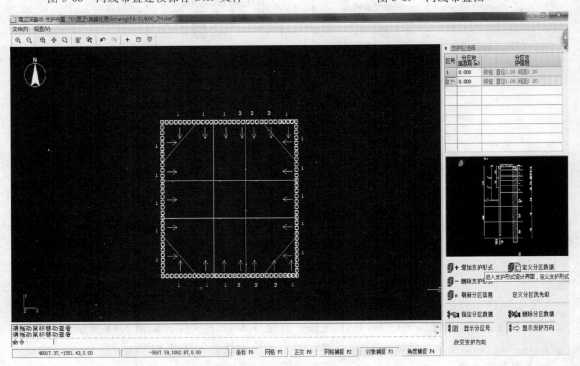

图 3-90　支护布置图

1）关于支护布置流程：增加支护形式→选择支护区号→定义分区数据→输入相应土层及支护参数→指定分区数据→保存。支护布置如图 3-90 所示，图中标高系统可以地面为±0，也可按照实际的海拔高程。支护类型里面桩（墙）顶标高是相对该单元的地面而言，其余的标高都相对本工程的±0 而言。

2）流程示意：

根据支护布置流程中，增加支护形式，如图 3-91 所示。

选择支护区号，如图 3-92 所示。

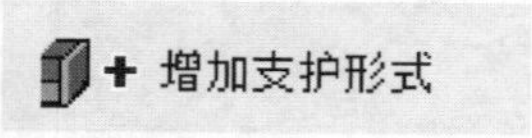

＋增加支护形式

图 3-91　增加支护形式

区号	分区地面高程(m)	分区支护信息
1 ▱	0.000	排桩 直径1.00 间距1.20
2	0.000	排桩 直径1.00 间距1.20

图 3-92　选择支护区号

定义分区数据并输入相应土层及支护参数，如图 3-93 所示。

指定分区数据支护布置图，如图 3-94 所示。

（4）内撑布置

1）内支撑布置构件一般包括冠梁、腰梁、内撑、立柱、斜撑、锚杆。

① 冠梁是设置在基坑周边支护（围护）结构（多为桩和墙）顶部的钢筋混凝土连续梁。

② 腰梁是腰梁设置在支护结构顶部以下传递支护结构与锚杆支点力的钢筋混凝土梁或钢梁。

③ 内撑是基坑内部支护结构。内支撑梁往往布置成平面网状，基坑较深，内支撑梁上下可布置多道。

④ 立柱是指在基坑中支承支撑体系的柱子，本案例中立柱只需在冠梁层中布置。

⑤ 斜撑设置在建筑的外围四周，形成空间桁架，可以有效增大结构的刚度和增大结构的抗震能力。

⑥ 锚杆是深入地层的受拉构件，是锚杆支护的重要组成部分。锚杆支护是指在边坡、岩土深基坑等地表工程及隧道、采场等地下硐室施工中采用的一种加固支护方式。用金属件、木件、聚合物件或其他材料制成杆柱，打入地表岩体或硐室周围岩体预先钻好的孔中，利用其头部、杆体的特殊构造和尾部托板（亦可不用），或依赖于黏结作用将围岩与稳定岩体结合在一起而产生悬吊效果、组合梁效果、补强效果，以达到支护的目的。

定义分区数据

图 3-93　定义分区数据并输入相应土层及支护参数

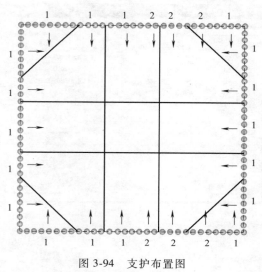

图 3-94　支护布置图

2）关于内撑布置流程：定义界面形式及材料→选取相应支撑层→布置对应内支撑、立柱、冠梁等→三维观察→统一数检。

内支撑布置构件属性（混凝土）、内支撑布置构件属性（钢材）如图 3-95 所示，在图

3-95b 中截面为型钢格构柱[⊖]，图中截面为第一道内支撑截面数据。

截面表定义[⊖]（梁）、截面表定义（柱）如图 3-96 所示。

材料表定义[⊜]及选择材料如图 3-97、图 3-98 所示。

布置对应内支撑、立柱、冠梁等，三维构造图如图 3-99 所示。

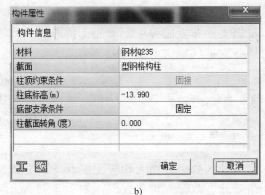

图 3-95　内支撑布置构件属性

a）混凝土　b）钢材

图 3-96　截面表定义

a）梁　b）柱

⊖　格构柱作为压弯构件，多用于厂房框架柱和独立柱，截面一般为型钢或钢板设计成的双轴对称或单轴对称截面。格构体系构件由肢件和缀材组成，肢件主要承受轴向力，缀材主要抵抗侧向力（相对于肢体轴向而言）。格构柱缀材形式主要有缀条和缀板。

⊖　截面表定义图形按钮为 （图 3-95）。在截面表定义中 I_x 表示对 x 轴的截面惯性矩，I_γ 表示抗扭惯性矩。截面惯性矩是指截面各微元面积与各微元至截面上某一指定轴线距离二次方乘积的积分。截面惯性矩是衡量截面抗弯能力的一个几何参数。

⊜　材料表定义图形按钮是 ▦（图 3-95）。在材料表定义中，材料与截面要匹配；修改截面和材料时一定要进入"从库中选取"，不能在"描述中修改"。剪切模量 G（modulus of rigidity）指的是材料常数，是剪切应力与应变的比值，又称切变模量或刚性模。材料在弹性变形阶段，其应力和应变成正比例关系（即符合胡克定律），其比例系数称为弹性模量 E。

图 3-97　材料表定义

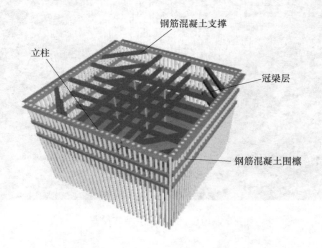

a)

b)

图 3-98　选择材料

a）混凝土　b）钢材

图 3-99　三维构造图

（5）协同计算 深基坑三维整体计算如图 3-100 所示。

（6）结果查询 整体结构查询分别包括：整体三维结构、桩内力（三维）、墙内力（三维）、腰梁内力（三维）、支撑梁内力（三维）、柱内力（三维）、冠梁层（平面）、第一层内支撑（平面）、第二层内支撑（平面）。

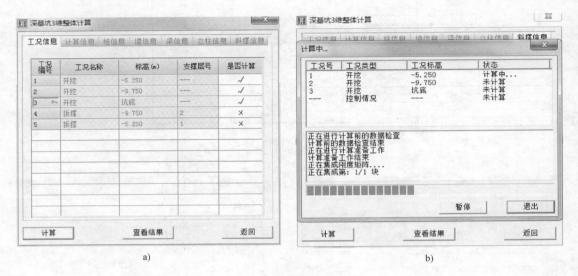

图 3-100 基坑整体计算

整体三维结构结果如图 3-101 所示。

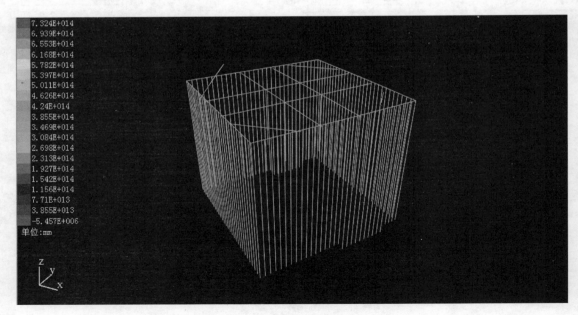

图 3-101 整体三维结构结果

桩内力（三维）结构结果如图 3-102 所示。

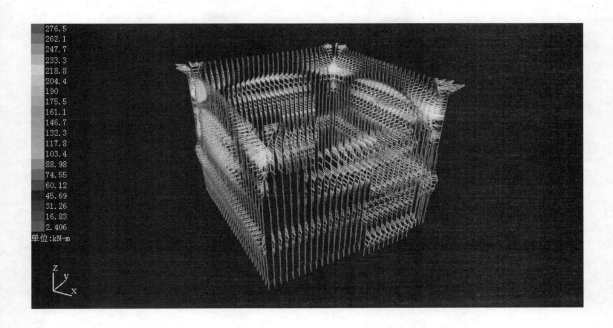

图 3-102　桩内力（三维）结构结果

墙内力（三维）结构结果如图 3-103 所示。

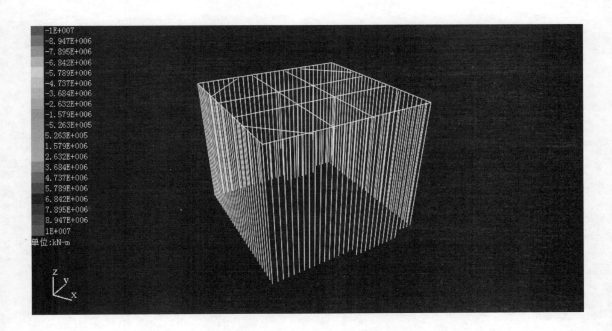

图 3-103　墙内力（三维）结构结果

腰梁内力（三维）结构结果如图 3-104 所示。

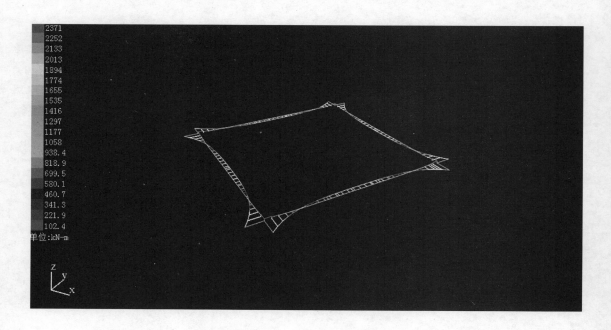

图 3-104　腰梁内力（三维）结构结果

支撑梁内力（三维）结构结果如图 3-105 所示。

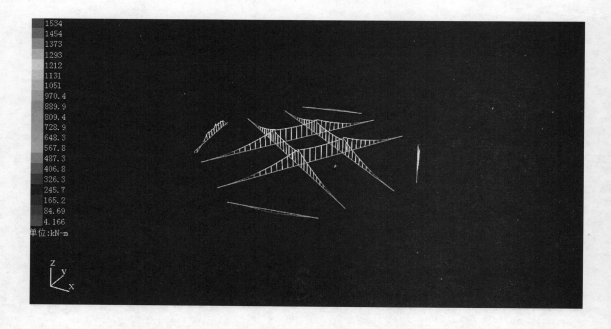

图 3-105　支撑梁内力（三维）结构结果

柱内力（三维）结构结果如图 3-106 所示。

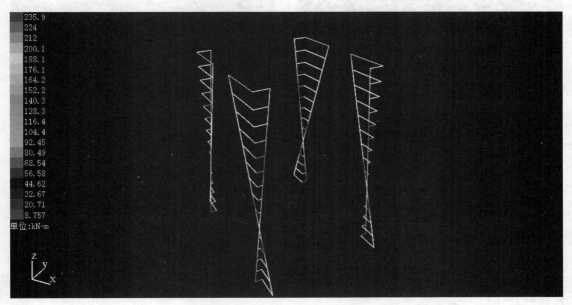

图 3-106 柱内力（三维）结构结果

冠梁层（平面）结构结果如图 3-107 所示。

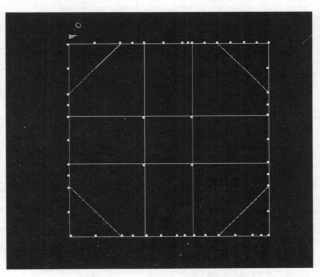

图 3-107 冠梁层（平面）结构结果

第一层内支撑（平面）结构结果如图 3-108 所示。

第二层内支撑（平面）结构结果如图 3-109 所示。

（7）整体计算结果

1）桩内力（三维）。在［第 1 工况：开挖］，支护结构-排桩计算结果，桩 Z-1。

整体计算结果：①位移结果中，桩顶为 7.19mm、坑底为 7.55mm、桩底为 7.14mm、最大为 8.29mm；②内力结果（轴压为正）；③基坑侧弯矩为 223.22kN·m，挡土侧弯矩为

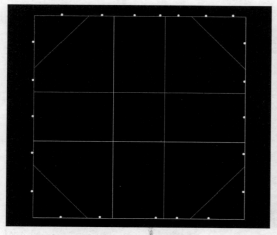

图 3-108　第一层内支撑（平面）结构结果

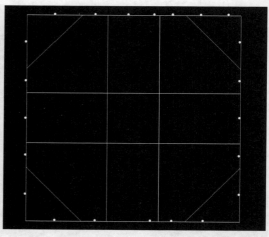

图 3-109　第二层内支撑（平面）结构结果

-203.60kN·m；④剪力为 113.16kN；⑤基坑侧最大弯矩处轴力为 28.04kN，挡土侧最大弯矩处轴力 28.04kN；⑥扭矩为 -0.00；⑦配筋结果，只考虑基坑法向内力，纵筋为 4712mm²；箍筋为 1119mm²/m。

2）腰梁内力。在［第 1 工况：开挖］，支护结构-排桩计算结果，腰梁 YL-1。位移结果、内力结果（轴压为正）、配筋结果如图 3-110 所示。

位移结果：

	起点	中点	终点	最大值
坑内(mm)：	0.36	5.14	12.43	----
坑外(mm)：	----	----	----	----
轴向(mm)：	-7.27	-6.79	-6.93	
竖向(mm)：	0.35	0.26	0.17	

内力结果(轴压为正)：

	起点	中点	终点
水平弯矩(+)(kN-m)：	2369.31	339.40	0.00
水平弯矩(-)(kN-m)：	0.00	0.00	-432.39
竖向弯矩(+)(kN-m)：	0.00	0.00	3.84
竖向弯矩(-)(kN-m)：	-305.66	-32.93	0.00
水平剪力(kN)：	-597.87	-308.50	-94.37
竖向剪力(kN)：	11.71	-11.74	-8.41
轴　力(kN)：	672.20	597.27	573.88
扭　矩(kN-m)：	164.00	-240.69	-289.26

配筋结果：
注：若有蓝色数字，表示构造配筋。

	起点	中点	终点
水平左侧纵筋(mm²)：	10580	2697	2697
水平右侧纵筋(mm²)：	10580	2697	2697
竖向上侧纵筋(mm²)：	3670	3085	3085
竖向下侧纵筋(mm²)：	3670	3085	3085
水平箍筋(mm²/m)：	1021	1924	2334
竖向箍筋(mm²/m)：	1780	1924	2334

图 3-110　腰梁内力计算

3）支撑梁内力：支撑梁 ZCL-1。位移结果、内力结果（轴压为正）、配筋结果如图 3-111 所示。

位移结果：

	起点	中点	终点	最大值
x (mm)：	0.00	0.00	0.00	---
y (mm)：	0.00	0.00	0.00	---
z (mm)：	25841562025984.00	29839503392768.00	33836190662656.00	---
合成 (mm)：	25841562025984.00	29839503392768.00	33836190662656.00	3383

内力结果（轴压为正）：

	起点	中点	终点
水平弯矩(+) (kN-m)：	0.00	0.00	0.00
水平弯矩(-) (kN-m)：	-0.00	-0.00	-0.00
竖向弯矩(+) (kN-m)：	0.00	219.19	0.00
竖向弯矩(-) (kN-m)：	-5.37	0.00	-13.48
水平剪力(kN)：	0.00	0.00	0.00
竖向剪力(kN)：	-28.75	24.49	-17.84
轴 力(kN)：	-0.00	-0.00	-0.00
扭 矩(kN-m)：	-13.04	-16.17	-1.60

配筋结果：
注：若有蓝色数字，表示构造配筋。

	起点	中点	终点
水平左侧纵筋(mm²)：	1784	1855	1593
水平右侧纵筋(mm²)：	1784	1855	1593
竖向上侧纵筋(mm²)：	1827	1907	1612
竖向下侧纵筋(mm²)：	1827	1907	1612
水平箍筋(mm²/m)：	1186	1186	1186
竖向箍筋(mm²/m)：	1335	1335	1335

图 3-111　支撑梁内力计算

4）柱内力：立柱 LZ-1。位移结果、内力结果（轴压为正），如图 3-112 所示。

位移结果：

	上	中	下
x (mm)：	0.16	8.33	0.00
y (mm)：	-0.01	7.02	0.00
z (mm)：	-1.54	-0.78	0.00
合成 (mm)：	1.55	10.92	0.00

内力结果（轴压为正）：

	上	中	下
截面x向弯矩(+) (kN-m)：	0.00	0.00	38.31
截面x向弯矩(-) (kN-m)：	-76.43	-19.07	0.00
截面y向弯矩(+) (kN-m)：	235.92	59.26	0.00
截面y向弯矩(-) (kN-m)：	0.00	0.00	-117.45
截面x向剪力(kN)：	8.44	8.44	8.44
截面y向剪力(kN)：	-26.00	-26.00	-26.00
轴 力(kN)：	594.25	607.90	621.54
扭 矩(kN-m)：	-0.00	-0.00	-0.00

图 3-112　柱内力计算

（8）构件归并　构件归并如图 3-113 所示。

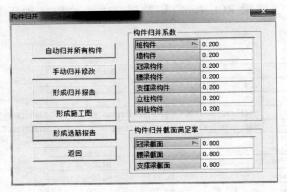

图 3-113　构件归并

3.6　排桩式围护结构常见的工程问题及处理措施

排桩是围护结构中桩间渗水、流砂以及桩间土塌落、桩间护壁破损。

1. 桩间渗水、流砂

排桩与截水帷幕搭接时，如果桩与帷幕之间未完全搭接，则可能出现桩间渗水、流砂现象，使基坑周围土体下沉，导致相邻建筑物、道路、地下管线不均匀沉降。可以采用以下措施：

1) 设计时，增加桩与止水帷幕的搭接宽度。

2) 严格控制桩和帷幕的定位和垂直度。

3) 高压喷射注浆帷幕，施工时采用较小的提升速度，较大的喷射压力，增加水泥用量并及时进行帷幕堵漏，防止流砂使土体产生孔洞。

2. 桩间塌落、桩间护壁破损

出现桩间土塌落、桩间护壁破损时，可采取以下措施：

1) 设计时，针对具体土层条件采取效果好的桩间护壁方式。

2) 开挖后桩间土不稳固时，可在桩间护壁面层施工前，先及时用喷射混凝土防护。

3) 桩间土塌落形成空洞时，先采用沙袋填充、钢筋网喷射混凝土护壁，再对未填充密实的空隙采用打入钢花管注入水泥浆等方式修补。

4) 因冻胀、漏水等原因使桩间护壁面层脱落、破损、护壁后出现空洞时，应及时修补加固或返修面层、对空隙进行注浆填充。

第4章 排水固结法设计与施工

4.1 排水固结法概述

排水固结法是在建筑物建造前，对天然地基或对已设置竖向排水体的地基加载预压，使土体固结沉降基本完成或大部分完成，从而提高地基土强度的一种地基加固方法。

1. 排水固结系统的主要组成部分

排水固结系统由排水系统与加压系统组成，如图 4-1 所示。

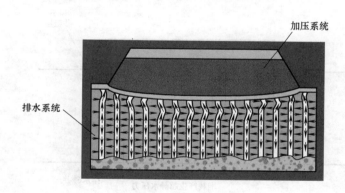

图 4-1　排水固结系统的组成

加压系统为地基提供固结压力，使地基产生附加压力而发生排水固结（给地基提供排水固结动力）。加压系统的加载法包括：堆载预压法、超载预压法、建筑自重分级加载法、真空预压法、降水预压法、电渗法、联合法。（加压的关键是提高压力场梯度值）

排水系统是为改善原地基天然排水系统的边界条件，增加孔隙水排出路径、缩短排水距离（加速地基土排水固结进程）。排水系统包括竖向排水体系和水平排水体系。竖向排水体系含普通砂井、袋装砂井、塑料排水板及其他排水方式。水平排水体为砂垫层。（排水的关键是排水通道便于施工、透水性好）

2. 排水固结法的排水系统与加压系统的关系

加压系统是地基实现排水固结的基本保证，排水系统是实现地基内水体顺利排出的一种有效手段。二者关系是：如果没有加压系统，没有压力差孔隙中的水就不会自然排出，地基也就得不到加固；如果只增加固结压力，不缩短土层的排水距离，则不能在预压期间尽快地完成设计所要求的沉降量，强度不能及时提高，加载也不能顺利进行。

排水系统和加压系统通过改变地基应力场中的总应力 σ 和孔隙水压力 u 来增大有效应力 σ'，实现压缩土层的目的。

3. 排水固结法一般适用条件

排水固结法一般适用于饱和软黏土、吹填土、松散粉土、新近沉积土、有机质土及泥炭土地基，应用范围包括路堤、仓库、罐体、飞机跑道及轻型建筑物等。

4.2 排水固结法的原理及目的

4.2.1 排水固结法的基本原理

排水固结法（又称预压法）主要包括：堆载预压法、真空预压法、降水预压法、电渗排水预压法。其基本原理如下：

（1）堆载预压法　用填土等外荷载对地基预压而增加地基总应力 σ，使孔隙水压力 u 消散来增加有效应力 σ'。砂井堆载预压排水固结如图 4-2 所示。

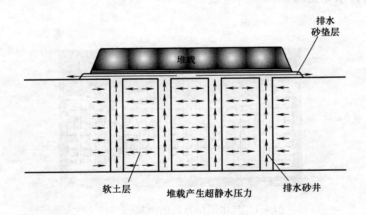

图 4-2　砂井堆载预压排水固结示意图

（2）真空预压法　通过对覆盖于地面的密封膜下方抽真空，使膜内外形成气压差（总压力不变，仍为大气压及土体自重压力），减少孔隙水压力，增加有效应力。土层在负的超静水压力下排水固结，称为负压固结，真空预压法排水固结。如图 4-3 所示。

（3）降水预压法　在总应力不变的情况下，通过减小地基内孔隙水压力来增加有效应力。降水预压是土层在负的超静水压力下排水固结，属于负压固结。

（4）电渗排水预压法　也是在总应力不变情况下，减小地基内孔隙水压力来增加有效应力。在土中插入金属电极，通以直流电，借助电场作用使土中水从阳极流向阴极排走，且不让水在阳极附近补充，从而降低土中的含水量或地下水位，加速固结。

真空预压、降水预压和电渗排水预压方法由于不增加剪应力，地基不会产生剪切破坏，适用于很软弱的黏土地基的排水固结处理，而且也不需要控制加载速率。

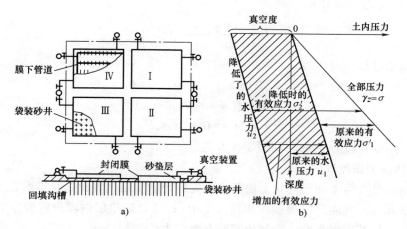

图 4-3　真空预压法排水固结

a）真空预压过程示意图　b）增加的有效应力

　　总之，排水固结的原理是地基在荷载作用下，通过布置竖向排水井（砂井或塑料排水带等），使土中的孔隙水被慢慢排出，孔隙比减小，地基发生固结变形，地基土的强度逐渐增长。

4.2.2　排水固结法加固原理

1. 堆载预压加固原理

　　如图 4-4a 所示，预压力学变化过程是：①假定土体天然固结压力 σ_0' 对应的孔隙比为 e_0（对应 a 点）；②压力增加 $\Delta\sigma'$，孔隙比减小 Δe，固结终止于 c 点（压缩曲线 abc），对应的抗剪强度增加 $\Delta\tau$；③c 点卸压 $\Delta\sigma'$（卸荷曲线 cef），孔隙比增大值 $\Delta e'$，土体抗剪强度下降 $\Delta\tau'$。由于 $\Delta e'<\Delta e$，$\Delta\tau'<\Delta\tau$，即大部分压缩变形在预压阶段已经消除（再压缩曲线 fgc'）。土体经预压之后，压缩变形量得以提前完成。

　　超载预压排水固结法对地基施加的荷载大于建（构）筑荷载，如图 4-4 中的 d 点所对应的压力，它会进一步增大地层的固结程度，大大减少地基的沉降量。

　　关于加载的固结过程，根据土力学，地基内某点总应力 σ、有效应力 σ' 及孔隙水压力 u 之间的关系按下式计算

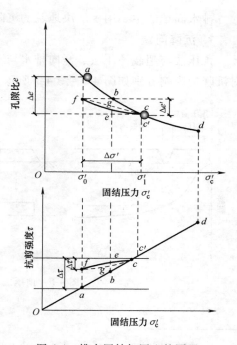

图 4-4　排水固结加固土的原理

$$\sigma'=\sigma-u \qquad (4-1)$$

固结度$^\ominus$ U 可按下式计算

$$U = \frac{\sigma'}{\sigma'+\mu}\left(= \frac{\sigma'}{\sigma} = 1 - \frac{u}{\sigma} \right) \tag{4-2}$$

加载的固结过程可表达为

$$t = 0 \text{ 时}, u = \sigma, \sigma' = 0, U = 0 \tag{4-3a}$$

$$t > 0 \text{ 时}, \sigma = u + \sigma', 0 < u < 1 \tag{4-3b}$$

$$t \propto \infty \text{ 时 } u = 0, \sigma' = \sigma, U = 1 \tag{4-3c}$$

显然，U 随有效应力 σ' 的增加而增大并趋近于 1。

2. 真空预压加固原理

真空预压法是在需要加固的软土地基表面先铺设砂垫层，埋设垂直排水管道，再用不透气的封闭膜使其与大气隔绝（薄膜四周埋入土中）；通过砂垫层内埋设的吸水管道，用真空装置进行抽气，使其形成真空，增加地基的有效应力。

当抽真空时，先后在地表砂垫层及竖向排水通道内逐步形成负压，使土体内部与排水通道、垫层之间形成压差。在此压差作用下，土体中的孔隙水不断由排水通道排出，从而使土体固结。

因此，真空预压加固的原理主要为：

1）薄膜上面承受等于薄膜内外压差的荷载。

2）地下水位降低，相应增加附加应力。

3）封闭气泡排出，土的渗透性加大。

4.2.3 应用排水固结法的目的

排水固结法主要用于解决地基的沉降问题和稳定问题。

1. 沉降问题

预压法与超载预压法、竖向排水与不采用竖向排水、不排水条件下等载预压与超载预压对沉降的影响分别如图 4-5～图 4-7 所示。

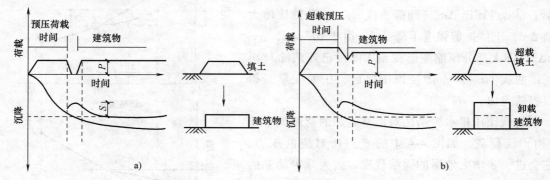

图 4-5　预压法与超载预压法对沉降影响对比

a）预压法　b）超载预压法

$\ominus$　固结度表征土的固结程度，是指土层或土样在某一级荷载下的固结过程中某一时刻孔隙水压力平均消散值或压缩量与初始孔隙水压力增量或最终压缩量的比值，以百分率表示。通俗地讲就是某一时刻的压缩量与最终压缩量之比。

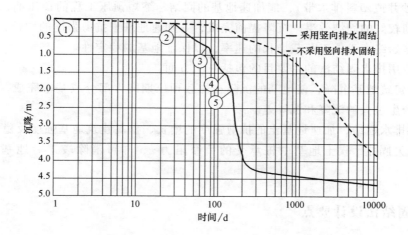

图 4-6　竖向排水固结与不采用竖向排水固结的实测沉降-时间曲线对比

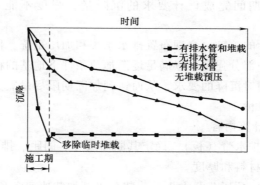

图 4-7　不排水-等载预压排水-超载预压排水的沉降曲线

2. 稳定问题

竖向排水系统提高边坡稳定性如图 4-8 所示。

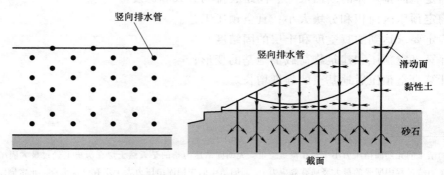

图 4-8　竖向排水提高边坡稳定性

为了加速固结，最有效的办法就是在天然土层中增加排水途径，缩短排水距离。设置竖向排水井（砂井或塑料排水带），能加速地基的固结，缩短预压工程的预压期，使地基土在短时期内达到较好的固结效果，沉降提前完成，并加速地基土抗剪强度的增长，使地基承载力提高的速率始终大于施工荷载增长的速率，以保证地基的稳定性。

总之，应用排水固结法的主要目的包括三个方面：

1）减少建筑地基沉降，使地基的沉降在加载预压期间大部分或基本完成，使建筑物在使用期间不产生过大的沉降和沉降差。

2）通过排水固结，加速地基土的抗剪强度的增长，提高建筑地基强度及稳定性。

3）消除欠固结⊖软土地基中桩承受的负摩阻力⊜，并可消除竣工后地基的不均匀沉降等。

4.3 排水固结法设计要点

排水设计的关键：不能仅设置排水系统，无加压系统，否则孔隙中的水就没有压力差，使得水难以排出，地基无法得到加固；不能只增加固结压力，不缩短土层的排水距离，否则不能在预压期间完成设计要求的沉降量，强度不能及时提高，加载也不能顺利进行。

应用排水固结法设计的关键：合理布置排水系统和加压系统，使地基在受压过程中顺利实现排水固结，并增加一部分强度，以满足逐渐加荷条件下地基的稳定性，并加速地基的沉降，最终实现满足建筑物对沉降的要求，从而达到加固期限尽量短、固结沉降快、强度增加充分、施工过程安全的目标。

1. 堆载预压法设计计算内容

1）选择砂井或塑料排水带（板），确定其断面尺寸、间距、排列方式和深度。

2）确定排水砂垫层材料和厚度。

3）确定预压区范围、预压荷载大小、荷载分级、加载速率和预压时间。

4）计算地基土的固结度、强度增长、稳定性和变形。

2. 真空预压法的设计与计算

排水固结法中真空预压法的设计与计算内容主要包括：

1）确定竖向排水体的断面尺寸、间距、排列方式和深度。

2）确定预压区面积和分块大小；真空预压工艺。

3）确定要求达到的真空度和土层的固结度。

4）计算真空预压和建筑物荷载下地基的变形；

5）计算真空预压后地基土的强度增长。

⊖ 欠固结土的先期固结压力小于现在覆盖土重。先期固结压力指的是天然土层在历史上受过最大固结压力（指土体在固结过程中所受的最大竖向有效应力）。起固结土的先期固结压力大于现有覆盖土重，正常固结土的先期固结压力等于现有覆盖土重。

⊜ 此处的负摩阻力指的是桩周土由于自重固结、湿陷、地面荷载作用等原因而产生大于基桩的沉降所引起的对桩表面的向下摩阻力。

4.4　排水固结法设计步骤

4.4.1　堆载预压法设计步骤

1. 竖向排水系统设计

砂井地基的固结度包括竖向排水固结度与向内径向排水固结度，影响排水固结度的因素主要是砂井或塑料排水带（板）的尺寸、间距、排列方式和深度。

在使用堆载预压法加固地基时，除了地基土渗透性较好、排水条件畅通的情况外，为了缩短预压时间，提高预压效果，通常在软土层中设置竖向排水系统。JGJ 79—2012《建筑地基处理技术规范》中第 5.2.3 节规定，排水竖井分普通砂井、袋装砂井和塑料排水带。

（1）排水竖井的设置原则　排水竖井的设置如图 4-9 所示。对深厚的软黏土地基，应设置塑料排水带或砂井等排水竖井；当软土层较薄或含有较多粉砂类土层，且固结速率能满足工期要求时，可不设置排水竖井；砂井直径和间距，主要取决于黏性土层的固结特性和施工期限的要求。研究表明，即使砂井直径很小，如只有 3cm 的理想井（不计涂抹作用[⊖]和砂井阻[⊖]力作用），对加速固结也是极其有效的。所以，原则上砂井以采用"细而密"的方案较好。

a)　　　　　　　　　　　　　　　　b)

图 4-9　排水竖井的设置

a）砂井　b）袋装砂井

（2）排水井的直径确定

普通砂井取 300~500mm；袋装砂井的直径一般在 70~120mm，而塑料排水带（板）的排水效果与带（板）的宽度和厚度有关，因此可用一个当量换算直径来表示，塑料排水带

⊖　在塑料排水带扦带过程或砂井施工过程中，不可避免会引起地基土的扰动，并因此在排水带或砂井周围形成一相对不透水的土层，这种因对地基土扰动引起的透水性降低的作用称为涂抹作用。

⊖　因塑料排水带或砂井的导水能力需要在一定的水头差（水力梯度）作用下才能起作用即排出从地基土流入的水量，这种砂井导水能力的有限性可称之为井阻。

（板）的当量换算直径按下列公式计算

$$d_p = \frac{2(b+\delta)}{\pi}$$

（4-4）

式中　d_p——塑料排水带（板）的当量换算直径（mm）；

　　　b——塑料排水带（板）的宽度（mm）；

　　　δ——塑料排水带（板）的厚度（mm）。

（3）排水竖井的平面布置　排水竖井的平面布置可采用等边三角形或正方形排列（图4-10），其中有效排水直径 d_e 与井间距 l 的关系满足下列公式：

等边三角形排列

$$d_e = \sqrt{\frac{2\sqrt{3}}{\pi}} \cdot l = 1.05l$$

（4-5a）

正方形排列

$$d_e = \sqrt{\frac{4}{\pi}} \cdot l = 1.13l$$

（4-5b）

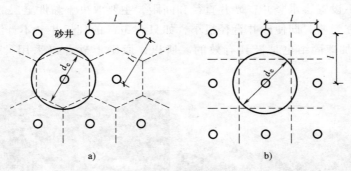

图 4-10　竖井排列形式

a）等边三角形布置　b）正方形布置

（4）竖井间距 l 的确定　竖井间距 l 可根据地基土的固结特性和预定时间内所要求达到的固结度确定，竖井间距 l 可按井径比 n 选用，n 则按下式计算

$$n = d_e/d_w$$

（4-6）

式中　d_e——有效排水直径（m）；

　　　d_w——竖井直径（m），塑料排水带取 $d_w = d_p$，即取竖井直径 d_w 为当量核算直径 d_p。

对普通砂井的间距可按 $n = 6 \sim 8$ 选用，其余两类的间距按 $n = 15 \sim 22$ 选用。

（5）排水竖井的深度　井深依据建筑物对地基的稳定性、变形要求和工期确定。对以地基抗滑稳定性控制的工程，井深应超过最危险滑动面以下 2.0m。对以变形控制的建筑工程，井深应根据在限定的预压时间内需完成的变形量确定。竖井宜穿透受压土层。

2. 排水砂垫层材料和厚度计算

在竖井顶面应铺设排水砂垫层，以连通砂井、塑料排水带等竖向排水体，引出从土层排入竖向排水体的渗流水。JGJ 79—2012《建筑地基处理技术规范》中第 5.2.13~5.2.16 条对砂垫层材料和厚度做了规定。

1）砂垫层厚度不应小于 500mm。

2）砂垫层砂料宜用中粗砂，黏粒含量不应大于 3%，砂料中可混有少量粒径不大于 50mm 的砾石。砂垫层的干密度应大于 $1.5g/cm^3$，其渗透系数宜大于 $1×10^{-2}cm/s$。

3）在预压区边缘应设置排水沟，预压区内宜设置与砂垫层相连的排水盲沟。盲沟间距不大于 20m。

4）砂井的砂料应选用中粗砂，其黏粒含量不应大于 3%。

5）堆载预压处理地基设计的平均固结度不宜低于 90%，且应在现场监测的变形速率明显变缓时方可卸载。

3. 预压荷载大小、荷载分级、加载速率和预压时间计算

在软弱地基上堆载预压，必然在地基中产生剪应力，当该剪应力大于软土地基的抗剪强度时，地基将发生剪切破坏。堆载预压需进行分级加荷，等到前期荷载作用下地基强度增加到足以满足下一级荷载时，方可施加下一级荷载，直至加到设计荷载。

对于地基沉降有严格要求的建筑物，应采取部分超载预压处理地基。超载大小，应视要求的残余沉降量和固结度而定。

具体步骤如下：

1）利用地基的天然抗剪强度 C_u 计算第一级容许施加的荷载 P_1。对长条梯形填土，可根据费伦纽斯（Fellenius）公式估算得到下式

$$P_1 = 5.52C_u/K \tag{4-7}$$

式中　C_u——天然地基不排水抗剪强度（由无侧限、三轴不排水剪切试验或原位十字板剪切试验测定）；

　　　K——安全系数（建议采用 $1.1 \sim 1.5$）。

2）计算第一级荷载 P_1 作用下地基强度的增长值。在 P_1 预压下，经过一段时间地基强度逐渐提高。地基强度按下式计算

$$C_{u1} = \eta(C_u + \Delta C'_{u1}) \tag{4-8}$$

式中　$\Delta C'_{u1}$——P_1 作用下地基固结增长的强度；

　　　η——强度折减系数。

3）计算 P_1 作用下达到所定固结度（一般为 70%）所需要的时间，即两级荷载 P_i、P_{i+1} 的间隔时间，目的在于确定第一级荷载停歇的时间，或第二级荷载开始施加的时间。地基在 P_i 作用下达到某一固结度所需要的时间可根据固结度与时间的关系求得。

4）根据式（4-8）得到的地基强度 C_{u1}，计算第二级所能施加的荷载 P_2，即

$$P_2 = 5.52C_{u1}/K \tag{4-9}$$

在此基础上，计算 P_2 作用下地基固结后的强度值，即

$$C_{u2} = \eta(C_u + \Delta C'_{u2}) \tag{4-10}$$

5）计算 P_2 的作用时间（固结度为 70%）。

依次按上述步骤计算出各级加荷荷载 P_i 和加荷时间，直至超出设计荷载。

6）上述加荷计划确定后，对每一级荷载下地基的稳定性进行验算。当地基稳定性不满足要求时，则调整上述加荷计划。

7）计算预压荷载下地基的最终沉降量、预压期间的沉降量和剩余沉降量，以确定预压荷载卸除的时间。如果预压工期内，地基沉降量不满足设计要求，则采用超载预压，重新制

订加荷计划。

加载速率根据地基土强度确定，当天然地基土强度满足预压荷载下地基的稳定性要求时可一次性加载；否则，应分级逐渐加载，即待前期预压荷载下地基土强度增长满足下一级荷载下地基的稳定性要求时再加载。

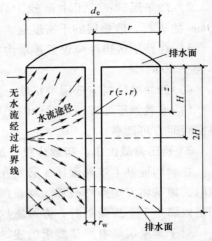

图 4-11　砂井布置模型

4. 地基土的固结度计算

（1）瞬间加荷条件下地基土的固结度计算　每个砂井影响范围可用等效面积圆柱体代表，砂井布置模型如图 4-11 所示。

图 4-11 中，砂井等效柱体直径为 d_e，高度为 $2H$，砂井直径为 d_w，饱和软黏土层上、下面均为排水面，加荷条件下，土层中孔隙水沿径向和竖向渗流，土层固结。地基固结度计算公式见表 4-1。

表 4-1　地基固结度计算公式

排水固结条件	平均固结度计算公式	α	β	备注
竖向排水固结（$\overline{U}_z$ >30%）	$\overline{U}_z = 1 - \dfrac{8}{\pi^2} e^{-\frac{\pi^2 C_v}{4H^2}t}$	$\dfrac{8}{\pi^2}$	$\dfrac{\pi^2 C_v}{4H^2}$	Terzaghi 解
向内径向排水固结	$\overline{U}_r = 1 - e^{-\frac{8C_h}{F_n d_e^2}t}$	1	$\dfrac{8C_h}{F_n d_e^2}$	Barron 解　$F_n = \dfrac{n^2}{n^2-1}\ln n - \dfrac{3n^2-1}{4n^2}$，$n = \dfrac{d_e}{d_w}$
竖向和向内径向排水固结（砂井地基平均固结度）	$\overline{U}_{rz} = 1 - \dfrac{8}{\pi^2} e^{-\left(\frac{\pi^2 C_v}{4H^2} + \frac{8C_h}{F_n d_e^2}\right)t}$ $= 1 - (1-\overline{U}_z)(1-\overline{U}_r)$	$\dfrac{8}{\pi^2}$	$\dfrac{8C_h}{F_n d_e^2} + \dfrac{\pi^2 C_v}{4H^2}$	
砂井未贯穿受压土层的平均固结度	$\overline{U} = Q\overline{U}_{rz} + (1-Q)\overline{U}_z$ $\approx 1 - \dfrac{8}{\pi^2} Q e^{-\frac{8C_h}{F_n d_e^2}t}$	$\dfrac{8}{\pi^2}Q$	$\dfrac{8C_h}{F_n d_e^2}$	$Q = \dfrac{H_1}{H_1+H_2}$
外径向排水固结（$\overline{U}_r$ >60%）	$\overline{U}_r = 1 - 0.692 e^{-\frac{5.78C_h}{R^2}t}$	0.692	$\dfrac{5.78C_h}{R^2}$	R 为土桩体半径
普遍表达式	$\overline{U} = 1 - \alpha e^{-\beta t}$			

表 4-1 中的地基固结度计算公式中：

C_v——竖向固结系数，按式（4-11）计算；

C_h——径向固结系数或称水平向固结系数，按式（4-12）计算；

d_e——每一个砂井有效影响范围的直径（mm）；

d_w——砂井直径（mm）。

$$C_v = \frac{k_v(1+e)}{a\gamma_w} \tag{4-11}$$

$$C_h = \frac{k_h(1+e)}{a\gamma_w} \qquad (4\text{-}12)$$

式中　γ_w——水的重度（$N \cdot m^3$）；

　　　k_h、k_v——水平及竖向渗透系数（cm/s）；

　　　a——土的压缩系数。

竖向排水固结的 U_z-T_v 关系曲线如图4-12所示。T_v 为竖向固结时间因数，它随固结度的变化而变化。

（2）逐级加荷下地基固结度计算　实际工程中加荷是逐级进行的，在一级或多级等速加载条件下，固结时间 t 时刻对应总荷载的地基平均固结度按下式计算

$$\overline{U}_t = \sum_{i=1}^{n} \frac{\dot{q}_i}{\sum \Delta p}\left[(T_i - T_{i-1}) - \frac{\alpha}{\beta}e^{-\beta t}(e^{\beta T_i} - e^{\beta T_{i-1}})\right]$$

$$\qquad (4\text{-}13)$$

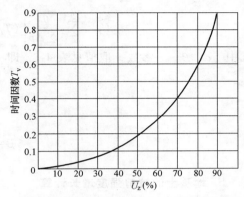

图 4-12　竖向排水固结的 U_z-T_v 关系曲线

式中　$\overline{U}_t$——t 时间地基的平均固结度；

　　　$\dot{q}_i$——第 i 级荷载的加载速度（kPa/d）；

　　　$\sum \Delta p$——各级荷载的累加值；

　　T_{i-1}，T_i——第 i 级荷载的起始和终止时间（从

　　　　　　零点起算，单位 d），当计算第 i 级荷载加载过程中某时间 t 的固结度时，T_i 改

　　　　　　为 t；

　　　α、β——参数，根据地基土排水固结条件，按表4-1采用，对砂井、塑料排水带地基表

　　　　　　中所列不考虑涂抹和井阻影响的参考值。

（3）涂抹与井阻影响下的平均固结度计算　当排水竖井采用挤土方式施工时，应当考虑涂抹对土体固结的影响；当竖井的纵向通水量 q_w 与天然水平向渗透系数 k_h 的比值较小，且长度又较大时，还要考虑井阻的影响。

JGJ 79—2012《建筑地基处理技术规范》第5.2.8条规定，瞬时加载条件下，考虑涂抹和井阻影响时，竖井地基径向排水平均固结度可按下列公式计算

$$\overline{U}_r = 1 - e^{-\frac{8C_h}{F_n d_e^2}t} \qquad (4\text{-}14a)$$

$$F = F_n + F_s + F_r \qquad (4\text{-}14b)$$

$$F_r = \frac{\pi^2 L^2}{4} \cdot \frac{k_h}{q_w} \qquad (4\text{-}14c)$$

$$F_n = \ln(n) - \frac{3}{4}, n \geqslant 15 \qquad (4\text{-}14d)$$

$$F_s = \left[\frac{k_h}{k_s} - 1\right]\ln s \qquad (4\text{-}14e)$$

式中　$\overline{U}_r$——固结时间，t 时竖井地基径向排水平均固结度；

　　　k_h——天然土层水平向渗透系数（cm/s）；

k_s——涂抹区土的水平向渗透系数，可以取 $k_s = (1/5 \sim 1/3)k_h(\text{cm/s})$；

q_w——竖井纵向通水量；

L——竖井深度（cm）；

s——涂抹区直径 d_s 与竖井直径 d_w 的比值，可取 $s = 2.0 \sim 3.0$（对高灵敏黏性土取高值，对中等灵敏黏性土取低值）。

在一级或多级等速加载条件下，考虑涂抹和井阻影响时，竖井穿受压土层地基的平均结度可以按 t 时间地基的平均固结度 $\overline{U}_t$ 采用式（4-13）计算，即

$$\overline{U}_t = \sum_{i=1}^{n} \frac{\dot{q}_i}{\sum \Delta p} \left[(T_i - T_{i-1}) - \frac{\alpha}{\beta} e^{-\beta t}(e^{\beta T_i} - e^{\beta T_{i-1}}) \right]$$

式中 α、β——参数，取值见表4-1，即

$$\alpha = \frac{8}{\pi^2}$$

$$\beta = \frac{8C_h}{F d_e^2} + \frac{\pi^2 C_v}{4H^2}$$

5. 地基土的抗剪强度增长计算

JGJ 79—2012《建筑地基处理技术规范》第 5.2.11 条规定，计算预压荷载下饱和黏性土地基中某点的抗剪强度时，应考虑土体原来的固结状态。对正常固结饱和黏性土地基，某点某一时间的抗剪强度 τ_{ft} 可按下式计算

$$\tau_{ft} = \tau_{f0} + \Delta\sigma_z \cdot U_t \cdot \tan\varphi_{cu} \tag{4-15}$$

式中 τ_{f0}——地基土天然抗剪强度（kPa）；

$\Delta\sigma_z$——预压荷载引起的该点的附加竖向应力（kPa）；

U_t——该点土的固结度；

φ_{cu}——三轴固结不排水压缩试验求得的土的内摩擦角（°）。

6. 地基的最终竖向变形量

JGJ 79—2012《建筑地基处理技术规范》第 5.2.12 条规定，预压荷载下地基最终竖向变形量的计算可取附加应力与土自重应力的比值为 0.1 的深度作为压缩层的计算深度，可按下式计算

$$s_f = \xi \sum_{i=1}^{n} \frac{e_{0i} - e_{1i}}{1 + e_{0i}} h_i \tag{4-16}$$

式中 s_f——最终竖向变形量（m）；

e_{0i}——第 i 层中点土自重应力所对应的孔隙比，由室内固结试验 e-p 曲线查得；

e_{1i}——第 i 层中点土自重应力与附加应力之和对应的孔隙比，由室内固结试验 e-p 曲线查得；

h_i——第 i 层土层厚度（m）；

ξ——经验系数，可按地区经验确定。无经验时对正常固结饱和黏性土地基可取 $\xi = 1.1 \sim 1.4$；荷载较大或地基软弱土层厚度大时应取较大值。

4.4.2　真空预压法设计步骤

1. 选择竖向排水体的断面尺寸、间距、排列方式和深度

（1）排水竖井　真空预压法必须设置排水竖井。

（2）排水竖井间距 l　排水竖井间距与预堆载预压法相同，即：排水竖井间距 l 可根据地基土的固结特性和预定时间内所要求达到的固结度确定。间距 l 可按井径比 n 选用。n 按式（4-6）计算。

对普通砂井的间距可按 $n=6 \sim 8$ 选用，其余两类的间距按 $n=15 \sim 22$ 选用。

（3）砂井砂料　砂井砂料选择同堆载预压法，即砂井的砂料应选用中粗砂，其黏粒含量不应大于 3%；其渗透系数应大于 1×10^{-2} cm/s。

2. 确定预压区面积和分块大小

预压区边缘应大于建筑物基础轮廓线，每边增量不小于 3.0m。

3. 真空预压工艺

（1）真空-堆载联合预压法　当建筑物的荷载超过真空预压的压力，且建筑物对地基变形有严格要求时，可采用真空-堆载联合预压法，其总压力宜超过建筑物的荷载。

（2）膜下真空度　膜下的真空度应稳定保持在 650mmHg（86.616kPa）以上，且应均匀分布，竖井深度范围内土层的平均固结度应大于 90%。

（3）隔断透气或透水层　对于表层存在良好的透气层或在处理范围内有充足水源补给的透水层时，应采取有效措施隔断透气层或透水层。

（4）真空设备数量　真空预压所需抽真空设备的数量，可按加固面积的大小和形状、土层结构特点，以一套设备可抽真空的面积为 1000~1500m² 确定。

4. 地基最终竖向变形计算

真空预压的地基最终竖向变形计算与堆载预压法相同，其中 $\xi = 0.8 \sim 0.9$；真空-堆载联合预压法以真空预压为主时，可取 $\xi = 0.9$。

4.5　排水固结法设计案例剖析

4.5.1　总体思路简介

某市某植物园项目位于该市西南部某山，总规划面积约为 201.655 公顷。拟建场区成陆较晚，属湖沼平原地貌类型，场地地势平整，地面标高（吴淞高程）在 2.8 ~3.4m 之间。场地浅部地下水属潜水类型，主要补给来源于大气降水，水位随季节而变化，年平均水位埋深为 0.5 ~0.7m，设计时，高水位埋深按 0.5m，低水位埋深按 1.5m。

根据"某市植物园岩土工程勘察报告"（某市岩土工程有限公司），拟建场地属稳定场地，主要分布有河浜、鱼塘及果园、苗圃等，局部有堆土。勘查深度范围内（50m）揭露土层的描述详图如图 4-13 所示。场地上部第③₁层灰色淤泥质粉质黏土和第③₂层灰色黏土层的工程性质较差，呈流~软塑状，高压缩性，易发生蠕变，是本场地的主要不良地层，另外场地深部土层分布变化较大，土性复杂。

钻孔深度	50.0m		孔口标高	3.19m		稳定水位埋深	0.50m
土层层号	土层名称	层底深度/m	层底标高/m	厚度/m	柱状图 1:100	土层描述	
①	素填土	0.80	2.39	0.80		含植物根茎等	
②	褐黄~灰黄色粉质黏土	1.60	1.59	0.80		$w=32.5\%, e=0.929, E_s=3.86\text{MPa}$ $c=19\text{kPa}, \varphi=13°, \gamma=18.4\text{kN/m}^3$	
③$_1$	灰色淤泥质粉质黏土	6.50	-3.31	4.90		$w=38.0\%, e=1.061, E_s=3.06\text{MPa}$ $c=12\text{kPa}, \varphi=13°, \gamma=17.9\text{kN/m}^3$	
③$_2$	灰色淤泥质黏土	10.50	-7.53	4.00		$w=41.1\%, e=1.163, E_s=2.68\text{MPa}$ $c=12\text{kPa}, \varphi=10.5°, \gamma=17.5\text{kN/m}^3$	
④$_1$	暗绿~草黄色粉质黏土	17.50	-14.31	7.00		$w=24.0\%, e=0.702, E_s=7.38\text{MPa}$ $c=39\text{kPa}, \varphi=21°, \gamma=19.5\text{kN/m}^3$	
④$_2$	灰黄色粉质黏土	31.0	-27.81	13.50		$w=25.2\%, e=0.733, E_s=7.54\text{MPa}$ $c=37\text{kPa}, \varphi=19°, \gamma=19.3\text{kN/m}^3$	
⑤$_3$	灰色黏土	42.0	-38.81	11.00		$w=33.7\%, e=0.960, E_s=4.96\text{MPa}$ $c=25\text{kPa}, \varphi=15.5°, \gamma=18.3\text{kN/m}^3$	
⑥	灰绿色粉质黏土	47.10	-43.91	5.10		$w=25.9\%, e=0.752, E_s=7.23\text{MPa}$ $c=46\text{kPa}, \varphi=19°, \gamma=19.2\text{kN/m}^3$	
⑨$_1$	灰绿~草黄色残积土	未钻穿				$w=24.0\%, e=0.718, E_s=7.44\text{MPa}$ $c=49\text{kPa}, \varphi=21°, \gamma=19.1\text{kN/m}^3$	

图 4-13　典型钻孔柱状图

科研中心建筑周围填土最大厚度在 10~11m 左右。因为在软土地基上邻近重要的建筑物进行高填土工程，在上海地区尚属首次，没有成熟的经验可以借鉴，经过前期大量的分析计算，本项目地基基础设计的总体思路如下：

1）紧邻建筑周围高填土支挡结构采用扶壁式挡土墙+桩基方案。

2）紧邻建筑挡土墙外 15~20m 范围内高填土采用路堤桩方案进行地基处理。

3）建筑周围路堤桩区域外高填土地基采用堆载预压联合塑料排水板固结法。

由于科研中心建筑周围填土较高，天然地基无法满足承载力的要求，拟采用预应力高强混凝土（PHC）管桩作为挡土墙的桩基。但是由于填土高度较大，填料的性质较差，土体内将会产生较大的水平土压力，而 PHC 桩基所能承受的水平力有限，挡土墙抗滑移验算难以满足要求。为此，考虑到科研楼两端周围填土相对于建筑结构具有一定的对称性，拟采用

⊖　蠕变指的是固体材料在保持应力不变的条件下，应变随时间延长而增加的现象。

⊜　扶壁式挡土墙指的是沿悬臂式挡土墙的立臂，每隔一定距离加一道扶壁，将立壁与踵板连接起来的挡土墙。

承台间设置连梁，同时挡墙基础与结构外排桩基承台间设置传力带的方法，将建筑两侧的水平力相互抵消，防止挡墙的水平变形，减小水平力对桩基的影响。科研楼南侧仅有一侧有填土，挡墙水平力无法通过结构对撑抵消，拟通过墙后填土加筋的措施以减小水平土压力，或是完全采用加筋土挡墙结构，采用哪种方案将取决于加筋土挡墙在本工程中的适用性以及加筋对于减小墙背土压力的作用效果，必须通过试验来确定。

另外，为验证本地基加固方案对本工程的适用性，拟进行试验工程，通过对试验过程的大量监测和检测结果进行分析，为软基加固、填土堆载施工、加筋土支挡结构、边坡加固以及路堤桩的综合优化设计提供依据。

4.5.2　案例设计依据

1）德国某规划设计公司提供的相关图纸。

2）上海市某园林设计院提供的相关图纸。

3）上海市某岩土工程有限公司出具的"某市植物园岩土工程勘察报告"（2007.3）。

4）设计委托书、建设方提供的设计基础资料。

4.5.3　案例中地基处理计算

1. 固结计算公式

本计算是针对大面积高填土工程，在地面上堆土也可以近似为地基处理中的堆载预压，依据 JGJ 79—2012《建筑地基处理技术规范》第 5.2.7 条规定，一级或多级等速加载条件下，当固结时间为 t 时，对应总荷载的地基平均固结度可按下式计算

$$\overline{U}_t = \sum_{i=1}^{n} \frac{\dot{q}_i}{\sum \Delta p} \Big[(T_i - T_{i-1}) - \frac{\alpha}{\beta} e^{-\beta t} (e^{\beta T_i} - e^{\beta T_{i-1}}) \Big]$$

2. 计算参数

塑料排水板宽度 100mm。厚度 4mm，长度要求穿透③$_1$、③$_2$ 层水淤泥质土层，塑料排水板当量换算直径的换算系数为 0.8；塑料排水板间距 1.5m，按正方形布置，所以取有效排水直径 $d_e = 1.13l$；根据③$_1$、③$_2$ 层的固结系数加权平均计算，取土的径向排水固结系数 $C_h = 117.03\text{cm}^2/\text{d}$，竖向排水固结系数 $C_v = 98.39\text{cm}^2/\text{d}$，竖向排水距离 $H = 11\text{m}$；单面排水，上层设砂垫层；填土容重取 19.0kN/m^3。典型地质柱状图、填土剖面和堆载边缘构造如图 4-13 所示，各土层物理力学性质参数详见表 4-2 和表 4-3。

3. 固结度计算

可根据各级荷载下不同时间的固结度，推算地基强度的增长值，分析地基的稳定性，确定相应的加荷计划，估算加荷期间地基的沉降量，确定预压荷载的期限等。

计算固结度的理论公式是假定荷载是在瞬时一次施加的，但在实际工程中荷载是逐渐施加的，因此对理论公式计算的结果必须进行修正。修正的方法有改进的太沙基法和改进的高木俊介法。

（1）改进太沙基法　将瞬时一次加荷的基本理论公式计算的结果，按分级等速加荷进行修正。修正的原则如下：

表 4-2　土层物理力学

土层层号	土层名称	2~5mm（%）		0.5~2mm（%）		0.25~0.5mm（%）		0.075~0.25mm（%）		0.005~0.075mm（%）		<0.005mm（%）		含水量 w（%）		重度 γ /(kN/m³)	
$①_1$	杂填土																
$①_2$	素填土													27.9	1	18.8	1
②	褐黄~灰黄色粉质黏土							0.0	1	86.8	1	13.2	1	32.5	45	18.4	45
														42.6	3.95	19.3	0.04
														24.7	0.12	17.3	0.02
$③_1$	灰色淤泥质粉质黏土									89.6	2			38.0	62	17.9	62
										90.6				45.9	2.79	18.6	0.03
										88.6				32.0	0.07	17.2	0.02
$③_2$	灰色黏土	38.0	1	28.0	1	6.0	1	6.0	1	15.0	1	7.0	1	41.1	60	17.5	60
														48.2	3.62	18.3	0.03
														33.0	0.09	16.9	0.02
$④_夹$	碎石土													25.5	3	19.3	3
														28.5		19.8	
														22.2		18.9	
$④_1$	暗绿~草黄色粉质黏土									85.8	1			24.0	79	19.5	79
														41.2	2.67	20.2	0.04
														19.5	0.11	17.5	0.02
$④_2$	草黄色粉质黏土							11.7	14	78.4	14	9.8	14	25.2	103	19.3	103
								66.0	20.15	92.0	18.92	13.2	2.45	34.4	2.76	20.1	0.04
								0.0	1.79	24.6	0.25	5.3	0.26	20.9	0.11	18.1	0.02
$⑤_{2a}$	灰色黏质粉土							14.9	8	74.8	8	10.4	8	26.6	7	18.9	7
								34.0	15.00	91.8	15.20	14.1	1.84	32.2	3.47	19.5	0.04
								0.0	1.08	57.9	0.22	8.1	0.19	22.2	0.14	18.3	0.02
$⑤_{2b}$	灰色粉砂							62.1	11	30.4	11	7.5	11	25.1	6	19.0	6
								76.8	7.91	41.9	7.52	10.2	1.92	30.1	3.62	19.6	0.04
								48.0	0.13	15.0	0.26	4.3	0.27	20.6	0.16	18.4	0.02
$⑤_3$	灰色黏土							0.0	1	85.9	1	14.1	1	33.7	43	18.3	43
														43.0	4.43	19.6	0.05
														23.0	0.13	17.4	0.03
⑥	灰绿-草黄色粉质黏土							0.0	2	87.9	2	12.2	2	25.9	34	19.2	34
								0.0		88.9		13.2		36.5	3.68	19.8	0.05
								0.0		86.8		11.1		21.6	0.14	17.9	0.03
$⑨_1$	灰绿~草黄色残积土	6.2	19	5.1	19	2.0	19	28.8	19	43.3	19	14.1	19	24.0	81	19.1	81
		28.4	10.53	30.8	9.85	10.8	3.54	67.2	22.77	90.5	21.64	18.1	3.92	41.5	4.03	20.3	0.22
		0.0	1.75	0.0	1.99	0.0	1.78	0.0	0.81	18.8	0.51	1.5	0.29	0.0	0.17	0.0	0.12
$⑨_2$	中风化流纹岩							0.0	1	90.6	1	9.4	1	28.4	2	18.6	2
														30.2		18.8	
														26.5		18.3	

性质参数表（一）

比重（相对密度）G		饱和度 Sr（%）		孔隙比 e		液限 wL（%）		塑限 wP（%）		塑性指数 Ip		液性指数 IL		渗透系数 温度20℃ kV /(cm/s)		渗透系数 温度20℃ kH /(cm/s)	
2.73	1	93	1	0.819	1	38.0	1	23.0	1	15.0	1	0.33	1				
2.73	45	95	45	0.929	45	39.4	51	23.1	51	16.2	51	0.57	44	1.1e-7	3	1.60e-7	3
2.75	0.01	100	2.03	1.206	0.10	46.1	2.70	27.7	1.69	21.4	1.61	0.96	0.17	1.41e-7		1.67e-7	
2.71	0.00	90	0.02	0.728	0.11	35.3	0.07	20.3	0.07	13.3	0.10	0.26	0.31	9.88e-8		1.49e-7	
2.73	62	98	62	1.061	62	36.9	76	21.8	76	15.1	76	1.08	62	1.08e-7	3	1.64e-7	3
2.73	0.00	100	1.39	1.263	0.07	42.1	1.91	26.4	1.60	17.8	0.86	1.81	0.15	1.22e-7		1.92e-7	
2.72	0.00	95	0.01	0.897	0.07	33.2	0.05	19.0	0.07	13.3	0.06	0.67	0.14	8.76e-8		1.25e-7	
2.74	60	97	60	1.163	60	42.6	72	24.7	72	18.0	72	0.91	60	1.33e-7	2	1.39e-7	2
2.75	0.00	100	1.42	1.340	0.10	48.7	3.40	30.5	2.52	20.8	1.34	1.39	0.17	1.47e-7		1.55e-7	
2.73	0.00	94	0.01	0.963	0.08	34.6	0.08	19.7	0.10	14.5	0.08	0.64	0.19	1.19e-7		1.23e-7	
2.73	3	94	3	0.737	3	35.7	6	20.6	6	15.1	6	0.29	3				
2.73		95		0.818		38.3	1.40	22.2	1.15	16.1	0.53	0.45					
2.73		93		0.652		34.3	0.04	19.2	0.06	14.5	0.04	0.19					
2.73	79	93	79	0.702	79	35.5	101	20.4	101	15.1	101	0.24	79				
2.74	0.00	97	2.06	1.161	0.07	45.4	1.72	25.6	1.18	19.8	0.89	0.79	0.10				
2.72	0.00	82	0.02	0.607	0.10	31.6	0.05	18.0	0.06	13.6	0.06	-0.08	0.42				
2.73	103	94	103	0.733	103	35.8	135	20.8	135	15.1	135	0.27	96				
2.73	0.01	98	1.89	0.962	0.07	41.3	1.63	24.1	1.23	19.7	0.96	0.74	0.10				
2.70	0.00	86	0.02	0.610	0.10	32.3	0.05	17.8	0.06	13.0	0.06	-0.02	0.39				
2.71	7	92	7	0.777	7	38.5	1	22.9	1	15.6	1	0.19	1				
2.73	0.01	95	2.97	0.916	0.08												
2.70	0.00	87	0.03	0.675	0.12												
2.69	6	91	6	0.741	6												
2.69	0.00	96	2.81	0.854	0.09												
2.69	0.00	89	0.03	0.622	0.13												
2.74	43	96	43	0.960	43	41.0	69	23.4	69	17.6	69	0.61	42				
2.75	0.01	100	1.86	1.201	0.12	47.5	2.69	28.8	1.76	22.7	1.54	0.99	0.17				
2.71	0.00	92	0.02	0.679	0.12	35.4	0.07	19.9	0.08	13.4	0.09	0.18	0.28				
2.73	34	94	34	0.752	34	35.8	48	20.8	48	15.0	48	0.32	34				
2.74	0.00	99	1.96	1.015	0.10	42.4	2.27	24.8	1.36	18.2	1.21	0.96	0.18				
2.72	0.00	91	0.02	0.643	0.13	31.0	0.06	18.6	0.07	12.2	0.08	0.17	0.56				
2.73	80	92	80	0.718	80	34.7	126	20.2	126	14.5	126	0.29	77				
2.74	0.01	97	2.10	1.190	0.09	41.4	2.01	23.9	1.21	17.5	1.29	1.01	0.17				
2.68	0.00	85	0.02	0.577	0.12	29.2	0.06	18.1	0.06	10.2	0.09	0.10	0.57				
2.73	2	91	2	0.850	2	35.7	2	21.0	2	14.7	2	0.51	2				
2.73		92		0.901		36.1		21.5		14.8		0.60					
2.73		91		0.799		35.3		20.5		14.6		0.41					

表 4-3 土层物理力学

土层层号	土层名称	固结块剪				固结试验				无侧限抗压强度 q_u /kPa		静止侧压力系数 K_0	
		黏聚力 c /kPa		内摩擦角 ϕ (°)		压缩系数 $a_{0.1\sim0.2}$ /MPa⁻¹		压缩模量 $E_{s0.1\sim0.2}$ /MPa					
①₁	杂填土												
①₂	素填土	27	1	10.1	1	0.38	1	4.79	1				
②	褐黄~灰黄色粉质黏土	19	23	13.0	23	0.53	26	3.86	26			0.54	3
		25	3.97	21.0	3.51	0.86	0.14	7.48	0.99			0.56	
		13	0.21	8.0	0.28	0.25	0.27	2.56	0.26			0.53	
③₁	灰色淤泥质粉质黏土	12	30	13.0	30	0.69	34	3.06	34	65	6	0.48	3
		20	2.28	21.0	3.69	0.89	0.10	3.91	0.38	87	11.07	0.52	
		10	0.19	8.0	0.29	0.52	0.15	2.46	0.13	51	0.19	0.45	
③₂	灰色黏土	12	25	10.5	25	0.77	34	2.68	34	41	7	0.53	2
		18	2.40	17.0	2.75	0.95	0.17	3.39	0.55	57	8.99	0.54	
		8	0.21	8.0	0.26	0.00	0.22	0.00	0.21	27	0.24	0.52	
④夹	碎石土	49	1	18.5	1	0.29	2	6.26	2				
						0.33		6.95					
						0.24		5.58					
④₁	暗绿~草黄色粉质黏土	39	36	21.0	36	0.24	45	7.38	45				
		56	7.15	28.5	4.21	0.32	0.04	9.27	0.94				
		29	0.19	13.5	0.20	0.18	0.16	5.61	0.13				
④₂	草黄色粉质黏土	37	49	19.0	49	0.24	52	7.54	52				
		55	13.55	35.0	6.33	0.33	0.04	12.61	1.21				
		4	0.37	9.5	0.34	0.14	0.17	5.66	0.16				
⑤₂ₐ	灰色黏质粉土	4	6	33.0	6	0.20	7	9.88	7				
		6	1.11	39.0	3.47	0.30	0.07	14.98	3.10				
		3	0.28	29.5	0.12	0.11	0.38	5.80	0.34				
⑤₂ᵦ	灰色粉砂	4	6	34.5	6	0.16	6	11.31	6				
		4	0.47	35.0	0.48	0.18	0.02	13.97	1.39				
		3	0.14	33.5	0.02	0.12	0.13	9.76	0.13				
⑤₃	灰色黏土	25	20	15.5	20	0.41	24	4.96	24				
		54	8.28	33.5	5.90	0.50	0.08	8.16	1.10				
		7	0.34	8.5	0.40	0.21	0.19	4.10	0.23				
⑥	灰绿-草黄色粉质黏土	46	18	19.0	18	0.25	21	7.23	21				
		58	9.59	24.5	3.60	0.48	0.07	9.36	1.38				
		28	0.21	11.0	0.19	0.18	0.29	4.23	0.20				
⑨₁	灰绿~草黄色残积土	49	42	21.0	42	0.25	44	7.44	44				
		63	15.12	36.0	5.58	0.64	0.09	10.78	1.77				
		5	0.32	11.0	0.27	0.15	0.35	3.43	0.24				
⑨₂	中风化流纹岩	51	1	18.5	1	0.37	1	5.19	1				

性质参数表（二）

三轴不固结不排水				三轴固结不排水								固结系数 C_v							
黏聚力 c_u /kPa		内摩擦角 φ_u (°)		黏聚力 c_{cu} /kPa		内摩擦角 φ_u (°)		黏聚力 c' /kPa		内摩擦角 φ' (°)		25~50 kPa $\times 10^{-3}$ cm²/s		50~100kPa $\times 10^{-3}$ cm²/s		100~200kPa $\times 10^{-3}$ cm²/s		200~400kPa $\times 10^{-3}$ cm²/s	
35	6	1.4	6	31	6	14.6	6	7	6	27.9	6	3.01	5	2.32	5	1.78	5	1.34	5
45	5.71	2.6	0.61	35	2.77	15.5	0.54	10	2.54	29.8	1.23	7.98	2.55	5.96	1.86	4.63	1.46	2.95	0.87
29	0.18	0.7	0.48	27	0.10	13.8	0.04	3	0.41	26.3	0.05	0.74	0.95	0.68	0.89	0.62	0.92	0.55	0.73
32	6	1.4	6	24	6	15.7	6	7	6	28.0	6	2.37	7	1.95	7	1.75	7	1.67	7
38	4.41	2.4	0.80	28	6.21	17.0	0.85	10	3.06	33.5	2.98	4.91	1.53	4.04	1.24	3.77	1.14	3.54	1.10
24	0.15	0.3	0.64	10	0.29	14.4	0.06	1	0.48	23.5	0.12	0.77	0.70	0.57	0.69	0.47	0.70	0.41	0.71
19	6	1.3	6	21	6	14.5	6	6	6	24.9	6	1.43	6	1.12	6	0.87	6	0.69	6
23	2.48	2.8	0.83	29	4.75	16.4	1.02	8	1.34	30.0	3.68	3.30	0.88	2.21	0.56	1.46	0.33	0.95	0.22
15	0.14	0.2	0.70	14	0.25	13.1	0.08	4	0.24	20.2	0.16	0.736	0.68	0.50	0.55	0.41	0.41	0.39	0.35
46	1	0.5	1									5.50	1	5.15	1	4.65	1	4.27	1
48	8	2.9	8	41	7	17.6	7	17	7	29.8	7	5.17	8	4.45	8	3.64	8	3.12	8
59	6.42	4.0	0.77	48	4.56	20.0	1.75	23	3.96	35.0	2.54	8.52	2.03	6.82	1.67	5.16	1.36	4.72	1.21
39	0.14	1.4	0.28	35	0.12	14.7	0.11	11	0.25	27.1	0.09	2.15	0.42	1.80	0.40	1.04	0.40	0.73	0.41
46	6	21	6	42	8	36.3	8	18	8	31.2	8	7.30	4	5.97	5	5.17	5	4.87	5
66	9.29	3.0	0.53	51	6.95	174.0	52.08	23	3.97	35.1	2.71	15.20		14.20	4.19	13.00	4.03	14.00	4.60
38	0.22	1.2	0.27	30	0.18	14.3	1.53	12	0.24	27.3	0.09	3.80		2.82	0.78	1.83	0.87	1.20	1.03
														45.30	3	38.00	3	36.43	3
														51.10		42.40		39.60	
														35.30		34.60		33.60	
														46.30	3	38.33	3	37.53	3
														47.80		38.50		37.80	
														45.50		383.10		37.30	
38	6	2.1	6	27	6	16.4	6	10	6	25.8	6			3.02	6	2.69	6	2.31	6
61	14.28	4.3	1.23	43	7.72	17.5	0.97	21	4.88	28.7	1.61			3.98	0.76	6.21	1.69	5.71	1.63
24	0.41	0.8	0.63	21	0.31	15.1	0.06	7	0.53	23.6	0.07			1.99	0.28	1.33	0.69	1.00	0.77
43	4	3.0	4	41	5	17.5	5	17	5	27.7	5			5.26	5	4.632	5	3.93	5
56		3.6		50	4.53	19.1	0.84	24	5.68	31.6	2.82			7.67	1.69	6.40	1.43	5.45	1.06
31		2.6		38	0.12	16.7	0.05	11	0.38	25.4	0.11			3.66	0.36	3.39	0.35	2.84	0.30
61	1	3.5	1	37	1	15.7	1	11	1	28.8	1								

1）假定每一级荷载增量所引起的固结过程是单独地进行的，和上一级或一级荷载增量所引起的固结无关。

2）每级荷载 p_n 在施工起讫时间 t_{n-1} 和 t_n 以内任何时间的固结度与 t 时相应的荷载增量在瞬间作用下经过时间 $\dfrac{t-t_{n-1}}{2}$ 的固结度相同。

3）$t>t_n$ 时的固结度与按一次施加荷载从时间 $\dfrac{t-t_{n-1}}{2}$ 算起的固结度相等。

4）某一时间 t 的总平均固结度等于该时每级荷载作用下的固结度叠加。

5）每级荷载是按堆荷起讫时间的终点一次堆足开始计算的。

改进太沙基法的固结度修正过程如图 4-14 所示，荷载是从 $0\sim t_0$ 等速施加，直至最大荷载 p_0，图 4-14 中虚线表示按理论瞬时施 p_0 荷载情况下的固结度 U 与时间 t 的曲线；实线代表修正后的固结度 U 与时间 t 的曲线（其中 t_0 为施工期）。

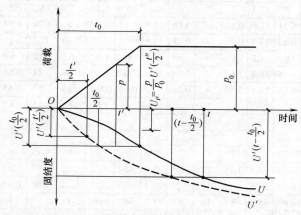

图 4-14　改进太沙基法

改进太沙基修正的步骤如下：

施工期间的固结度，即 $t<t_0$，如图 4-15 中的时间 $t\sim t'$，此时的荷载为 p，此时地基的固结状态相当于 p 瞬时施加，经过 $t'/2$ 的固结状态，但固结度是对最后压 p_0 而言的，因此 t' 时的固结度按下式计算

$$U_{t'} = U_{\frac{t'}{2}} \frac{p}{p_0} \tag{4-17a}$$

按上述方法，施工结束时的固结度按下式计算

$$U_{t_0} = U'_{\frac{t_0}{2}} \tag{4-17b}$$

恒压期的固结度，即 $t \geqslant t_0$，按下式计算

$$U_t = U'_{\left(t - \frac{t_0}{2}\right)} \tag{4-17c}$$

根据上述固结度修正的法则，可以写出二级等速加荷或多级等速加荷固结度计算公式。图 4-15 中二级等速加荷的情况；第一级最大荷载 Δp_1，施工期为 $t_0\sim t$；恒压期为 $t_1\sim t_2$；第二级最大荷载 Δp_1，施工期为 $t_2\sim t_3$。见图 4-15 中虚线 c_1 和 c_2 分别表示 Δp_1 和 Δp_2 等速加荷修正固结度曲线，然后按叠加原理得到地基总固结度曲线 c。修正后总固结度按下式计算：

当 $t_0 < t < t_1$ 时

$$U_t = U'\left(t - \frac{t+t_0}{2}\right)\frac{\Delta p'}{\sum \Delta p} \qquad (4\text{-}18a)$$

当 $t_1 < t < t_2$ 时

$$U_t = U'\left(t - \frac{t_1+t_0}{2}\right)\frac{\Delta p_1}{\sum \Delta p} \qquad (4\text{-}18b)$$

当 $t_2 < t < t_3$ 时

$$U_t = U'\left(t - \frac{t_1+t_0}{2}\right)\frac{\Delta p_1}{\sum \Delta p} + U'\left(t - \frac{t+t_2}{2}\right)\frac{\Delta p''}{\sum \Delta p}$$
$$(4\text{-}18c)$$

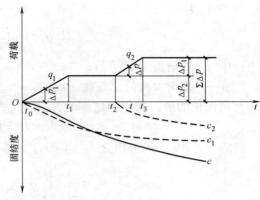

图 4-15　二级等速加荷 U-t 关系

当 $t_3 < t$ 时

$$U_t = U'\left(t - \frac{t+t_0}{2}\right)\frac{\Delta p_1}{\sum \Delta p} + U'\left(t - \frac{t_2+t_3}{2}\right)\frac{\Delta p_2}{\sum \Delta p}$$
$$(4\text{-}18d)$$

多级等速加荷下修正后的固结度可依此类推，按下式计算

$$U_t = \sum U'\left(t - \frac{t_n+t_{n-1}}{2}\right)\frac{\Delta p_n}{\sum \Delta p} \qquad (4\text{-}19)$$

式中　U_t——t 时多级等速加荷的平均固结度，即修正后的平均固结度；

U'——瞬时加荷的平均固结度；

t_{n-1}、t_n——各级等速加荷的起点和终点时间（从 0 点起算），当计算某一级等速加荷过程时间（施工期）t 的固结度时，t_n 改为 t；

Δp_n——第 n 级等速加荷的增量，如计算逐渐加荷过程中某一点的固结度时，则用该点的荷载增量（kPa），如 $\Delta p'$、$\Delta p''$、$\Delta p'''$；

$\sum \Delta p$——t 时固结度的总荷载（各级荷载的累加）（kPa）；

t——计算固结度的时间。

应用式（4-16）时，只要事先根地基的参数（C_v、C_p、H、d_e、d_w 等）计算出一条一次瞬时加荷的 U'-t 的关系曲线，就可以很方便地列表计算多级等速加荷的总平均固结度。计算中应注意，当计算时间 t 在等级等速加荷过程中，则该级的加荷终点 t_n 为 t。例如，图 4-15 中 t 在第二级加荷的过程中，则计算时将 t_3 改为 t。

（2）高木俊介法　高木俊介法是高木俊介根据巴伦的砂井地基理论解，考虑变速加荷，砂井地基在辐射向和垂直向排水固结条件下，推得的对平均固结度的修正。其特点是无须先计算瞬时加荷条件下的地基固结度，再根据荷载情况进行修正，而是将两者合并计算出修正后的平均固结度。

因为作用于 τ 至 $\tau + \mathrm{d}\tau$ 任意时间段的荷载 q_τ 对 t 时的固结度的增量与 $U'_{(t-\tau)} q_\tau \mathrm{d}\tau$ 成正比，t 时的总固结度 U_t 则为时间 t 以前的固结度增量之和，按下式计算

当 $0 < t < t_1$ 时

$$U_t = \frac{1}{p}\int_0^t U'_{(t-\tau)} q_\tau \mathrm{d}\tau \qquad (4\text{-}20a)$$

当 $t>t_1$ 时

$$U_t = \frac{1}{p} \int_0^t U'_{(t-\tau)} q_\tau \mathrm{d}\tau \tag{4-20b}$$

式中　t_1——加荷施工期（d）；

p——逐渐加荷的总荷载（kPa）。

利用巴伦的解，采用固结度的普遍表达式

$$U' = 1 - \alpha \mathrm{e}^{-\beta t} \tag{4-20c}$$

将式（4-20c）代入积分式（4-20a），进行积分，得

$$U_t = \frac{1}{\Delta p_1} \int_0^t U'_{(t-\tau)} \dot{q}_\tau \mathrm{d}\tau = -\frac{\dot{q}_1}{\Delta p_1} \int_t^0 U_t' \mathrm{d}t'$$

$$= \frac{q_1}{\Delta p_1} \int_0^t (1-\alpha \mathrm{e}^{-\beta t'}) \mathrm{d}t'$$

$$= \frac{q_1}{\Delta p_1} \left[t - \frac{\alpha}{\beta}(1-\mathrm{e}^{-\beta t}) \right]$$

或

$$U_t = \frac{1}{t_1} \left[t - \frac{\alpha}{\beta}(1-\mathrm{e}^{-\beta t}) \right] \tag{4-20d}$$

对于 $\sum \Delta p$ 而言固结度按下式计算

$$U_t = \frac{\Delta p_1}{t_1 \sum \Delta p} \left[t - \frac{\alpha}{\beta}(1-\mathrm{e}^{-\beta t}) \right] \tag{4-20e}$$

当 $t_1<t<t_2$ 时，对 Δp_1 而言的固结度按下式计算

$$U_t = \frac{q_1}{\Delta p_1} \int_{t-t_1}^t (1-\alpha \mathrm{e}^{-\beta t}) \mathrm{d}t'$$

$$= 1 + \frac{\alpha}{\beta t_1} \left[\mathrm{e}^{-\beta t} - \mathrm{e}^{-\beta(t-t_1)} \right] \tag{4-20f}$$

对 $\sum \Delta p$ 而言的固结度按下式计算

$$U_t = \frac{\Delta p_1}{\sum \Delta p} \left\{ 1 + \frac{\alpha}{\beta t_1} \left[\mathrm{e}^{-\beta t} - \mathrm{e}^{-\beta(t-t_1)} \right] \right\} \tag{4-20g}$$

当 $t_2<t<t_3$ 时，对 Δp_1 而言的固结度按下式计算

$$U_t = \frac{q_1}{\sum \Delta p} \int_{t-t_1}^t (1-\alpha \mathrm{e}^{-\beta t'}) \mathrm{d}t' + \frac{q_2}{\sum \Delta p} \int_0^{t-t_2} (1-\alpha \mathrm{e}^{-\beta t'}) \mathrm{d}t'$$

$$= \frac{q_1}{\sum \Delta p} \left\{ t_1 + \frac{\alpha}{\beta} \left[\mathrm{e}^{-\beta t} - \mathrm{e}^{-\beta(t-t_1)} \right] \right\} +$$

$$\frac{q_2}{\sum \Delta p} \left\{ (t-t_2) - \frac{\alpha}{\beta} \left[1-\mathrm{e}^{-\beta(t-t_2)} \right] \right\} \tag{4-20h}$$

当 $t<t_3$ 时，对 Δp_1 而言固结度按下式计算

$$U_t = \frac{q_1}{\sum \Delta p} \int_{t-t_1}^{t} (1-\alpha e^{-\beta t'}) \, dt' + \frac{q_2}{\sum \Delta p} \int_{t-t_3}^{t-t_2} (1-\alpha e^{-\beta t'}) \, dt'$$

$$= \frac{q_1}{\sum \Delta p} \left\{ t_1 + \frac{\alpha}{\beta} \left[e^{-\beta t} - e^{-\beta(t-t_1)} \right] \right\} +$$

$$\frac{q_2}{\sum \Delta p} \left\{ (t_3 - t_2) + \frac{\alpha}{\beta} \left[e^{-\beta(t-t_2)} - e^{-\beta(t-t_3)} \right] \right\} \tag{4-20i}$$

同理，可建立多级荷载的固结度计算公式，当固结时间为 t 时，对应总荷载的地基平均固结可按（4-13）计算，即

$$U_t = \sum_{i=1}^{n} \frac{q_i}{\sum \Delta p} \left[(T_i - T_{i-1}) - \frac{\alpha}{\beta} e^{-\beta t} (e^{\beta T_i} - e^{\beta T_{i-1}}) \right]$$

高木俊介法对于仅竖向排水固结或竖向排水与径向排水联合作用以及仅径向排水固结均适用，所不同的在于 α、β 两参数的取值，JGJ 79—2012《建筑地基处理技术规范》表 5.2.7 对此做了规定，见表 4-4。

表 4-4 α、β 参数值

参数 排水固结条件	竖向排水固结 $\overline{U}_z > 30\%$	向内径向排水固结	竖向和向内径向排水固结（竖井穿透受压土层）	说　明
α	$\dfrac{8}{\pi^2}$	1	$\dfrac{8}{\pi^2}$	$F_n = \dfrac{n^2}{n^2-1} \ln n - \dfrac{3n^2-1}{4n^2}$ $n = \dfrac{d_e}{d_w}$（井径比）
β	$\dfrac{\pi^2 C_v}{4H^2}$	$\dfrac{8C_h}{F_n d_e^2}$	$\dfrac{8C_h}{F_n d_e^2} + \dfrac{\pi^2 C_v}{4H^2}$	式中 C_h—土的径向排水固结系数（cm²/s） C_v—土的竖向排水固结系数（cm²/s） H—土层竖向排水距离（cm） $\overline{U}_z$—双面排水或固结应力均匀分布的单面排水土层平均固结度

4. 固结沉降计算

在堆载预压加固地基设计中，如何正确地估算地基的沉降量是十分重要的工作。对于以稳定为控制条件的土方工程，如路堤、土坝等，通过沉降估算可以计算施工期间由于基底沉降而增加的土方量；估算建成后未完成的沉降量，确定路堤、土坝的预留沉降高度及路堤顶面加宽的依据。对于如油罐这类的构筑物，可以事先做预抬高处理，使沉降后的油罐标高满足使用要求。

对于以沉降为控制条件的建筑物，如水闸、仓库等，可通过估算所需的预压时间和各阶段沉降量的发展情况，以调整排水系统和预压系统间的关系，提出施工设计。

（1）按规范法预估最终沉降量　预压荷载下预估地基最终沉降量方法很多，在 JGJ 79—2012《建筑地基处理技术规范》第 5.2.12 条规定，预压荷载下地基最终竖向变形量的计算可取附加应力与土自重应力的比值为 0.1 的深度作为压缩层的计算深度，计算式采用式

（4-16），即

$$s_f = \xi \sum_{i=1}^{n} \frac{e_{0i}-e_{1i}}{1+e_{0i}} h_i$$

（2）实测沉降推算法 根据预压沉降推算最终沉降，这也是预压设计中必不可少的工作。推算最终沉降的方法，首先应视预压实测沉降曲线的线型选择合适的函数。通常采用指数函数较多，因为这一函数形式与固结度表达式是一致的，所以除了推算确定最终沉降外，还可以用来反算地基土的各项排水指标。

固结度与沉降关系可写成按下式计算

$$\frac{s_t - s_d}{s_\infty - s_d} = 1 - \alpha e^{-\beta t}$$

或

$$s_t - s_d = (s_\infty - s_d)(1 - \alpha e^{-\beta t}) \tag{4-21a}$$

式中 s_t——时间 t 时的沉降（m）；

s_d——瞬时沉降（m）；

s_∞——推算的最终沉降（m）；

t——时间（d）；

α、β——待定常数。

在实测沉降曲线上任意选取四点 (t_1, s_1)、(t_2, s_2)、(t_3, s_3) 和 (t_4, s_4)，建立下列联立方程，从而可以解出 α、β、s_d 和 s_∞，即

$$s_1 = s_\infty(1 - \alpha e^{-\beta t_1}) + s_d \alpha e^{-\beta t_1} \tag{4-21b}$$

$$s_2 = s_\infty(1 - \alpha e^{-\beta t_2}) + s_d \alpha e^{-\beta t_2} \tag{4-21c}$$

$$s_3 = s_\infty(1 - \alpha e^{-\beta t_3}) + s_d \alpha e^{-\beta t_3} \tag{4-21d}$$

$$s_4 = s_\infty(1 - \alpha e^{-\beta t_4}) + s_d \alpha e^{-\beta t_4} \tag{4-21e}$$

由式（4-21b）可得

$$s_d = \frac{s_1 - s_\infty(1 - \alpha e^{-\beta t_1})}{\alpha e^{-\beta t_1}}$$

由式（4-21b）和式（4-21c）可得

$$\frac{s_1 - s_\infty(1 - \alpha e^{-\beta t_1})}{\alpha e^{-\beta t_1}} = \frac{s_2 - s_\infty(1 - \alpha e^{-\beta t_2})}{\alpha e^{-\beta t_2}}$$

上式简化后可得

$$s_\infty = \frac{s_1 e^{-\beta t_2} - s_2 e^{-\beta t_1}}{e^{-\beta t_2} - e^{-\beta t_1}} \tag{4-22}$$

同时也可得

$$\frac{s_1 e^{-\beta t_2} - s_2 e^{-\beta t_1}}{e^{-\beta t_2} - e^{-\beta t_1}} = \frac{s_2 e^{-\beta t_3} - s_3 e^{-\beta t_2}}{e^{-\beta t_3} - e^{-\beta t_2}}$$

上式可简化为

$$\frac{s_2 - s_1}{s_3 - s_1} e^{-\beta(t_3 - t_2)} + \frac{s_3 - s_2}{s_3 - s_1} e^{-\beta(t_2 - t_1)} = 1 \tag{4-23}$$

由实测 s–t 曲线上任取三点 (t_1, s_1)、(t_2, s_2) 和 (t_3, s_2) 代入式（4-23）即可求出 β 值，再将 β 值代入式（4-21）即可求得 s_∞。在 α、β、s_d 和 s_∞ 求得后，就可由式（4-21）推算任意时刻 t 时的沉降。

为了使推算结果精确些，三组取值尽可能取大一些，第三组取值尽可能取在 s–t 曲线的末端。以上各点时间是从修正 O' 点算起，如果是一级加荷，O' 点在加荷期的中点，如图 4-16 所示。但是，如取 $t_3 - t_1 = t_3 - t_2$，那么任意假设一个起点时间，都不影响计算结果。

【工程案例 4-1】　某堆载预压工程，在加荷结束后观测得到的沉降与时间关系曲线上取得 $t_1 = 120\mathrm{d}$、$t_2 = 150\mathrm{d}$、$t_3 = 180\mathrm{d}$、$s_1 = 158.3\mathrm{cm}$、$s_2 = 171.0\mathrm{cm}$、$s_3 = 180.5\mathrm{cm}$。试求其固结沉降。

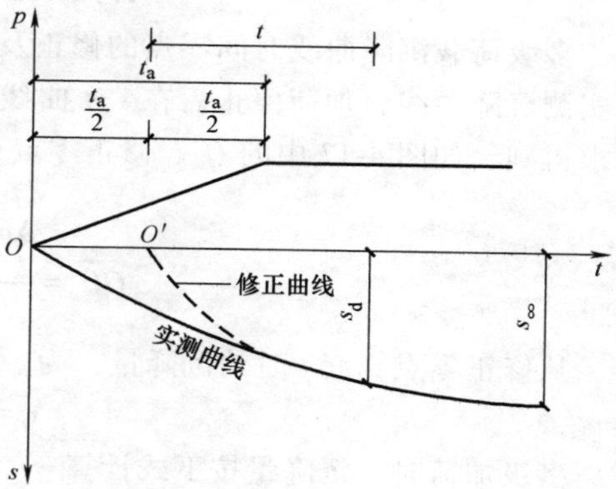

【解】　将以上三组数值代入式（4-21a），即

$$\frac{s_t - s_d}{s_\infty - s_d} = 1 - \alpha e^{-\beta t}$$

得到，$\dfrac{171 - 158.3}{180.5 - 158.3} e^{-30\beta} + \dfrac{180.5 - 171}{180.5 - 158.3} e^{30\beta} = 1$

令 $\chi = e^{-30\beta}$，则上式可简化成下式

$$12.7\chi^2 - 22.2\chi + 9.5 = 0$$

解上式，得

图 4-16　推算沉降零点修正

$$\chi_1 = 1 \text{（此根不适用）}$$
$$\chi_2 = 0.748$$

得到
$$\beta = 0.00966\mathrm{d}^{-1} = 1.12 \times 10^{-7}\mathrm{s}^{-1}$$

将 β 值代入式（4-22），得

$$
s_\infty = \frac{s_1 e^{-\beta t_2} - s_2 e^{-\beta t_1}}{e^{-\beta t_2} - e^{-\beta t_1}}
$$

$$
= \frac{158.3 \times e^{-9.66 \times 10^{-3} \times 150} - 171 \times e^{-9.66 \times 10^{-3} \times 120}}{e^{-9.66 \times 10^{-3} \times 150} - e^{-9.66 \times 10^{-3} \times 120}}
$$

$$
= \frac{37.24 - 53.649}{0.2348 - 0.3137}\mathrm{cm} = 208\mathrm{cm}
$$

【工程案例 4-2】　已知砂井地基的厚度 $H = 18\mathrm{m}$，砂井直径 $d_w = 32.7\mathrm{cm}$，间距 $l = 250\mathrm{cm}$，三角形排列，假定 $C_v = C_h$，试反算软土的固结系数。

【解】　由表 4-4 中井径比公式

$$n = d_e / d_w$$

得到
$$n = d_e / d_w = 1.05 \times 250 / 32.7 \approx 8$$

井径比 n 可知，参考表 4-4 可知

$$F_n = \frac{n^2}{n^2 - 1} \ln n - \frac{3n^2 - 1}{4n^2}$$

得到
$$F_n = \frac{n^2}{n^2 - 1} \ln n - \frac{3n^2 - 1}{4n^2} = 1.374$$

又因 β 系数值为

$$\beta = \frac{8C_h}{F_n d_e^2} + \frac{\pi^2 C_v}{4H^2}\left(\frac{8}{F_n} + \frac{\pi^2}{4}\frac{C_v d_e^2}{C_h H^2}\right)\frac{C_h}{d_e^2}$$

可得

$$C_h = \frac{\beta d_e^2}{\frac{8}{F_n} + \frac{\pi^2 d_e^2}{4H^2}} = \frac{1.12\times10^{-7}\times263^2}{\frac{8}{1.374} + \frac{\pi^2\times263^2}{4\times1800^2}}\,\text{cm}^3/\text{s}$$

$$= 1.32\times10^{-3}\,\text{cm}^3/\text{s}$$

多级荷载沉降曲线时间零点的修正及沉降表达式多级荷载情况时间零点的修正，仍可根据实测沉降曲线，加荷停止后在 $s-t$ 曲线选取任意三个时间，t_1、t_2 和 t_3，令 $t_3-t_2=t_2-t_1$，推求得到，如图 4-17 中的 O'。修正零点 O' 可按下式计算

$$\overline{OO'} = \frac{\Delta p_1\left(\dfrac{t_1}{2}\right) + \Delta p_2\left(\dfrac{t_2-t_1}{2}\right)}{\Delta p_1 + \Delta p_2} \tag{4-24}$$

从修正零点算起 t 时的沉降量，为一次加荷时的沉降量，按下式计算，即

$$s_t = (\xi-1+U_t)s_\infty \tag{4-25}$$

多级加荷时，沉降量按下式计算

$$s_t = \left[(\xi-1)\frac{p_t}{\sum\Delta p} + U_t\right]s_\infty \tag{4-26}$$

式中　p_t——t 时刻的累计荷载（kPa）；

$\sum\Delta p$——总的累计荷载（kPa）；

ξ——沉降经验系数。

（3）关于地基沉降系数 ξ　在预压设计中预估地基的最终沉降是十分重要的，因为掌握了最终沉降量的大小，就可以判断预压的效果、确定卸载的时间，以及估算工后沉降量等。有关规范法公式中沉降经验系数 ξ 是通过大量堆载预压工程实践得到的，所以具有较高的精度。

研究表明，正常固结或轻微超固结土地基，根据预压工程的特点，大都面积大，如堤坝、机场跑道、储仓、大型油罐等，对于此类地基三维修正是不重要的，仍按单向压缩理论计算最终沉降量是合理的。

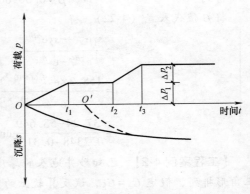

图 4-17　多级荷载修正零点 O'

次固结变形主要与土的性质有关，泥炭土、有机质土或高塑性黏土的次固结变形比较显著，所占的比例较大，对后期沉降影响较大。而其他土类次固结变形所占比例不大，从实测沉降曲线的形状发现，在不太长的观测时间，就有趋稳的形态。因此，根据实测曲线推算的最终沉降量也较符合实际。

瞬时沉降理论上应该加以区分，但在设计中它是很难计算的，因为堆荷的速率影响很大。事实上在实测沉降曲线中已经包含了瞬时沉降，所以这一因素的影响可以认为已经在经验系数 ξ 中反映了。

在软土地基上预压工程中，通过理论计算和实测沉降的比较，得到的经验系数 ξ 值见表 4-5。

表 4-5　正常固结黏性土地基的 ξ 值

序号	工程名称		计算变形量 s_c/cm	推算最终变形量 s_t/cm	经验系数 $\xi = s_t/s_c$	备　注
1	宁波试验路堤		150.2	209.2	1.38	砂井地基
2	舟山冷库		104.8	132.0	1.32	砂井预压 $p = 100\text{kPa}$
3	广东某铁路路堤		97.5	113.0	1.16	
4	宁波栎社机场		102.9	111.0	1.08	袋装砂井、场道中心点 $\xi = 1.08$；道边点 $\xi = 1.11$
5	温州机场		110.8	123.6	1.12	袋装砂井、场道中心点 $\xi = 1.12$；道边点 $\xi = 1.07$
6	上海金山油罐	罐中心	100.5	138.9	1.38	10000m^3 油罐 $p = 164.3\text{kPa}$，天然地基冲水预压，边缘沉降为 16 个测点平均值
		罐边缘	65.8	91.0	1.38	
7	上海高桥油罐	罐中心	76.3	111.1	1.46	20000m^3 油罐 $p = 210\text{kPa}$，边缘沉降为 12 个测点平均值
		罐边缘	63.0	76.3	1.21	
8	帕斯科克拉炼油厂油罐		18.3	24.4	1.33	$p = 200\text{kPa}$
9	格兰岛油罐		48.3	53.4	1.10	s_c、s_t 均为实测值
			47.0	53.4	1.13	

5. 抗剪强度增长的估计

软土地基在附加荷载作用下，经排水固结，其抗剪强度就会增长。但附加荷载在地基中产生的剪应力又会引起剪切变形，在某种条件下（如引起蠕动时），还可能导致地基强度衰减。

强度衰减已经被不少试验所证实。长期强度与到土样发生破坏历时之间的关系，在半对数坐标系统内呈良好的线性关系，如图 4-18 所示。

在排水条件下，黏土的强度也同样会发生衰减，毕肖普曾采用一种黏土，在特制的排水条件下进行蠕变试验，常驻剪应力分别为排水试验强度的 90%、80%、70%、60%、40% 和 15%。试验结果表明，在强度 90% 的常驻剪应力作用下，试样经历 2d 就发生破坏；在 60% 强度的常驻剪应力下，在 100d 内应变速率减小，但以后应变速率又逐渐增大。这些试验充分说明了，即使在较低的常驻剪应力作用下未发生破坏，但强度还是发生了衰减。

除了蠕变因素外，软黏土地基强度衰

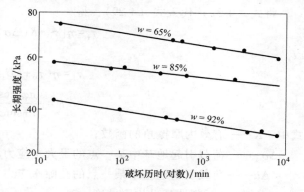

图 4-18　长期强度与破坏历时的关系

减还与加荷速度有关。加荷速度越快，越有可能对土的结构造成破坏作用，造成强度衰减。南京水利科学研究院曾在软黏土地基上进行现场试验，有意识地快速填土，并利用十字板测定地基土的强度变化。根据上述室内试验和现场实测结果，在附加荷载作用下，地基中某一时间的抗剪强度 τ_f 按下式计算

$$\tau_f = \tau_0 + \Delta\tau_c - \Delta\tau_s \tag{4-27}$$

式中　τ_0——天然地基抗剪强度，可用十字板或无侧限抗压强度试验测定（kPa）；

　　$\Delta\tau_c$——在附加荷载预压作用下，由于固结而增长的抗剪强度（kPa）；

　　$\Delta\tau_s$——由于剪切作用而引起的强度衰减量（kPa）。

在预压荷载下地基强度增长的方法很多，主要有以下三种方法：

（1）规范推荐法　规范推荐法，又称总应力法。JGJ 79—2012《建筑地基处理技术规范》第 5.2.11 条规定，计算预压荷载下饱和黏性土地基中某点的抗剪强度时，应考虑土体原来的固结状态。对正常固结饱和黏性土地基，某点某一时间的抗剪强度可按下式计算

$$\tau_{ft} = (\tau_{f0} + \Delta\sigma_z \cdot U_t \tan\varphi_{cu})$$

本法主要从实际出发计算简单，三轴不排水试验强度指标 φ_{cu}，也容易取得，便于工程应用。

（2）有效应力法　虽然从理论上存在强度的衰减问题，但要计算由于剪切引起的强度衰减量目前还比较困难。为了考虑式（4-27）中 $\Delta\tau_s$ 的影响，抗剪强度按下式计算

$$\tau_f = \eta(\tau_0 + \Delta\tau_c) \tag{4-28}$$

正常固结饱和软黏土用有效应力表示的抗剪强度按下式计算

$$\tau = \sigma' \tan\varphi' \tag{4-29}$$

式中　φ'——有效内摩擦角（°）；

　　σ'——剪切破坏面上法向有效应力（kPa）。

如将法向有效应力 σ' 换成有效最大主应力 σ_1'，则式（4-29）改为

$$\tau = \sigma_1' \frac{\sin\varphi'\cos\varphi'}{1+\sin\varphi'} = K\sigma_1' \tag{4-30}$$

因此，由于固结而增长的强度增量为

$$\Delta\tau_c = K\sigma_1' = K(\Delta\sigma_1 - \Delta u)$$
$$= K\sigma_1'\left(1 - \frac{\Delta u}{\Delta\sigma_1}\right) = KU_t\Delta\sigma_1 \tag{4-31}$$

将式（4-32）代入式（4-29），得

$$\tau_f = \eta[\tau_0 + K(\Delta\sigma_1 - \Delta u)]$$

或

$$\tau_f = \eta(\tau_0 + KU_t\Delta\sigma_1) \tag{4-32}$$

$$K = \frac{\sin\varphi'\cos\varphi'}{1+\sin\varphi'} \tag{4-33}$$

式中　K——有效内摩擦角的函数；

　　$\Delta\sigma_1$——荷载引起地基中某一点的最大主应力增量（kPa），按弹性理论计算；

　　Δu——荷载引起地基中某一点的孔隙水应力增量（kPa）；

　　U_t——t 时刻地基平均固结度。

综合折减系数值 η 与工程实际情况有关，堤坝越高、剪应力越大、经历时间越长、剪切蠕变越显著的情况，其数值越小。根据工程经验，建议试用 $\eta = 0.75 \sim 0.90$。

（3）利用天然地基十字板强度推算法　十字板测定地基的天然强度 τ_0 与深度 z 的关系，如图 4-19 所示，抗剪强度按下式计算

$$\tau_0 = c_0 + \lambda z \tag{4-34}$$

式中　c_0——地基强度增长线在 $z = 0$ 处的截距（kPa）；

　　　λ——地基强度增长线的斜率，$\lambda = \tan\alpha$；

　　　z——地面以下的深度（m）。

软土地基在附加荷载作用下，随时间 t 与深度 z 变化的地基预测，抗剪强度可按下式计算

$$\tau_f = c_0 + \lambda z + \sigma_z U_t \left(\frac{c_0}{\sigma_z U_t + \gamma z} + \frac{\lambda}{\gamma} \right) \tag{4-35}$$

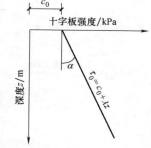

图 4-19　天然强度与深度关系

式中　σ_z——地基中某点深度 z 处的竖向附加应力（kPa）；

　　　U_t——t 时地基平均固结度；

　　　γ——地基土的重力密度，地下水位以下为有效重力密度（kN·m³）。

4.5.4　大面积堆载地面沉降计算

因场地堆载面积较大，附加应力扩散比较小，对于堆载体中心点，固结沉降可近似按照大面积均布荷载计算，本案例计算取堆土最高处 10.0m 计算，最终变形量根据 GB 50007—2011《建筑地基基础设计规范》的第 5.3.5 条规定可按下式计算

$$s = \psi_s s' = \psi_s \sum_{i=1}^{n} \frac{p_0}{E_{si}} (z_i \overline{\alpha}_i - z_{i-1} \overline{\alpha}_{i-1}) \tag{4-36}$$

式中　s——地基最终变形量（mm）；

　　　s'——按分层总和法计算出的地基变形量（mm）；

　　　ψ_s——沉降计算经验系数，根据地区沉降观测资料及经验确定，无地区经验时可根据变形计算深度范围内压缩模量的当量值（$\overline{E}_s$）、基底附加压力按表 4-6 取值；

　　　n——地基变形计算深度范围内所划分的土层数（图 4-20）；

　　　p_0——相应于作用的准永久组合时基础底面处的附加压力（kPa）；

　　　E_{si}——基础底面下第 i 层土的压缩模量（MPa），应取土的自重压力至土的自重压力与附加压力之和的压力段计算；

z_i、z_{i-1}——基础底面至第 i 层土、第 $i-1$ 层土底面的距离（m）；

$\overline{\alpha}_i$、$\overline{\alpha}_{i-1}$——基础底面计算点至第 i 层土、第 $i-1$ 层土底面范围内平均附加应力系数。

沉降计算经验系数可以根据类似工程条件下沉降观测资料及经验确定，当 $\Delta p_i \geqslant 100$kPa 时，可取 $\psi_s = 1.3$。沉降计算系数参考表 4-6。

表 4-6　沉降计算经验系数 ψ_s

基底附加压力 $\overline{E}_s$/MPa	2.5	4.0	7.0	15.0	20.0
$p_0 \geqslant f_{ak}$	1.4	1.3	1.0	0.4	0.2
$p_0 \leqslant 0.75 f_{ak}$	1.1	1.0	0.7	0.4	0.2

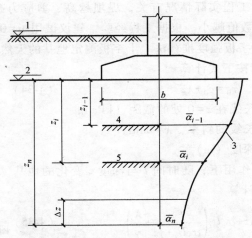

图 4-20　基础沉降计算分层图

1—天然地面标高　2—基底标高

3—平均附加应力系数$\overline{\alpha}$曲线　4—$i-1$层　5—i层

各层土的力学参数及总沉降计算结果见表 4-7，本场地最终沉降约为 210cm，其中整个场地堆载完毕后地面沉降约为 120cm 左右，工后长期沉降约为 90cm 左右。

表 4-7　各层土的力学参数及总沉降计算表

项目土层	厚度/m	压缩模量/MPa	荷载/kPa	沉降/cm
②层土	1.60	3.86	190.0	10.24
③$_1$层土	4.90	3.06	190.0	39.56
③$_2$层土	4.00	2.68	190.0	36.87
④$_1$层土	7.00	7.38	190.0	23.43
④$_2$层土	13.50	7.54	190.0	44.23
⑤$_3$层土	11.00	4.96	190.0	54.77
总　　计				209.09

以 ③$_1$ 层土为例，最终变形量按式（4-36）计算，即

$$s = \psi_s s' = \psi_s \sum_{i=1}^{n} \frac{\Delta p_i}{E_{si}} \Delta h_i$$

得

$$s = \left[1.3 \times \frac{190 \times 10^3}{3.06 \times 10^6} \times 4.9 \times 10^2 \right] \text{m} = 39.56 \text{m}$$

4.5.5　堆载整体稳定计算

整体稳定计算有很多方法，其中毕肖普简化法与其他方法相比计算精度比较高，并且偏于安全，因此本工程计算采取毕肖普算法。填土内部水位标高取 6.0m（地面标高 3.0m），填土的密实度要求达到 0.85 以上，压密填土 $c = 10\text{kPa}$，$\varphi = 15°$，$\gamma = 19\text{kN/m}^3$，共铺设 14 层单向土工格栅，土工格栅抗拉强度为 30kN/m。地基土层参数见表 4-2、表 4-3，计算过程中考虑地基土 c、φ 随时间的增长，③$_1$、③$_2$ 层计算结果见表 4-8。

表 4-8　整体稳定计算结果

项目 荷载	填土厚度/ m	填土标高/ m	③₁层土		③₂层土		整体稳定 安全系数
			c/kPa	φ/(°)	c/kPa	φ/(°)	
第一级	5.0	8.0	12	13	12	10.5	1.400
第二级	3.0	11.0	14.27	15.36	13.44	11.73	1.200
第三级	2.0	13.5	20.44	21.48	18.35	15.83	1.250

知识点扩展：软土地基预压加固

排水固结法又称预压法，一般适用于处理淤泥质土、淤泥和冲填土等饱和黏性土地基，因此了解软土地基预压加固对本章排水固结法会有更深的认识。

软土地基预压加固概述如下：

1. 软土地基预压加固处理的目的：

软土地基的预压加固处理是事先利用预压荷载达到以下两种目的：

1）消除或部分消除建筑物或构筑物可能产生的沉降，如高速公路、机场跑道、储仓、车间地平等。

2）提高软土地基的强度，满足建筑物或构筑物的承载力稳定性，如料场、油罐、土坝等。

2. 预压加固处理的概念

预压加固利用预压荷载达到目的，根据预压荷载的大小，预压法可分为等效预压和超载预压，如图 4-21 所示。

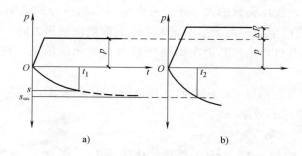

图 4-21　堆载预压

a）等效预压　b）超载预压

（1）等效预压　等效预压是指预压荷载与建筑物或构筑物的使用荷载相等，如图 4-21a 所示。因为在外荷载作用下，地基的最终沉降量 s_∞ 是达不到的，所以这种方法只能部分消除今后建筑物的沉降，还必然存在一个工后沉降 $s_\infty - s$。工后沉降的大小与预压时间有关，预压时间越长，工后沉降越小。所以，等效预压的设计中，一项很重要的工作是根据建筑物和构筑物的特性，确定一个合理的允许工后沉降值，以及按工后沉降来指导现场的预压时间。

（2）超载预压　超载预压是指预压荷载大于实际使用荷载，如图 4-21b 所示。理论上，超载预压可以完全消除工后沉降，但由于卸载后土层回弹，所以适当延长预压时间是必要的。超载量越大，预压时间越短，但增加超载量 Δp，会增加预压处理的成本。一般的做法，Δp 取 $0.2p$ 为宜（p 为使用荷载）。

（3）预压荷载的加载与卸载　预压加固荷载的加载和卸载是预压设计的重要环节。

预压加固荷载的加载分级和加载速率应严格按照软土的天然强度和强度增长的规律进行。应该确保在任何一级荷载条件下地基是稳定的，不能出现滑动等现象。特别是油罐地基的充水预压，除了保证有足够的稳定安全系数外，还要控制结构物的倾斜和差异沉降。当预压区周边环境复杂时，确定加载等级以及加载速率还应考虑对附近建筑物等的影响。

预压加固荷载的卸荷条件主要是根据工后沉降的要求来确定，但对于竖向排水砂井未穿透受压土层的情况，还应考虑砂井区以下土层长期沉降的影响。当下部土层厚度较大时，预压期所完成的压缩量较小，难于满足设计要求，为提高预压加固的效果，应尽可能加深竖井的深度，减少砂井底面以下受压土层的厚度。

3. 预压条件

软土地基预压处理的效果完全取决于在预压荷载作用下超孔隙水应力的消散和土层的固结。当预压荷载确定以后，预压时间完全取决于软土层的厚度和排水条件。预压效果随预压条件有以下几种情况：

1）通常，当软土层厚度小于 4.0m 时，可采用天然地基堆载预压法处理；软土层厚度超过 4.0m 时，预压时间可能会很长，为加速预压过程，应采用塑料排水带（板）、砂井等改善土层的排水条件，或增添降水措施，提高孔隙水的流动速度。

2）当软土层中夹有薄层粉细砂，且具有良好的水平向渗透性时，不设置砂井等排水措施，也能取得较好的预压效果。

3）对于超固结土，预压荷载的大小还应考虑前期固结压力的影响，只有当土层的有效上覆压力与预压荷载所产生的应力水平明显大于土的前期固结压力时，才会产生压缩。

4）对于泥炭土、有机质土和其他次固结变形占很大比例的土，设置砂井等排水措施，效果较差。

5）当采用降水或真空预压时，应查明处理范围内有无透水层（或透气层）及水源的补给情况，否则会影响预压的效果。

4. 堆载预压法设计内容

1）根据地基软土的厚度以及排水条件，确定采用天然地基或是砂井、塑料排水带（板）处理。如果选择后者，应确定其断面尺寸、间距、排列方式以及处理的深度。

2）确定预压区的范围、预压加固的荷载大小、荷载分级、加载速率和预压时间。

3）计算地基土的固结度、强度增长、抗滑稳定性，土层的变形等。

4.5.6　排水固结法案例计算

【工程案例 4-3】　已知地基为淤泥质黏土层，固结系数 $C_h = C_v = 1.8 \times 10^{-3} \, \text{cm}^2/\text{s}$，受压层厚度 20m，袋装砂井直径 $d_w = 70\text{mm}$，袋装砂井为等边三角形排列，间距 $l = 1.4\text{mm}$，深度 $H = 20\text{m}$，砂井底部为不透水层，打穿受压层。预压荷载总压力为 100kPa，分两级等速加载如图 4-22 所示。

求：加荷开始后受压土层的平均固结度（不考虑竖井的井阻和涂抹影响）随时间的变

化关系。

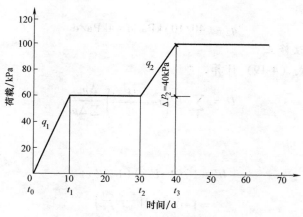

图 4-22　加荷曲线

【解】　受压土层平均固结度包括两个部分，即径向排水平均固结度和竖向排水平均固结度。按表 4-4 中排水固结条件为竖向和向内径向排水固结（竖井穿透受压土层）时的 α、β 计算式，有

$$\alpha = \frac{8}{\pi^2} = 0.81$$

$$\beta = \frac{8C_h}{F_n d_e^2} + \frac{\pi^2 C_v}{4H^2}$$

根据砂井为等边三角形排列的有效排水圆柱体直径，按式（4-5a）计算，即

$$d_e = \sqrt{\frac{2\sqrt{3}}{\pi}}\, l = 1.05l$$

其中，l 为井间距，得

$$d_e = 1.05l = 1.05 \times 1.4\mathrm{m} = 1.47\mathrm{m}$$

按式（4-6）计算井径比 n，即

$$n = d_e / d_w$$

得

$$n = \frac{d_e}{d_w} = \frac{1.47}{0.07} = 21$$

由表 4-4 可知

$$F_n = \frac{n^2}{n^2-1}\ln n - \frac{3n^2-1}{4n^2}$$

得

$$F_n = \frac{21^2}{21^2-1}\ln 21 - \frac{3 \times 21^2-1}{4 \times 21^2} = 2.3$$

$$\beta = \left(\frac{8 \times 1.8 \times 10^{-3}}{2.3 \times 147^2} + \frac{3.14^2 \times 1.8 \times 10^{-3}}{4 \times 2000^2} \right)\mathrm{s}^{-1}$$

$$= 2.908 \times 10^{-7}\mathrm{s}^{-1} = 0.0251\mathrm{d}^{-1}$$

第一荷载加荷速率

$$q_1 = (60/10)\,\text{kPa/d} = 6\,\text{kPa/d}$$

第二荷载加荷速率

$$q_2 = (40/10)\,\text{kPa/d} = 4\,\text{kPa/d}$$

1. 按改进太沙基法修正

改进太沙基法按式（4-19）计算，即

$$U_t = \sum_1^n U'\left(t - \frac{t_n + t_{n+1}}{2}\right)\frac{\Delta p_n}{\sum \Delta p}$$

令 $t_i' = t_i - \dfrac{t_n + t_{n-1}}{2}$，得

$$U_{t'}' = 1 - (1 - U_{zt'}')(1 - U_{pt'}')$$

$$= 1 - 0.81 e^{-\left(\frac{\pi^2 C_v}{4H^2} + \frac{\beta C_h}{F_n d_e^2}\right)}$$

$$= 1 - 0.81 e^{-\beta t'}$$

$$U_t = \sum_1^n (1 - 0.81 e^{-0.0251 t_i'})\frac{\Delta p_n}{\sum \Delta p}$$

改进太沙基法修正计算结果见表 4-9。

表 4-9　改进太沙基法修正计算结果

t/d	t'/d $\left(t - \dfrac{t_n + t_{n-1}}{2}\right)/\text{d}$	$U = \sum\limits_1^n (1 - 0.81 e^{-\beta t_i'})\dfrac{\Delta p_n}{\sum \Delta p}$
5	2.5	$U = (1 - 0.81 e^{-0.0251 \times 2.5}) \times \dfrac{30}{100} = 0.07$
10	5.0	$U = (1 - 0.81 e^{-0.0251 \times 5}) \times \dfrac{60}{100} = 0.17$
30	25	$U = (1 - 0.81 e^{-0.0251 \times 25}) \times \dfrac{60}{100} = 0.34$
40	$t_1' = 35$ $t_2' = 40 - \dfrac{40 + 30}{2} = 5$	$U = (1 - 0.81 e^{-0.0251 \times 35}) \times \dfrac{30}{100} + (1 - 0.81 e^{-0.0251 \times 5}) \times \dfrac{40}{100} = 0.398 + 0.114 = 0.512$
60	$t_1' = 55$ $t_2' = 60 - \dfrac{40 + 30}{2} = 25$	$U = (1 - 0.81 e^{-0.0251 \times 55}) \times \dfrac{60}{100} + (1 - 0.81 e^{-0.0251 \times 25}) \times \dfrac{40}{100} = 0.478 + 0.227 = 0.705$
80	$t_1' = 75$ $t_2' = 80 - \dfrac{40 + 30}{2} = 45$	$U = (1 - 0.81 e^{-0.0251 \times 75}) \times \dfrac{60}{100} + (1 - 0.81 e^{-0.0251 \times 45}) \times \dfrac{40}{100} = 0.52 + 0.295 = 0.815$
100	$t_1' = 35$ $t_2' = 120 - \dfrac{40 + 30}{2} = 85$	$U = (1 - 0.81 e^{-0.0251 \times 35}) \times \dfrac{60}{100} + (1 - 0.81 e^{-0.0251 \times 85}) \times \dfrac{40}{100} = 0.572 + 0.361 = 0.933$

2. 按高木俊介法计算

改进高木俊介法按式（4-13）计算，即

$$\overline{U_t} = \sum_{i=1}^{n} \frac{\dot{q}_i}{\sum \Delta p} \left[(T_i - T_{i-1}) - \frac{\alpha}{\beta} e^{-\beta t} (e^{\beta T_i} - e^{\beta T_{i-1}}) \right]$$

由上式可知

$$\alpha = 0.81, \quad \beta = 0.0251$$

得

$$\frac{\alpha}{\beta} = \frac{0.81}{0.0251} = 32.3$$

计算过程及结果见表4-10。

表 4-10　高木俊介法计算过程及结果

t/d	t_n/d	t_{n-1}/d	$\sum_1^n \frac{q_n}{\sum \Delta p} \left[(t_n - t_{n-1}) - \frac{\alpha}{\beta} e^{-\beta t} (e^{\beta t_n} - e^{\beta t_{n-1}}) \right]$
5	5	0	$\frac{6}{100} \times [(5-0) - 32.3 e^{-0.0251 \times 5} \times (e^{0.0251 \times 5} - e^0)] = 0.06 \times (5 - 32.3 \times 0.882 \times 0.134)$ $= 0.070$
10	10	0	$\frac{6}{100} \times [(10-0) - 32.3 e^{-0.0251 \times 10} \times (e^{0.0251 \times 10} - e^0)] = 0.06 \times (10 - 32.3 \times 0.778 \times 0.285) = 0.170$
30	10	0	$\frac{6}{100} \times [(10-0) - 32.3 e^{-0.0251 \times 30} \times (e^{0.0251 \times 10} - e^0)] = 0.06 \times (10 - 32.3 \times 0.471 \times 0.285) = 0.340$
40	10 40	0 30	$\frac{6}{100} \times [(10-0) - 32.3 e^{-0.0251 \times 40} \times (e^{0.0251 \times 10} - e^0)] + \frac{4}{100} \times [(40-30) - 32.3 e^{-0.0251 \times 40} \times (e^{0.0251 \times 40} - e^{0.0251 \times 30})] = 0.06 \times (10 - 32.3 \times 0.366 \times 0.285) + 0.04 \times (10 - 32.3 \times 0.366 \times 0.606) = 0.398 + 0.113 = 0.511$
60	10 40	0 30	$\frac{6}{100} \times [(10-0) - 32.3 e^{-0.0251 \times 60} \times (e^{0.0251 \times 10} - e^0)] + \frac{4}{100} \times [(40-30) - 32.3 e^{-0.0251 \times 60} \times (e^{0.0251 \times 40} - e^{0.0251 \times 30})] = 0.06 \times (10 - 32.3 \times 0.222 \times 0.285) + 0.04 \times (10 - 32.3 \times 0.222 \times 0.606) = 0.477 + 0.226 = 0.703$
80	10 40	0 30	$\frac{6}{100} \times [(10-0) - 32.3 e^{-0.0251 \times 80} \times (e^{0.0251 \times 10} - e^0)] + \frac{4}{100} \times [(40-30) - 32.3 e^{-0.0251 \times 80} \times (e^{0.0251 \times 40} - e^{0.0251 \times 30})] = 0.06 \times (10 - 32.3 \times 0.134 \times 0.285) + 0.04 \times (10 - 32.3 \times 0.134 \times 0.606) = 0.526 + 0.295 = 0.821$
120	10 40	0 30	$\frac{6}{100} \times [(10-0) - 32.3 e^{-0.0251 \times 120} \times (e^{0.0251 \times 10} - e^0)] + \frac{4}{100} \times [(40-30) - 32.3 e^{-0.0251 \times 120} \times (e^{0.0251 \times 40} - e^{0.0251 \times 30})] = 0.06 \times (10 - 32.3 \times 0.049 \times 0.285) + 0.04 \times (10 - 32.3 \times 0.049 \times 0.606) = 0.573 + 0.362 = 0.935$

从表4-9和表4-10中可以看出，两种计算方法的结果是一致的。改进太沙基法和改进的高木俊介法实质上没有区别，采用固结度的函数一样，加荷过程都简化成直线式，高木俊介法用积分处理意义就不大了。相比之下，改进太沙基法计算过程简单，易于掌握。砂井地

基堆荷预压过程中理论计算固结度曲线如图 4-23 所示。

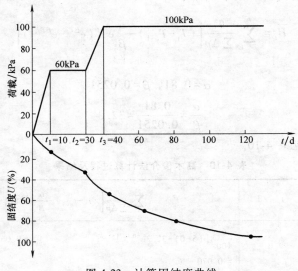

图 4-23　计算固结度曲线

4.6　排水固结法施工观测与质量检测

为了准确判断软土层预压加固处理的效果，齐全的测试内容应包括以下几方面。

1. 沉降观测

沉降观测是最基本的也是最重要的观测项目之一，其内容包括：荷载作用范围内地基的总沉降；荷载外地面沉降或隆起；分层沉降及沉降速率等。它可以直接反映地基的稳定情况。在加荷过程中，若沉降速率突然增大，说明地基可能已经产生了较大的塑性变形。如果连续几天出现大的沉降速率，就有可能导致地基的整体破坏。因此，可以根据沉降速率来控制加荷速率。

通过 s–t 曲线可以推算出最终沉降量 s_∞，平均固结度可按下式计算：

$$U = \frac{s_t}{s_\infty}$$

（4-37）

除了设置地表沉降观测点外，还应设置分层沉降测试点，以便掌握预压的影响深度。

2. 孔隙水压力观测

孔隙水压力监测是非常重要的，通过孔隙水应力的变化除了可估算固结度外，还可以用来反算土层的固结参数，同时根据有效应力原理计算土的强度增长。

3. 土的物理力学性能指标分析

土的物理力学性能指标包括土的含水量、孔隙比以及强度的变化。根据这些指标预压前后的差异可判断预压的效果。沉降观测和孔隙水应力观测点的布置，无论在数量上和范围上不可能很多，而土物理力学性能指标的采样比较灵活，可根据需要而定，有助于判断预压效果的均匀性。用沉降法来判断土层的固结度与用孔隙水应力来判断固结度常会出现矛盾，这是因为沉降法得到的是整个土层的平均值，而孔隙水应力只反映某一点的固结，如果有足够数量的观测点，取得整个土层孔隙水应力的分布资料，就可以计算出土层的平均固结度。

4. 边桩水平位移观测

施工过程中，如果加荷过快，荷载接近地基当时的极限承载力，地基土会发生较大的侧向位移。因此，在加荷过程中，严格控制坡脚边桩水平位移，是控制加荷速率的重要手段之一。

5. 真空度观测

真空预压处理地基除了应进行地基变形和孔隙水压力观测外，还应该量测封闭膜下的真空度和砂井不同深度处的真空度。真空度应满足设计要求。

6. 施工过程中质量检测和监测的内容

1）塑料排水带必须在现场随机抽样送往实验室进行性能指标的测试，其性能指标包括纵向通水量、复合体抗拉强度、滤膜抗拉强度、滤膜渗透系数和等效孔径等。

2）对不同来源的砂井和砂垫层砂料，必须取样进行颗粒分析和渗透性试验。

3）对于以抗滑稳定控制的重要工程，在预压区内选择代表性地点预留孔位，在加载不同阶段进行原位十字板剪切试验，并取土进行室内土工试验。

4）对预压工程，应进行地基竖向变形、侧向位移和孔隙水压力等项目的监测。

5）真空预压工程除应进行地基变形、孔隙水压力的监测外，尚应进行膜下真空度和地下水位的量测。

4.7　排水固结法施工与注意事项

4.7.1　排水固结法的施工

1. 水平垫层的施工

采用砂井处理时，还必须在地表铺设水平排水垫层。排水垫层的作用是使在预压过程中，将排水板竖向通道中的渗流水迅速排出，使土层的固结能正常进行。排水垫层的质量将直接关系到砂井的排水效果。砂垫层的设计要求和施工措施如下：

（1）排水砂垫层的材料选择　砂垫层的材料一般采用透水性好的砂料，渗透系数不低于 10^{-3} cm/s，同时能起到反滤作用。避免土颗粒渗入垫层孔隙而堵塞排水通道，降低渗透性。为了保证垫层的高渗透性，一般采用级配良好的中粗砂，其适合的粒度分布范围如图 4-24 所示，并且要求含泥量不超过3%，无杂物和有机质混入。不宜采用粉细砂。砂垫层可以满堂铺设，也可以采用连通砂井的砂沟形式，其构造如图 4-25 所示。

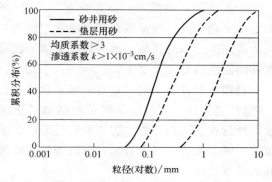

图 4-24　砂井及垫层用砂的粒度分布图

（2）排水垫层的厚度　排水垫层主要应满足排水的要求。根据工程实践经验，一般有三种形式：

1）满足设计要求的排水层厚度，一般为 30～50cm。

2）在满足施工机械的要求或在水下施工的特殊条件下，垫层的厚度应根据承载力计算或有关规定考虑。

3）当地表有一定厚度硬壳层，能满足施工机械荷载时，可按设计要求确定厚度，否则应验算承载力。

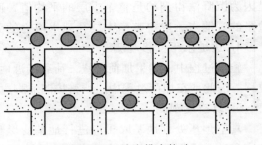

图 4-25 砂沟排水构造

（3）排水垫层施工 排水垫层有四种施工方法。

1）当地表有一定厚度的硬壳层，且能满足机械操作时，可采用机械分堆摊铺法，即先堆成若干个砂堆，然后用机械或人工摊铺。

2）当硬壳层承载力不足时，可采用顺序推进摊铺法。

3）当地基表面很软弱时，如为新沉积或新吹填不久的软土层时，首先要改善地基表面的持力条件，满足人力或机械施工的操作条件。具体措施有以下几种：

① 在地基表面铺设网格状的荆笆或柴排等，再铺砂垫层。

② 铺设塑料编织网或尼龙编织网，在编织网上再铺砂垫层。

③ 表面铺设土工布，在土工布上再铺排水砂垫层。

上述措施既可单独使用，也可组合使用，还可以根据当地材料来源选择，但必须保证这类材料在饱水条件下要有足够的抗拉强度；还要注意这些材料不能因腐烂、变质等形成软弱夹层，从而影响工程潜在的稳定性。

4）当地基特别软弱，采取加强措施仍不能满足施工要求时，可采用人工或轻便机械顺序推进摊铺法。

无论采用上述何种方法施工，都应尽量避免对软土表层有过大扰动，造成垫层砂料与土混合，影响垫层的排水性能。此外还应特别注意，在铺设砂垫层之前，应清除砂井顶部的淤泥或其他杂物，保持砂井排水畅通，并要确保砂井或排水带深入进排水垫中。

2. 竖向排水体施工

竖向排水体在工程中的应用有：普通砂井、袋装砂井、塑料排水板。

（1）普通砂井施工 砂井的施工工艺对砂井的排水效果有直接的影响。因此，对砂井的施工必须注意：保证砂井的连续性、密实并且不能出现缩颈和折断的现象；施工时应尽量减少对周围土体的扰动，因为井周土体经扰动会影响土的渗透效果；施工后砂井的直径、长度和间距应满足设计要求。

目前，砂井施工的方法有三种：套管法、水冲成孔法、螺旋钻孔法。

1）套管法。套管法是将带有活瓣管靴或套有预制混凝土端靴的套管沉入到设计的深度，然后在管内填灌砂，边拔套管边灌砂形成砂井。根据沉管的动力方式，又可以分成静压沉管、锤击沉管、锤击静压联合沉管和振动沉管等。下面简单介绍套管法中锤击静压联合法和振动沉管法。

① 锤击静压联合法。本法比较常用，由于静压法施工时，在提管过程中，在砂的拱作用以及管壁的摩擦阻力作用下，管内的砂易被带出造成砂井缩颈或断开，砂井质量难于保证。为了克服这一缺点，可辅以锤击和饱水措施，有时还采用气压来充分保证砂井的质量。

② 振动沉管法。以振动锤为动力将管沉入至设计标高，灌砂后再以振动提管形成砂井，

本法最大的优点是避免了管内砂随管带出，保证了砂井的连续性，同时砂受到振密，砂井质量好。振动法的缺点是沉管过程会对周围土体挤压扰动而造成强度减少，以及涂抹作用对渗透性的影响。

2）水冲成孔法。水冲成孔法是通过专用喷头，在水力作用下冲孔，成孔后经清孔，再向孔内灌砂成形。这一方法主要应注意两方面：一是成孔质量，如水压控制不当，会造成砂井上下孔径不一致；二是孔内灌砂的质量，如果孔内清孔不彻底，砂中的含泥量增加，会影响砂井的透水性。水冲成孔工艺，对土质均匀的黏性土地基较为适用，对于土质很软的淤泥不适用，因成孔灌砂过程中，容易缩孔，很难保证砂井直径的一致性和连续性。对于夹有薄层粉砂层的软土地基，若水压控制不当，还会造成串孔现象，对地基扰动较大。

3）螺旋钻孔法。螺旋钻孔法是采用螺旋钻钻孔，如果采用干钻成孔，提钻后即可在孔内灌砂成形。本法适用于土质较好、不会出现缩颈、塌孔现象的软弱地基；对土质特别软弱的地基不太适用。

砂井施工的各种方法都有自身的特点、适用范围和存在问题。因此，在选择砂井施工工艺时，应根据待处理软土的特性和环境，以及结合本地的经验，全面分析，审慎确定。

（2）袋装砂井施工　袋装砂井是用具有一定伸缩性和抗拉强度很高的聚丙烯或聚乙烯编织袋装满砂子形成砂井，保证了砂井的连续性，实现了施工设备轻型化，比较适合于在软弱地基上施工。

工程实践表明，大直径砂井存在以下普遍性问题：

1）砂井的不连续性或缩颈现象很难避免。

2）施工设备复杂且比较笨重，不利于在软土地基上施工。

3）从排水分析，并不需要普通砂井这样大的断面，但因为小直径砂井无法施工，所以砂料消耗大，造价高。

袋装砂井的应用基本上克服了普通大直径砂井所存在的问题，使砂井的设计和施工更加合理。砂井的连续性得到保证，施工设备轻型化，比较适应在软弱地基上施工；砂的用量减少，施工速度快，工程造价降低。

袋装砂井的直径一般为 7~12cm。砂袋采用具有良好透水性的编织布制成，袋内砂不易漏失。袋子材料应具有足够强度，能承受袋内砂的自重及弯曲所产生的拉力，并要具有一定的抗老化性能和耐环境水腐蚀的性能，同时又要便于加工制作，价格低廉。目前国内普遍采用的砂袋材料是聚丙烯编织布，因为该材料有较好的工程特性，能满足设计的要求。

袋装砂井断面小，质量轻，减轻了施工设备的重量，施工效率高。我国普遍采用的打设机械有轨道门架式、履带臂架式、步履臂架式、吊机导架式等。

袋装砂井的施工程序包括立位、整理桩尖（有的是与导管相连的活瓣桩尖，有的是分离式的混凝土预制桩尖）、沉入导管、将砂袋放入导管、往管内灌水（减少砂袋与管壁摩擦力）、拔出导管等。为确保质量在袋装砂井施工中应注意以下几个问题：

1）井位定位要准确，砂井垂直度要好，保证排水间距与理论计算一致。

2）砂料的含泥量小，降低井阻效应，一般含泥量控制在 3%以内。

3）袋中的砂宜用风干砂，不宜采用潮湿砂，以免施工前因干燥而体积减小，造成袋装砂井长度缩短，从而发生与排水层不搭接等质量事故。

4）聚丙烯编织袋在施工现场避免长期暴晒。

5）砂袋进入导管的入口处，应装设滚轮，避免砂袋刮破漏砂。

6）导管下口与桩靴之间密封性要好，避免导管内进泥而影响砂井的入土深度。

7）砂袋应留有足够的长度，要考虑到袋内砂体积减小、砂袋在井孔内弯曲等因素，避免造成因长度不够，顶部砂袋与砂垫层不连接的质量事故。

（3）塑料排水板施工　目前，采用塑料排水板代替传统的砂井已非常普遍。原因是塑料排水板可以工厂生产，比袋装砂井更轻便，施工更简单，无缩颈、无断裂，有质量的保证；机械设备简单，各种地质条件都能施工，适应性较强；工程造价相对较低，施工效率较高。

1）塑料排水板的性能。塑料排水板由芯板和滤膜组成。芯板是由聚丙烯或聚乙烯塑料加工而成，板的两面有间隔沟槽，土层固结时渗流的孔隙水通过滤膜渗入到沟槽内，并通过沟槽向上渗入到地表排水砂垫中。故要求排水板的滤膜渗透性好，与黏性土接触后其渗透系数不低于中砂；排水沟槽输水畅通；塑料板排水沟槽断面不因受土压力作用而减小。

2）塑料排水板的结构。塑料排水板的结构如图 4-26 所示，主要由芯板和滤膜组成。根据材料不同而不同，国内外工程上采用的结构形式如图 4-27 所示。其中，图 4-27a、b、c 所示的沟槽型排水芯板，考虑到在土体侧压力作用下不产生断面压缩变形的要求，多采用聚丙烯、聚乙烯和聚氯乙烯材料制作。聚氯乙烯材料软、延伸率高，易在侧压力作用下变形使过水断面减小。多孔型芯板，一般采用耐腐蚀的涤纶丝无纺布（图 4-27e、f）。

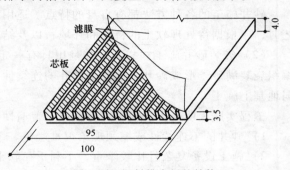

图 4-26　塑料排水板的结构

滤膜一般采用耐腐蚀的涤纶衬布，涤纶布不低于 60 号，含胶量不小于 35%，既要保证涤纶布饱水后强度满足要求，又要有较好的透水性，滤膜材料中不宜掺入有机混合料。各种类型塑料排水板性能见表 4-11。

表 4-11　塑料排水板性能

项目	指标	类型 TJ-1	SPB-1	Mebra	日本
	外形尺寸/mm（宽×厚）	100×4	100×4	100×3.5	100×1.6
材料	板芯	聚乙烯、聚丙烯	聚氯乙烯	聚乙烯	聚乙烯
	滤膜	纯涤纶	混合涤纶	合成纤维质	聚乙烯
	纵向沟槽数	38	38	38	10
	沟槽面积/mm²	152	152	207	112
板芯	抗拉强度/（N/cm²）	210	170	—	—
	180°弯曲	不脆不断	不脆不断	—	—
	扁平压缩变形	—	—	—	—

（续）

项目	指标 \ 类型		TJ-1	SPB-1	Mebra	日本
滤膜	滤膜单位重力/(N/m^2)		0.65(含胶40%)	0.50	—	—
	抗拉强度 /(N/cm^2)	干	大于30	经42,纬27.2	107	—
		饱和	25~30	经22.7,纬14.5	—	—
	耐破度 /(N/cm)	干	87.8	52.5	—	—
		饱和	71.7	51.0	—	—
	撕裂度 /(N/cm)	干	—	1.34	—	—
		饱和	—	—	—	—
	顶破强度/N		10^3			
	渗透系数/(cm/s)		1×10^{-2}	4.2×10^{-2}	—	1.2×10^{-2}

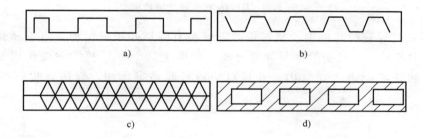

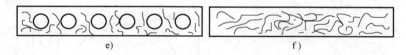

图 4-27　塑料排水板的结构形式

a）π形槽塑料板　b）梯形槽塑料板　c）三角形槽塑料板
d）硬透水膜塑料板　e）无纺布螺旋孔排水板　f）无纺布柔性排水板

3）关于塑料排水板法的施工工艺：

① 塑料排水板插板机。塑料排水板法的施工机械基本上可与袋装砂井施工机械共用，只是将圆形导管改为矩形导管，插板机如图 4-28 所示。目前我国采用的两用打设机械，其振动打设工艺和锤击振力大小，可根据每次打设根数、导管断面大小、入土长度及地基均匀程度具体确定。一般对均匀的软土，振动锤击力见表 4-12。

表 4-12　振动锤击振力参考值

长度/m	导管直径/cm	振动锤击振力/kN	
		单管	双管
小于10	130~146	40	80
10~20		80	120~160
大于20	130~146	120	160~220

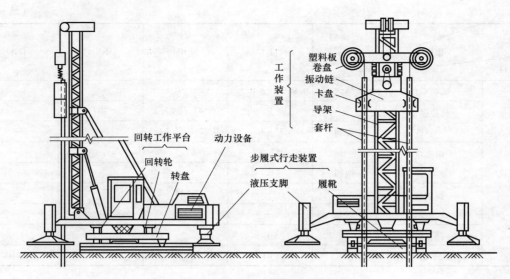

图 4-28　IJB-16 型步履式插板机

②塑料板的导管靴与桩尖。塑料板的导管靴有圆形和矩形两种，由于导管靴断面不同，所用桩尖各异，并且一般都与导管分离，如图 4-29 所示。桩尖主要作用是在打设塑料板工程中防止淤泥进入导管内，并且对塑料板起锚定作用，以防止提管时将塑料板带出。

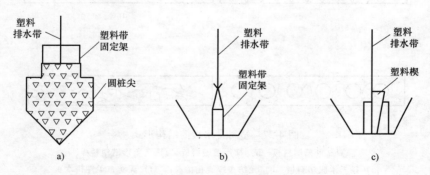

图 4-29　塑料排水带管靴与桩尖形式

a）混凝土圆形桩尖　b）倒梯形桩尖　c）楔形固定桩尖

③施工工艺。塑料排水板打设顺序如图 4-30 所示。

④施工注意事项

塑料板滤水膜在转盘和打设过程中要避免损坏，防止淤泥进入板芯堵塞输水孔，影响排水效果。

塑料板与桩尖连接要牢固，避免提管时脱离将塑料板带出。

桩尖平端与导管靴配合要适当，避免错缝，防止淤泥进入导管增大对塑料的阻力，在提管时将塑料板拉断或带出。

严格控制间距和插入深度。

塑料板需接长时，为减小板与导管阻力，应采用滤水内平搭接的连接方法，为保证输水

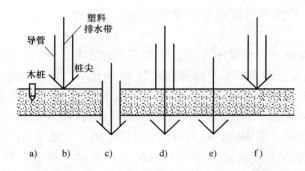

图 4-30 塑料板排水带打设顺序

a) 定位并打入小木桩 b) 将塑料带通过导管从管靴穿出，对准桩位
c) 插入塑料带至设计深度 d) 拔出插管 e) 剪短塑料带，地面以上预留 20~30cm
f) 移位，对桩位四周形成的孔隙用砂回填，将预留的塑料叠埋入砂垫层中

畅通，及有足够的搭接强度，搭接长度需在 20cm 以上。

3．预压荷载的施工

1）利用建（构）筑物自重加压。利用建（构）筑物自重预压处理地基，应考虑给建（构）筑物预留沉降高度，保证建（构）筑物预压后其标高满足设计要求。

在处理油罐等容器地基时，应保证地基沉陷的均匀度，保证罐基中心和四周的沉陷差异在设计许可范围内，否则应分析原因，在沉降时采取措施进行纠偏。

2）堆载预压。堆载预压的材料一般以散料为主，如石料、砂、砖等。大面积施工时通常采用自卸汽车与推土机联合作业。对超软地基的堆载预压，第一级荷载宜用轻型机械作业或人工作业。

4.7.2 排水固结法施工的注意事项

1）堆载面积要足够大。堆载的顶面积不小于建（构）筑物底面积。堆载的底面积也应适当扩大，以保证建（构）筑物范围内的地基得到均匀加固。

2）堆载要求严格控制加荷速率，以保证在各级荷载下地基的稳定性，同时要避免部分堆载过高而引起地基的局部破坏。

3）对超软黏性土地基，荷载的大小、施工工艺更要精心设计，以避免对土的扰动和破坏。

知识点扩展：井阻和涂抹作用对固结的影响

随着砂井、袋装砂井及塑料排水带（板）的广泛使用，人们逐渐意识到井阻和涂抹作用对固结效果的影响是不可忽视的。

砂井或塑料排水带（板）通常采用挤土法施工，由于井壁的涂抹及对桩周土的扰动，土的渗透系数降低，从而影响土层的固结速率。涂抹作用对土层固结影响的大小取决于涂抹区的范围和涂抹区土的水平向渗透系数 k_s 与天然土层水平渗透系数 k_h 的比值。

研究认为，涂抹区的直径 d_s 与竖井施工套管横截面面积当量直径 d_m 之比 $\left(s=\dfrac{d_s}{d_m}\right)$ 为 2~

3时，由于土被扰动，涂抹区的渗透系数越靠近井壁，k_s 越小。d_s 及 k_s 的大小范围与施工和扰动程度有关。

所谓井阻，主要是指水在砂井中竖向流动所遇到的阻力，所以井阻的大小取决于竖井深度和竖井向通水量 q_w 与天然土层水平向渗透系数 k_h 的比值。如以竖井地基径向平均固结度达到 0.9 为标准，对于不同竖井深度、不同井径比和不同 q_w/k_h，考虑井阻影响和理想井条件时的固结时间因数为 $T_{h90(r)}$，理想井条件时的固结时间因数为 $T_{h90(i)}$。当两个时间因数比值小于 1.1 时，可不考虑井阻影响，从而可得到 q_w/k_h 值。由此得到竖井所需要的通水量 q_w 的理论值，即竖井在实际工作状态下应具有的纵向通水量。对于塑料排水带（板）来说，它的纵向通水量不同于实验室按一定标准测定的通水量值，设计中如何选用产品的纵向通水量是一个比较复杂的问题。塑料排水带（板）的纵向通水量与排水带（板）的深度、天然土层和涂抹后土的渗透系数、排水带（板）实际工作状态和工期等很多因素有关。同时，在预压过程中，土层的固结速率也是不同的，预压初期土层固结较快，通过塑料排水带（板）的出水量较大，塑料排水带（板）的工作状态相对较好。关于塑料排水带（板）的通水量问题还有待进一步研究。对于砂井，纵向通水量可按下式计算

$$q_w = k_w A_w = k_w \frac{\pi d_w^2}{4} \tag{4-38}$$

式中　k_w——砂井砂料的渗透系数（cm/s）；

　　　A_w——砂井的截面面积（m²）；

　　　d_w——砂井的直径（mm）。

现取井径比 $n=20$，袋装砂井直径 d_w 有 70mm 和 100mm 两种；土层渗透系数 k_h 分别为 1×10^{-6} cm/g、5×10^{-7} cm/s、1×10^{-7} cm/s 和 1×10^{-8} cm/s，考虑井阻影响时，时间因数比 $T_{h90(r)}/T_{h90(i)}$ 列于表 4-13 中，相应的 q_w/k_h 列于表 4-14 中。从两表的计算结果可以看出，对袋装砂井宜选用较大直径和较高的砂料渗透系数，效果比较好。土层渗透系数相同，砂井砂料渗透系数也相同时，100mm 直径的 q_w/k_h 约为 70mm 直径的 2 倍。土层渗透系数相同时，q_w/k_h 与砂井砂料渗透系数成正比。

表 4-13　井阻时间因子 $T_{h90(r)}$ 与理想井时间因子 $T_{h90(i)}$ 的比值

砂井砂料渗透系数/(cm/s)	袋装砂井直径/mm 砂井深度/m 土层渗透系数/(cm/s)	70		100	
		10	20	10	20
1×10^{-2}	1×10^{-6}	3.85	12.41	2.40	6.60
	5×10^{-7}	2.43	6.71	1.70	3.80
	1×10^{-7}	1.29	2.14	1.14	1.56
	1×10^{-8}	1.03	1.11	1.01	1.06
5×10^{-2}	1×10^{-6}	1.57	3.29	1.28	2.12
	5×10^{-7}	1.29	2.14	1.14	1.56
	1×10^{-7}	1.06	1.23	1.03	1.11
	1×10^{-8}	1.01	1.02	1.00	1.01

表 4-14 q_w/k_h（单位：m^2）

砂井砂料渗透系数/(cm/s) \ 土层渗透系数/(cm/s) \ 袋装砂井直径/mm	70	100
1×10^{-2} 1×10^{-6}	38.5	78.5
5×10^{-7}	77.0	157.0
1×10^{-7}	385.0	785.0
1×10^{-8}	3850.0	7850.0
5×10^{-2} 1×10^{-6}	192.3	392.5
5×10^{-7}	384.6	785.0
1×10^{-7}	1923.0	3925.0
1×10^{-8}	19230.0	39250.0

关于考虑涂抹作用和井阻的固结计算实例：

【工程案例 4-4】　已知地基为淤泥质黏土层，水平向渗透系数 $k_h=1\times10^{-7}$ cm/s，$C_v=C_h=1.8\times10^{-3}$ cm²/s；袋装砂井直径 $d_w=70$ mm，砂料渗透系数 $k_w=2\times10^{-2}$ cm/s；涂抹区土的渗透系数 $k_s=\dfrac{1}{5}k_h=2\times10^{-8}$ cm/s；假定涂抹区直径为套管当量直径之比 $s=\dfrac{d_s}{d_m}=2$；袋装砂井为等边三角形排列，间距 $a=1.4$ m，深度 $H=20$ m；砂井底部为不透水层，砂井打穿受压土层；预压荷载总压力 $p=100$ kPa，分两级等速加载，如图 4-22 所示。试计算加载开始 120d 后受压土层的平均固结度。

【解】　1）袋装砂井纵向通水量计算按式（4-38）计算，即

$$q_w=k_wA_w=k_w\frac{\pi d_w^2}{4}$$

得

$$q_w=k_w\times\frac{\pi d_w^2}{4}=2\times10^{-2}\times3.14\times\frac{7^2}{4}\,\text{cm}^3/\text{s}=0.769\ \text{cm}^3/\text{s}$$

2）计算各影响因数。已知考虑井阻和涂抹作用时按式（4-14）计算，即

$$F=F_n+F_s+F_r$$

得

$$F_n=\ln n-\frac{3}{4},\ n\geqslant15$$

$$F_s=\left[\frac{k_h}{k_s}-1\right]\ln s$$

$$F_r=\frac{\pi^2L^2}{4}\frac{k_h}{q_w}$$

其中（$n\geqslant15$）理想井为

$$F_n=\frac{n^2}{n^2-1}\ln n-\frac{3n^2-1}{4n^2}$$

$$=\ln n-34=\ln21-\frac{3}{4}=2.29$$

201

排水井深度为

$$F_r = \frac{\pi^2 L^2 k_w}{4q_w} = \frac{3.14^2 \times 2000^2 \times 1 \times 10^{-7}}{4 \times 0.769} = 1.28$$

涂抹因子为

$$F_s = \left(\frac{k_h}{k_s} - 1\right)\ln s = \left(\frac{1 \times 10^{-7}}{0.2 \times 10^{-7}} - 1\right)\ln 2 = 2.77$$

综合影响值为

$$F = F_n + F_r + F_s = 2.29 + 1.28 + 2.77 = 6.34$$

3）固结参数见表 4-1

$$\alpha = \frac{8}{\pi^2} = 0.81$$

$$\beta = \frac{8C_h}{F_n d_e^2} + \frac{\pi^2 C_v}{4H^2} = \left(\frac{8 \times 1.8 \times 10^{-3}}{6.34 \times 147^2} + \frac{3.14^2 \times 1.8 \times 10^{-3}}{4 \times 2000^2}\right)s^{-1} = 1.06 \times 10^{-7}s^{-1} = 0.0092d^{-1}$$

4）固结度计算按式（4-13），即

$$U = \frac{q_1}{\sum \Delta p}\left[(t_1 - t_0) - \frac{\alpha}{\beta}e^{-\beta t}(e^{\beta t_1} - e^{\beta t_0})\right] +$$

$$\frac{q_2}{\sum \Delta p}\left[(t_3 - t_2) - \frac{\alpha}{\beta}e^{-\beta t}(e^{\beta t_3} - e^{\beta t_2})\right]$$

$$= \frac{6}{100} \times \left[(10 - 0) - \frac{0.81}{0.0092}e^{-0.0092 \times 120}(e^{0.0092 \times 10} - e^0)\right] +$$

$$\frac{4}{100} \times \left[(40 - 3) - \frac{0.81}{0.0092}e^{-0.0092 \times 120}(e^{0.0092 \times 40} - e^{0.0092 \times 30})\right] = 0.68$$

考虑涂抹和井阻的影响，120d 后固结度仅为 0.68，不考虑涂抹和井阻影响固结度可达 0.93，可见其影响是很大的。再从计算中表明，涂抹影响因子 F_s 所占比例很大，所以在施工过程中应尽量减少扰动，对预压效果具有重要意义。

附录A 重力式水泥土挡墙案例训练——手算

围护结构剖面 1—1 为例（图 2-18），围护结构的手算方式如下。

1. 土压力的计算（图 A-1）

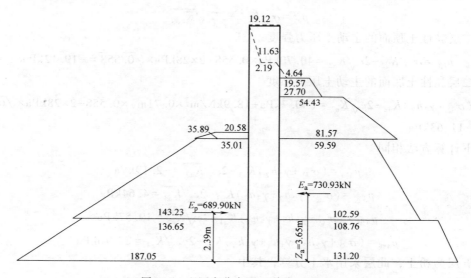

图 A-1　土压力分布图（单位：kPa）

由于地面的第一层土为杂填土，杂填土非工程土，故将其换算为地面超载 $p_{杂}$ 来考虑，地面超载按下式计算

$$h = \frac{p}{\gamma} \tag{A-1}$$

据此，得 $\quad p_{杂} = h_1 \gamma = 1.15 \text{kN/m}^3 \times 18\text{m} = 20.7 \text{kPa}$

将原来的地面超载和杂填土换算后的超载相加得到

$$p_{总} = p + p_{杂} = 20\text{kPa} + 20.7\text{kPa} = 40.7\text{kPa}$$

（1）主动土压力部分

1）朗肯主动土压力系数按式（2-11b）计算，即

第 i 层

$$K_{a,i} = \tan^2 \left(45° - \frac{\varphi}{2} \right) = \tan^2 \left(45° - \frac{\varphi_i}{2} \right)$$

$$K_{a2} = \tan^2 \left(45° - \frac{\varphi}{2} \right) = \tan^2 \left(45° - \frac{16.5°}{2} \right) = 0.558$$

$$K_{a3} = \tan^2\left(45° - \frac{\varphi}{2}\right) = \tan^2\left(45° - \frac{18.5°}{2}\right) = 0.518$$

$$K_{a4} = \tan^2\left(45° - \frac{\varphi}{2}\right) = \tan^2\left(45° - \frac{18.0°}{2}\right) = 0.528$$

$$K_{a5} = \tan^2\left(45° - \frac{\varphi}{2}\right) = \tan^2\left(45° - \frac{29.5°}{2}\right) = 0.34$$

$$K_{a6} = \tan^2\left(45° - \frac{\varphi}{2}\right) = \tan^2\left(45° - \frac{13.0°}{2}\right) = 0.633$$

$$K_{a7} = \tan^2\left(45° - \frac{\varphi}{2}\right) = \tan^2\left(45° - \frac{11.5°}{2}\right) = 0.668$$

2）主动土压力强度按式（2-11a）计算，即

$$p_{ak} = \sigma_{ak} K_{a,i} - 2C_i\sqrt{K_{a,i}}$$

第二层黏性土顶面的主动土压力强度

$$p_{i顶} = \sigma_{总} K_{a2} - 2c\sqrt{K_{a2}} = 40.70\text{kPa} \times 0.558 - 2 \times 28\text{kPa} \times \sqrt{0.558} = -19.12\text{kPa}$$

第二层黏性土底面的主动土压力强度

$$p_{2底} = (\sigma_{总} + \gamma_2 h_2) K_{a2} - 2c\sqrt{K_{a2}} = (40.7\text{kPa} + 18.9\text{kN/m}^3 \times 0.71\text{m}) \times 0.558 - 2 \times 28\text{kPa} \times \sqrt{0.558}$$
$$= -11.63\text{kPa}$$

以下计算方法相同

$$p_{3顶} = (\sigma_{总} + \gamma_2 h_2) K_{a3} - 2c\sqrt{K_{a3}} = -2.19\text{kPa}$$

$$p_{3底} = (\sigma_{总} + \gamma_2 h_2 + \gamma_3 h_3) K_{a3} - 2c\sqrt{K_{a3}} = 4.64\text{kPa}$$

$$p_{4顶} = (\sigma_{总} + \gamma_2 h_2 + \gamma_3 h_3) K_{a4} - 2c\sqrt{K_{a4}} = 19.57\text{kPa}$$

$$p_{4底} = (\sigma_{总} + \gamma_2 h_2 + \gamma_3 h_3 + \gamma_4 h_4) K_{a4} - 2c_4\sqrt{K_{a4}} = 27.70\text{kPa}$$

第五层为粉土，此层采用水土分算，其中

$$\gamma'_5 = \gamma_5 - \gamma_w = 18.6\text{kN/m}^3 - 10\text{kN/m}^3 = 8.6\text{kN/m}^3$$

土压 　　$$p'_{5顶} = (\sigma_{总} + \gamma_2 h_2 + \gamma_3 h_3 + \gamma_4 h_4) K_{a5} - 2c\sqrt{K_{a5}} = 21.13\text{kPa}$$

静水压 　　$$\gamma_w\left[(h_1 - 0.5) + h_2 + h_3 + h_4\right] = 33.3\text{kPa}$$

$$p_{5顶} = p'_{5顶} + 33.3\text{kPa} = 54.43\text{kPa}$$

土压 　　$$p'_{5底} = (\sigma_{总} + \gamma_2 h_2 + \gamma_3 h_3 + \gamma_4 h_4 + \gamma_5 h_5) K_{a5} - 2c_5\sqrt{K_{a5}} = 27.27\text{kPa}$$

静水压 　　$$\gamma_w \cdot \left[(h_1 - 0.5) + \gamma_2 h_2 + \gamma_3 h_3 + \gamma_4 h_4 + \gamma'_5 h_5\right] = 54.30\text{kPa}$$

$$p_{5底} = p'_{5底} + 54.3\text{kPa} = 81.57\text{kPa}$$

$$p_{6顶} = (\sigma_{总} + \gamma_2 h_2 + \gamma_3 h_3 + \gamma_4 h_4 + \gamma_5 h_5) K_{a6} - 2c_6\sqrt{K_{a6}} = 59.59\text{kPa}$$

$$p_{6底} = (\sigma_{总} + \gamma_2 h_2 + \gamma_3 h_3 + \gamma_4 h_4 + \gamma_5 h_5 + \gamma_6 h_6) K_{a6} - 2c_6\sqrt{K_{a6}} = 102.59\text{kPa}$$

$$p_{7顶} = (\sigma_{总} + \gamma_2 h_2 + \gamma_3 h_3 + \gamma_4 h_4 + \gamma_5 h_5 + \gamma_6 h_6) K_{a7} - 2c_7\sqrt{K_{a7}} = 108.76\text{kPa}$$

$$p_{7底} = (\sigma_{总} + \gamma_2 h_2 + \gamma_3 h_3 + \gamma_4 h_4 + \gamma_5 h_5 + \gamma_6 h_6 + \gamma_7 h_7) K_{a7} - 2c_7\sqrt{K_{a7}} = 131.20\text{kPa}$$

3）主动土压力大小

当土压力图形为梯形时，按照公式 $S_{ai} = \dfrac{p_{i顶} + p_{i底}}{2} h_i$ 来计算

当土压力图形为三角形时，按照公式 $S_i=\dfrac{p_i}{2}h_i$ 来计算（本单元计算中仅有第三层土压力计算需用到）。

图 A-1 中 S_{a2} 和 $S_{a3上}$ 为负侧压力，对墙背是拉力，而实际中墙与土在很小的拉力下就会分离，所以此部分忽略不计。分别算得各个土层的主动土压力大小 S_i 以及其力的作用点距离墙底的距离 Z_i。

$$S_{a4}=\frac{p_{4顶}+p_{4底}}{2}h_4=\frac{19.57\text{kPa}+27.70\text{kPa}}{2}\times0.89\text{m}=21.04\text{kN/m}$$

$$Z_{a4}=\frac{h_4}{3}\left(\frac{2p_{4顶}+p_{4底}}{p_{4顶}+p_{4底}}\right)+h_5+h_6+h_7$$

$$=\frac{0.89\text{m}}{3}\times\left(\frac{2\times19.57\text{kPa}+27.70\text{kPa}}{19.57\text{kPa}+27.70\text{kPa}}\right)+2.1\text{m}+4.02\text{m}+2.0\text{m}=8.54\text{m}$$

其余计算方法相同，结果汇总见表 A-1。

表 A-1　各土层主动土压力及力作用点距墙底距离汇总表

$S_{ai}/(\text{kN/m})$	$S_{a3下}=1.15$	$S_{a4}=21.04$	$S_{a5}=142.08$	$S_{a6}=325.98$	$S_{a7}=239.96$
Z_{ai}/m	$Z_{a3下}=9.18$	$Z_{a4}=8.54$	$Z_{a5}=7.00$	$Z_{a6}=3.83$	$Z_{a7}=0.97$

$$E_a=S_{a3下}+S_{a4}+S_{a5}+S_{a6}+S_{a7}$$

$$=1.15\text{kN/m}+21.04\text{kN/m}+142.8\text{kN/m}+325.98\text{kN/m}+239.96\text{kN/m}$$

$$=730.93\text{kN/m}$$

利用弯矩等效计算主动土压力合力作用点距离墙底的距离 Z_a，即

$$S_{a3下}Z_{a3下}+S_{a4}Z_{a4}+S_{a5}Z_{a5}+S_{a6}Z_{a6}+S_{a7}Z_{a7}=E_a\cdot Z_a$$

代入数据得

1.15kN/m×9.18m+21.04kN/m×8.54m+142.8kN/m×7.00m+325.98kN/m×3.83m+

239.96kN/m×0.97m=730.93kN/m·Z_a

解得

$$Z_a=3.65\text{m}$$

（2）被动土压力部分

1）朗肯被动土压力系数按式（2-11d）计算，即

第 i 层

$$K_{p,i}=\tan^2\left(45°+\frac{\varphi_i}{2}\right)$$

则有

$$K_{p5}=\tan^2\left(45°+\frac{\varphi_5}{2}\right)=\tan^2\left(45°+\frac{29.5°}{2}\right)=2.94$$

$$K_{p6}=\tan^2\left(45°+\frac{\varphi_6}{2}\right)=\tan^2\left(45°+\frac{13.0°}{2}\right)=1.58$$

$$K_{p7}=\tan^2\left(45°+\frac{\varphi_7}{2}\right)=\tan^2\left(45°+\frac{11.5°}{2}\right)=1.50$$

2）被动土压力强度按式（2-11c）计算，即

$$p_{pk}=\sigma_{pk}K_{p,i}+2c_i\sqrt{K_{p,i}}$$

被动区第一层土厚度的计算：$h'_5 = (h_1 + h_2 + h_3 + h_4) - 5.3\text{m} = 0.28\text{m}$

$$p'_{5顶} = 2c\sqrt{K_{a5}} = 20.58\text{kPa}$$

$$p'_{5底} = \gamma_5 h'_5 K_{p5} + 2c_5\sqrt{K_{p5}} = 20.58\text{kPa}$$

$$p'_{6顶} = \gamma_5 h'_5 K_{p6} + 2c_6\sqrt{K_{p6}} = 35.01\text{kPa}$$

$$p'_{6底} = (\gamma_5 h'_5 + \gamma_6 h_6) K_{p6} + 2c_6\sqrt{K_{p6}} = 143.23\text{kPa}$$

$$p'_{7顶} = (\gamma_5 h'_5 + \gamma_6 h_6) K_{p7} + 2c_7\sqrt{K_{p7}} = 136.65\text{kPa}$$

$$p'_{7底} = (\gamma_5 h'_5 + \gamma_6 h_6 + \gamma_7 h_7) K_{p7} + 2c_7\sqrt{K_{p7}} = 187.05\text{kPa}$$

3）被动土压力大小。土压力图形均为梯形，按下式计算

$$S_{pi} = \frac{p_{i顶} + p_{i底}}{2} h_i$$

被动区第一层土压力大小为

$$S_{p1} = \frac{p'_{5顶} + p'_{5底}}{2} h'_5 = \frac{20.58\text{kPa} + 35.89\text{kPa}}{2} \times 0.28\text{m} = 7.90\text{kN/m}$$

被动区第一层土压力作用点距墙底距离为 h'_5，得

$$Z_{p5} = \frac{h'_5}{3} \left(\frac{2p'_{5顶} + p'_{5底}}{p'_{5顶} + p'_{5底}} \right) = \frac{0.28\text{m}}{3} \times \frac{2 \times 20.58\text{kPa} + 35.89\text{kPa}}{20.58\text{kPa} + 35.89\text{kPa}} = 0.13\text{m}$$

其余计算方法相同，结果汇总见表 A-2。

表 A-2　各土层被动土压力及力作用点距墙底距离汇总表

$S_{pi}/(\text{kN/m})$	$S_{p1} = 7.90$	$S_{p2} = 358.26$	$S_{p3} = 142.08$
Z_{pi}/m	$Z_{p1} = 0.13$	$Z_{p2} = 3.6$	$Z_{p3} = 0.95$

$$E_p = S_{p1} + S_{p2} + S_{p3} = 7.90\text{kN/m} + 358.3\text{kN/m} + 323.7\text{kN/m}$$
$$= 689.90\text{kN/m}$$

利用弯矩等效计算被动土压力合力作用点距离墙底的距离 Z_p，即

$$S_{p1}Z_{p1} + S_{p2}Z_{p2} + S_{p3}Z_{p3} = E_p Z_p$$

代入数据得

$$7.9\text{kN/m} \times 6.15\text{m} + 358.3\text{kN/m} \times 3.6\text{m} + 323.7\text{kN/m} \times 0.95\text{m}$$
$$= 689.90\text{kN/m} \cdot Z_p$$

解得

$$Z_p = 2.39\text{m}$$

2. 抗倾覆稳定验算

取水泥土的重度 $\gamma_{水泥土} = 18\text{kN/m}^3$，墙身宽度 $B = 4.2\text{m}$。由上面计算可知，墙前被动土压力标准值为

$$E_p = S_{p1} + S_{p2} + S_{p3} = 7.90\text{kN/m} + 358.3\text{kN/m} + 323.7\text{kN/m} = 689.90\text{kN/m}$$

墙前被动土压力合力作用点距离墙底的距离 $Z_p = 2.39\text{m}$

墙前主动土压力标准值 $E_a = 730.39\text{kN/m}$

墙前主动土压力合力作用点距离墙底的距离 $Z_a = 3.65\text{m}$

F_{wk}（作用在墙上的静水压力标准值）已经和上述土压力一同计算，此处无须重复。

墙身自重标准值按下式计算：

$$G_k = B(h+D)\gamma_{水泥土} \tag{A-2a}$$

代入数据得

$$G_k = B(h+D)\gamma_{水泥土} = 4.2\text{m} \times (5.3\text{m}+6.3\text{m}) \cdot 18\text{kN/m}^3 = 876.96\text{kN/m}$$

墙身所受水浮力标准值为

$$G_w = G_排 = \rho_水 gV = \gamma_w B(h+D-0.5) \tag{A-2b}$$

代入数据得

$$G_w = G_排 = \rho_水 gV = 466.2\text{kN/m}$$

抗倾覆性稳定系数按式（2-6）计算，即

$$\frac{E_{pk}a_p + (G-u_m B)a_G}{E_{ak}a_a} \geq K_{ov}$$

代入数据得

$$\frac{689.90\text{kN/m} \times 2.39\text{m} + (876.96\text{kN/m}-466.20\text{kN/m}) \times 4.2\text{m}/2}{730.93\text{kN/m} \times 3.65\text{m}} = 0.94 < 1.3$$

其中 K_{ov} 的取值应满足 JGJ 120—2012《建筑基坑支护技术规范》中第 6.1.2 条的规定，即其值不应小于 1.3，可见上述所验算的结构不符合规范要求。

现增加墙体宽度取 $B_1 = 6.2\text{m}$，再次进行计算。墙身自重标准值按式（A-2a）计算，得

$$G_k = B_1(h+D)\gamma_{水泥土} = 6.2\text{m} \times (5.3\text{m}+6.3\text{m}) \times 18\text{kN/m}^3 = 1294.56\text{kN/m}$$

墙身所受水浮力标准值按式（A-2b）计算，得

$$G_w = B_1(h+D-0.5)\gamma_w = 6.2\text{m}(5.3\text{m}+6.3\text{m}-0.5\text{m}) \times 10\text{kN/m}^3 = 688.20\text{kN/m}$$

代入式（2-6）中，得

$$\frac{689.90\text{kN/m} \times 2.39\text{m} + (1294.56\text{kN/m}-688.20\text{kN/m}) \times 6.2\text{m}/2}{730.93\text{kN/m} \times 3.65\text{m}} = 1.32 > 1.3$$

符合规范要求。

3. 抗滑移稳定性验算

已知墙体底层土的黏聚力 $c_0 = 11\text{kPa}$，内摩擦角 $\varphi_0 = 11.5°$，$F_{pk} = 689.90\text{kN/m}$，$G_k = 1294.56\text{kN/m}$，$G_w = 688.20\text{kN/m}$，$B = 6.2\text{m}$，$F_{ak} = 730.93\text{kN/m}$。

抗滑移稳定性验算按式（2-7）进行，即

$$\frac{E_{pk} + (G-u_m B)\tan\varphi + cB}{E_{ak}} \geq K_{sl}$$

代入数据得

$$\frac{689.90\text{kN/m} + (1294.56\text{kN/m}-688.20\text{kN/m})\tan11.5° + 11\text{kPa} \times 6.2\text{m}}{730.93\text{kN/m}} = 1.21 > 1.20$$

其中 K_{sl} 的取值应满足 JGJ 120—2012《建筑基坑支护技术规范》中第 6.1.1 条的规定，其值不小于 1.2，可见上述验算的结构符合规范要求。

4. 墙体应力验算

选取基坑坑底截面，即深度为 5.3m 的截面进行墙身应力验算

（1）截面处弯矩计算　计算墙底截面处的土压力强度 $\sigma_{墙底a}$ 和 $\sigma_{墙底p}$。由于第五层为粉土，故采用水土分算。

土压

$$p'_{墙底a} = \sigma_合 + \gamma_2 h_2 + \gamma_3 h_3 + \gamma_4 h_4 + \gamma_5(h_5-0.28)K_{a5} = 26.6\text{kPa}$$

静水压 $P_{墙底w} = [(h_1-0.5)+h_2+h_3+h_4+(h_5-0.28)] \times 10 = 48.0\text{kPa}$

$$P_{墙底a} = p'_{墙底a} + p_{墙底w} = 26.6\text{kPa} + 48.0\text{kPa} = 74.6\text{kPa}$$

$$h'_{a5} = \left(\frac{2.10-0.28}{3} \times \frac{2 \times 54.43 + 74.60}{54.43 + 74.60} \right)\text{m} = 0.86\text{m}$$

$$S_{a5} = \frac{(54.43+74.6) \times (2.10-0.28)}{2}\text{kN/m} = 117.42\text{kN/m}$$

5.3m 以上的主动土压力为

$$F_{(5.3m)a} = 1.15\text{kN/m} + 21.03\text{kN/m} + 117.42\text{kN/m} = 139.60\text{kN/m}$$

对 5.3m 墙底列力矩平衡方程

$$\left[1.15 \times \left(\frac{1}{3} \times 0.464 + 0.89 + 1.82 \right) + 21.03 \times (0.42+1.82) + 117.42 \times 0.86 \right]\text{kN} \cdot \text{m} = 151.38\text{kN} \cdot \text{m}$$

所以此截面的弯矩 $M_{5.3m} = 151.38\text{kN} \cdot \text{m}$

（2）水泥土 28d 无侧限抗压强度 q_u 确定   水泥土 28d 无侧限抗压强度按下式计算

$$q_u = [3.4 \times (5a_w)^\lambda - 2a_w^{0.5}](1-e^{-0.025T}) + 2a_w^{0.75} + S_0 \tag{A-3}$$

其中水泥掺量 $a_w = 13\%$，土质形状参数 $\lambda = 0.9$，原状土无侧限抗压强度 $S_0 = 0.06\text{MPa}$，$T = 28\text{d}$。

代入数据得

$$q_u = \{[3.4 \times (5 \times 0.13)^{0.9} - 2 \times 0.13^{0.5}] \times (1-e^{-0.025 \times 28}) + 0.13^{0.75} + 0.06\}\text{MPa}$$
$$= 1.074\text{MPa} = 1074\text{kPa}$$

注：土质形状参数 $\lambda = 0.9$，原状土无侧限抗压强度 $S_0 = 0.06\text{MPa}$，因无实测资料选自参考文献的建议值。

（3）截面正应力验算   已知水泥土挡墙墙身重度 $\gamma_Q = 18\text{kN/m}^3$，地面超载 $q = 20\text{kN/m}^2$，$Z = 5.3\text{m}$，$W = \frac{bh^2}{6} = \frac{1 \times 6.2^2}{6} = 6.41\text{m}^3$，取 1 延米的墙长来考虑。

截面正应力验算按下式计算：

拉应力 $$\gamma_Q Z \frac{M}{W} \leqslant q_{uk} \tag{A-4a}$$

压应力 $$\gamma_Q Z + q + \frac{M}{W} \leqslant q_{uk} \tag{A-4b}$$

代入数据得

$$\sigma_{max} = \gamma_Q Z + q + \frac{M}{W} = 18\text{kN/m}^3 \times 5.3\text{m} + 20\text{kPa} + \frac{151.38\text{kN} \cdot \text{m}}{6.41\text{m}^3}$$
$$= 139.02\text{kPa} < q_{uk} = 1074\text{kPa}$$

$$\sigma_{max} = \gamma_Q Z - \frac{M}{W} = 18\text{kN/m}^3 \times 5.3\text{m} - \frac{151.38\text{kN} \cdot \text{m}}{6.41\text{m}^3}$$
$$= 71.78\text{kPa} < q_{uk} = 1074\text{kPa}$$

故截面正应力验算符合要求。

（4）截面剪应力验算   该截面处剪力标准值为 $Q = (1.15+21.03+139.6)\text{kN} = 161.78\text{kN}$，墙宽 $B = 6.2\text{m}$，水泥土置换率 $\alpha_s = 0.8$。

截面剪应力验算按下式计算

$$\tau = \frac{Q}{\alpha_s B} \tag{A-5}$$

代入数据得

$$\tau = \frac{Q}{\alpha_s B} = \frac{161.78\text{kN/m}}{0.8 \times 6.2\text{m}} = 32.62\text{kPa} < \tau_f = \frac{q_u}{6} = \frac{1074\text{kPa}}{6} = 179\text{kPa}$$

其中 τ_f 的取值可查参考文献 [4]，故截面剪应力验算符合要求。

（5）地基土承载力验算

1）地基容许承载值 $[f_a]$ 的计算。已知基底持力层地基承载力基本允许值 $[f_{a0}] = 380\text{kPa}$，基底宽度修正系数 $k_1 = 0$，深度修正系数 $k_2 = 1.5$，基底持力层土的天然重度 $\gamma_1 = 6.8\text{kN/m}^3$，基础地面最小宽度 $b = 6.2\text{m}$，基底以上土层加权平均重度 $\gamma_2 = 8.01\text{kN/m}^3$。

地基容许承载力验算按下式计算

$$[f_a] = [f_{a0}] + k_1\gamma_1(b-2) + k_2\gamma_2(h-3) \tag{A-6}$$

代入数据得

$$[f_a] = [f_{a0}] + k_1\gamma_1(b-2) + k_2\gamma_2(h-3) = 380\text{kPa} + 1.5 \times 8\text{kN/m}^3 \times (6.3-3)\text{m} = 419.6\text{kPa}$$

2）计算基坑承载力。已知截面处弯矩 $M = 151.38\text{kN·m}$，水泥土挡墙的重度 $\gamma_Q = 18\text{kN/m}^3$，基坑深度 $h = 5.3\text{m}$，嵌固深度 $D = 6.3\text{m}$，墙宽 $B = 6.2\text{m}$，地面超载 $q = 20\text{kPa}$。

偏心距按下式计算

$$e = \frac{M}{\gamma_Q(h+D)+q} \tag{A-7}$$

代入数据得

$$e = \frac{M}{\gamma_Q(h+D)+q} = \frac{151.38\text{kN·m/m}}{18\text{kN/m}^2 \times (5.3\text{m}+6.3\text{m})+20\text{kPa}} = 0.66\text{m} < \frac{B}{6} = \frac{6.2\text{m}}{6} = 1.03\text{m}$$

基底承载力按下式计算

$$p_k = \gamma_Q(H+D)+q \tag{A-8a}$$

最大基地承载力

$$p_{max} = \gamma_Q(H+D)+q+\frac{M}{W} \tag{A-8b}$$

最小基地承载力

$$p_{min} = \gamma_Q(H+D)+q-\frac{M}{W} \tag{A-8c}$$

代入数据得

$$p_k = \gamma_Q(h+D)+q = 18\text{kN/m}^3 \times (5.3\text{m}+6.3\text{m})+20\text{kPa} = 228.8\text{kPa} < [f_a]$$

$$p_{max} = \gamma_Q(H+D)+q+\frac{M}{W} = 18\text{kN/m}^3 \times (5.3\text{m}+6.3\text{m})+20\text{kPa}+\frac{151.38\text{kN·m}}{6.41\text{m}^3}$$

$$= 252.42\text{kPa} < 1.2[f_{a0}] = 629.4\text{kPa}$$

$$p_{min} = \gamma_Q(H+D)+q-\frac{M}{W} = 18\text{kN/m}^3 \times (5.3\text{m}+6.3\text{m})+20\text{kPa}-\frac{151.38\text{kN·m}}{6.41\text{m}^3}$$

$$= 205.18\text{kPa}$$

故基底承载力验算符合要求。

附录B 重力式水泥土挡墙案例训练——电算

B.1 围护结构剖面 1—1 的电算

围护结构剖面 1—1 的计算（电算）简图如图 2-24 所示。

1. 结构计算及设计结果

由已知条件可知剖面 1—1 只有一个工况，即一次性开挖至坑底，开挖深度为 5.15m，其内力位移包络图[⊖]与工况图相同，如图 B-1 所示，地表沉降如图 B-2 所示。

工况1——开挖(5.15m)

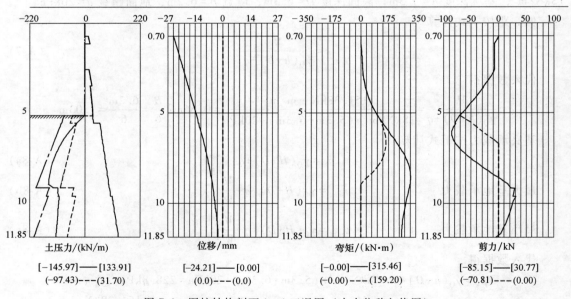

土压力/(kN/m)	位移/mm	弯矩/(kN·m)	剪力/kN
[−145.97]——[133.91]	[−24.21]——[0.00]	[−0.00]——[315.46]	[−85.15]——[30.77]
(−97.43)---(31.70)	(0.0)---(0.0)	(−0.00)---(159.20)	(−70.81)---(0.00)

图 B-1 围护结构剖面 1—1 工况图（内力位移包络图）

⊖ 内力包络图指的是连接各截面的最大、最小内力的图形。通常在结构计算中，一般需要求出在恒载和活载共同作用下，各截面的最大、最小内力，以作为设计或验算的依据。在本文的工况图、位移包络图、地表沉降图中，细实线表示 *m* 法计算出来的结果，虚线表示经典法计算出来的结果。土压力图中，左侧细实线和虚线均表示土反力的值，细长点画线则表示被动区土压力的限值，如果细长点画线将细实线和虚线包裹住说明设计是安全的，即被动区可以提供足够的土反力，反之需调整设计方案。

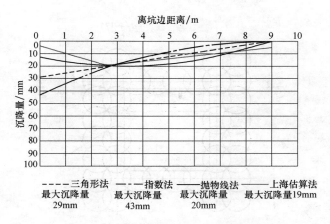

图 B-2 围护结构剖面 1—1 地表沉降图

2. 截面计算

1）内力取值参考表 B-1。

表 B-1 内力取值

序号	内力类型	弹性法计算值	经典法计算值
1	基坑外侧最大弯矩/（kN·m）	315.46	159.20
	基坑外侧最大弯矩距墙顶/m	7.81	6.02
	基坑内侧最大弯矩距墙顶/m	11.15	11.15
	基坑最大剪力/kN	85.15	70.81
	基坑最大剪力距墙顶/m	5.35	4.45

2）截面承载力验算。格栅式水泥土挡墙如图 B-3 所示，其构造验算如下：

格栅内土体的截面面积按式（2-13）计算，即

$$A \leqslant \delta \frac{cu}{\gamma_{\mathrm{m}}}$$

代入数据得

$$A = 2.150\mathrm{m} \times 2.150\mathrm{m} = 4.622\mathrm{m}^2 < \delta \frac{cu}{\gamma_{\mathrm{m}}} = 0.500 \times \frac{11.350 \times 8.600}{7.480}\mathrm{m}^2 = 6.525\mathrm{m}^2$$

式中 2.150——格栅的边长（m）；

7.480——格栅内土体天然重度按土层厚度加权平均（kN/m³），即 7.48kN/m³ = [（0.45×8+0.71×8.9+0.73×8.1+0.89×7.3+2.1×8.6+4.02×6.9+2.25× 6.8）/（11.85−0.7）]kN/m³，其中，地下水位以下取浮重度，减去的 0.7m 为放坡高度；

11.350——格栅内土体黏聚力按各土层厚度加权平均（kPa），即 11.35kPa = [（0.45× 0+0.71×28+0.73×21+0.89×11+2.1×6+4.02×11+2.25×11）/（11.85− 0.7）]，其中减去的 0.7m 为放坡高度；

8.600——计算周长（m），即 8.600m = 2.150×4m。

由计算可知，格栅内土体面积满足构造要求。

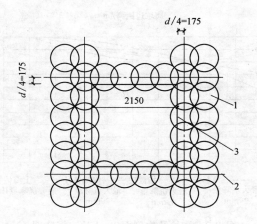

$$d/4=175$$

$$d/4=175$$

2150

1

3

2

图 B-3　格栅式水泥土挡墙

1—水泥土桩　2—水泥土桩中心线　3—计算周长

3. 截面应力验算

（1）采用弹性法计　水泥土挡墙截面承载力验算如下：

1）基坑内侧计算结果。抗弯截面距离墙顶 11.15m，最大截面弯矩设计值 $M_i=1.25\gamma_0$ $M_k=1.25\times1.00\times0.00\text{kN}\cdot\text{m/m}=0.00\text{kN}\cdot\text{m/m}$

① 根据式（2-10b）可知压应力验算式为

$$\gamma_0\gamma_F\gamma_{cs}z+\frac{6M_i}{B^2}\leqslant f_{cs}$$

代入数据得

$$\gamma_0\gamma_F\gamma_{cs}z+\frac{6M_i}{B^2}=\gamma_0\gamma_F\gamma_{cs}z+\frac{M_i}{W}=\left(1.25\times1.00\times18.00\text{kN/m}^3\times11.15\text{m}+\frac{0.00\text{kN}\cdot\text{m/m}}{2.61\text{m}\cdot\text{m}}\right)\times10^{-3}$$

$$=0.25\text{kPa}<f_{cs}=1.41\text{kPa}$$

抗压强度满足。

② 根据式（2-10a）可知拉应力验算式为

$$\frac{6M_i}{B^2}-\gamma_{cs}z\leqslant0.15f_{cs}$$

代入数据得

$$\frac{6M_i}{B^2}-\gamma_{cs}z=\frac{M_i}{W}-\gamma_{cs}z=\left(\frac{0.00\text{kN}\cdot\text{m/m}}{2.61\text{m}\cdot\text{m}}-18.00\text{kN/m}^3\times11.15\text{m}\right)\times10^{-3}$$

$$=-0.2007\text{kPa}<0.15f_{cs}=0.21\text{kPa}$$

抗拉强度满足。

2）基坑外侧计算结果。抗弯截面距离墙顶 7.81m，最大截面弯矩设计值 $M_i=1.25\gamma_0$ $M_k=1.25\times1.00\times315.46\text{kN}\cdot\text{m/m}=394.33\text{kN}\cdot\text{m/m}$

① 压应力验算

$$\gamma_0\gamma_\text{F}\gamma_\text{cs}z+\frac{6M_i}{B^2}=\gamma_0\gamma_\text{F}\gamma_\text{cs}z+\frac{M_i}{W}=\left(1.25\times1.00\times18.00\text{kN/m}^3\times7.81\text{m}+\frac{394.33\text{kN}\cdot\text{m/m}}{2.61\text{m}\cdot\text{m}}\right)\times10^{-3}$$

$$=0.33\text{kPa}<f_\text{cs}=1.41\text{kPa}$$

抗压强度满足$\left(\text{根据}\dfrac{6M_i}{B^2}=\dfrac{M_i}{W}\text{推导得到}\dfrac{6M_i}{B^2}=\dfrac{6}{B^2h}M_i=\dfrac{1}{W}M_i,\text{因为计算时取 1 延米的墙长,}\right.$

故 $\left. h=1\text{m}\right)$。

② 拉应力验算

$$\frac{6M_i}{B^2}-\gamma_\text{cs}z=\left(\frac{394.33\text{kN}\cdot\text{m/m}}{2.61\text{m}\cdot\text{m}}-18.00\text{kN/m}^3\times11.15\text{m}\right)\times10^{-3}$$

$$=-0.05\text{kPa}<0.15f_\text{cs}=0.21\text{kPa}$$

抗拉强度满足。

上述计算中取的基坑内测 $z=11.15\text{m}$,基坑外侧 $z=7.81\text{m}$,水泥土挡墙重度为 18kN/m^3。

3）基坑剪应力验算。抗剪截面距离墙顶 5.35m,最大截面剪力标准值 $V_i=85.15\text{kN}\cdot\text{m}$,剪应力验算按式（2-10c）进行,即

$$\frac{E_{\text{ak},i}-\mu G_i-E_{\text{pk},i}}{B}\leqslant\frac{1}{6}f_\text{cs}$$

代入数据得

$$\frac{E_{\text{ak},i}-\mu G_i-E_{\text{pk},i}}{B}=\frac{85.15\text{kN/m}-0.400\times648.13\text{kN/m}-0.00\text{kN/m}}{2.743\text{m}}\times10^{-3}$$

$$=-0.063\text{kPa}<\frac{1}{6}f_\text{cs}=0.24\text{kPa}$$

抗剪强度满足。

（2）采用经典法

（水泥土挡墙截面承载力验算,以下计算步骤中,各符号含义与上题相同,现不重复说明）

1）基坑内侧计算。抗弯截面距离墙顶 11.15m,最大截面弯矩设计值为

$$M_i=1.25\times\gamma_0\times M_\text{k}=1.25\times1.00\times0.00\text{kN}\cdot\text{m/m}=0.00\text{kN}\cdot\text{m/m}$$

① 压应力验算

$$\gamma_0\gamma_\text{F}\gamma_\text{cs}z+\frac{6M_i}{B^2}=\gamma_0\gamma_\text{F}\gamma_\text{cs}z+\frac{M_i}{W}=\left(1.25\times1.00\times18.00\text{kN/m}^3\times11.15\text{m}+\frac{0.00\text{kN}\cdot\text{m/m}}{2.61\text{m}\cdot\text{m}}\right)\times10^{-3}$$

$$=0.25\text{kPa}<f_\text{cs}=1.41\text{kPa}$$

抗压强度满足。

② 拉应力验算

$$\frac{6M_i}{B^2}-\gamma_\text{cs}z=\frac{M_i}{W}-\gamma_\text{cs}z=\left(\frac{0.00\text{kN}\cdot\text{m/m}}{2.61\text{m}\cdot\text{m}}-18.00\text{kN/m}^3\times11.15\text{m}\right)\times10^{-3}$$

$$=-0.2\text{kPa}<0.15f_\text{cs}=0.21\text{kPa}$$

抗拉强度满足。

2）基坑外侧计算。抗弯截面距离墙顶 6.02m，最大截面弯矩设计值为

$$M_i = 1.25\gamma_0 M_k = 1.25 \times 1.00 \times 159.20 \text{kN} \cdot \text{m/m} = 198.99 \text{kN} \cdot \text{m/m}$$

① 压应力验算

$$\gamma_0 \gamma_F \gamma_{cs} z + \frac{6M_i}{B^2} = \gamma_0 \gamma_F \gamma_{cs} z + \frac{M_i}{W} = \left(1.25 \times 1.00 \times 18.00 \text{kN/m}^3 \times 6.02\text{m} + \frac{198.99 \text{kN} \cdot \text{m/m}}{2.61\text{m} \cdot \text{m}} \right) \times 10^{-3}$$

$$= 0.21 \text{kPa} < f_{cs} = 1.41 \text{kPa}$$

抗压强度满足。

② 拉应力验算

$$\frac{6M_i}{B^2} - \gamma_{cs} z = \frac{M_i}{W} - \gamma_{cs} z = \left(\frac{198.99 \text{kN} \cdot \text{m/m}}{2.61\text{m} \cdot \text{m}} - 18.00 \text{kN/m}^3 \times 6.02\text{m} \right) \times 10^{-3}$$

$$= -0.03 \text{kPa} < 0.15 f_{cs} = 0.21 \text{kPa}$$

抗拉强度满足。

3）基坑剪应力验算。抗剪截面距离墙顶 4.45m，最大截面剪力标准值 $V_i = 70.81 \text{kN/m}$，根据式（2-10c），有

$$\frac{E_{ak,i} - \mu G_i - E_{pk,i}}{B} = \frac{70.81 \text{kN/m} - 0.400 \times 617.82 \text{kN/m} - 0.00 \text{kN/m}}{2.743\text{m}} \times 10^{-3}$$

$$= -0.06 \text{kPa} < \frac{1}{6} f_{cs} = 0.24 \text{kPa}$$

抗剪强度满足。

4. 倾覆稳定性验算

重力式水泥土挡墙的倾覆稳定性验算（图 B-4）应按式（2-6）进行，即

$$\frac{E_{pk} a_p + (G - u_m B) a_G}{E_{ak} a_a} \geq K_{ov}$$

得到抗倾覆安全系数为

$$\frac{1012.01 \text{kN/m} \times 2.99\text{m} + 920.51 \text{kN/m}}{683.77 \text{kN/m} \times 3.36\text{m}} = 1.718 > 1.3$$

满足规范要求。

5. 滑移稳定性验算

重力式水泥土挡墙的滑移稳定性验算（图 B-5）应按式（2-7）进行，即

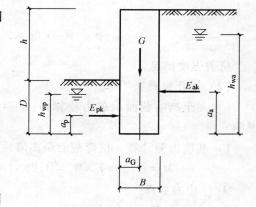

图 B-4　倾覆稳定性验算

$$\frac{E_{pk} + (G - u_m B)\tan\varphi + cB}{E_{ak}} \geq K_{sl}$$

得到抗滑移安全系数为

$$\frac{1012.01 \text{kN/m} + 474.39 \text{kN/m} \times \tan 11.50° + 11.00 \text{kPa} \times 4.20\text{m}}{683.77 \text{kN/m}} = 1.689 > 1.20$$

满足规范要求。

6. 整体稳定验算

重力式水泥土挡墙的整体稳定性验算（图 B-6）应按式（2-8a、b）进行，即

$$\min\{K_{s,1}, K_{s,2}, \cdots, K_{s,i}, \cdots\} \geqslant K_s$$

$$K_{s,i} = \frac{\sum\{c_j l_j + [(q_j b_j + \Delta G_j)\cos\theta_j - \mu_j l_j]\tan\varphi_j\}}{\sum(q_j b_j + \Delta G_j)\sin\theta_j}$$

计算方法：瑞典条分法。

应力状态：有效应力法。

条分法中的土条宽度：0.50m。

滑裂面数据：圆弧半径 $R = 14.469$m；圆心坐标 $X = 0.905$m；圆心坐标 $Y = 7.389$m。

得到整体稳定安全系数 $K_{s,i} = 1.515 > 1.30$，满足规范要求。

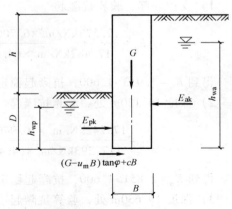

图 B-5　滑移稳定性验算

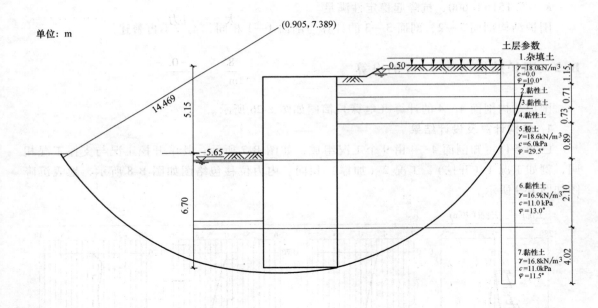

图 B-6　剖面 1—1 整体稳定性验算简图

7. 隆起稳定性验算

重力式水泥土挡墙的隆起稳定性验算应按式（2-9a、b、c）进行，即

$$K_b \leqslant \frac{\gamma_{m2} D N_q + c N_c}{\gamma_{m1}(h+D) + q_0}$$

$$N_q = \tan^2\left(45° + \frac{\varphi}{2}\right)e^{\pi\tan\varphi}$$

$$N_c = (N_q - 1)/\tan\varphi$$

从支护底部开始，逐层验算抗隆起稳定性，结果如下：

1）支护底部，验算抗隆起

$$K_b = \frac{17.523kN/m^3 \times 6.700m \times 2.839 + 11.000kPa \times 9.037}{17.482kN/m^3 \times (4.450m + 6.700m) + 31.301kPa} = 1.913$$

得到 $K_b = 1.913 > 1.600$，抗隆起稳定性满足。

2）深度 16.120m 处，验算抗隆起

$$K_b = \frac{17.242kN/m^3 \times 10.970m \times 3.759 + 13.000kPa \times 10.668}{17.293kN/m^3 \times (4.450m + 10.970m) + 31.301kPa} = 2.851$$

得到 $K_b = 2.851 > 1.600$，抗隆起稳定性满足。

3）深度 19.630m 处，验算抗隆起

$K_b = 3.702 > 1.600$，抗隆起稳定性满足。

4）深度 25.320m 处，验算抗隆起

$K_b = 5.151 > 1.600$，抗隆起稳定性满足。

围护结构剖面 2—2、剖面 3—3 的计算与剖面 1—1 相同，本节不再赘述。

B.2　围护结构剖面 4—4 的电算

围护结构剖面 4—4 的计算（电算）简图如图 2-26 所示。

1. 结构计算及设计结果

已知条件可知剖面 4—4 由 9 个工况组成，如图 B-7 所示，其中开挖工况与支撑工况相同，例如工况 1（开挖）、工况 2（加撑）相同。内力位移包络图如图 B-8 所示，地表沉降图如图 B-9 所示。

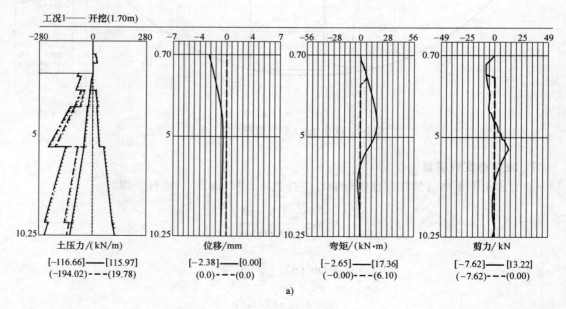

图 B-7　围护结构剖面 4—4 工况图

工况2——加撑1(1.70m)

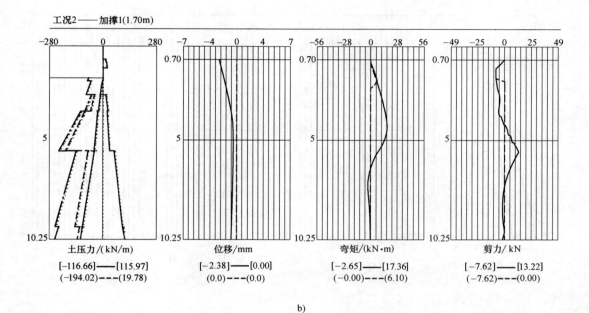

b)

工况3——开挖(2.70m)

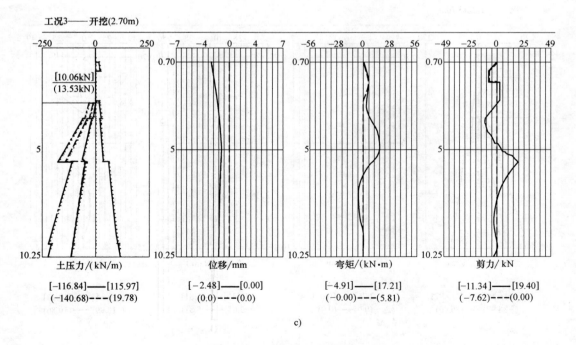

c)

图 B-7 围护结构剖面 4—4 工况图（续）

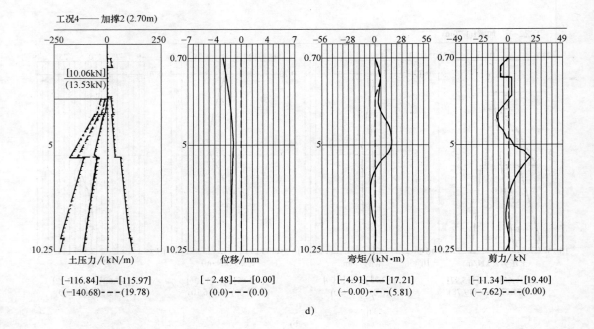

工况4——加撑2(2.70m)

土压力/(kN/m)

[10.06kN]
(13.53kN)

[−116.84]——[115.97]
(−140.68)---(19.78)

位移/mm

[−2.48]——[0.00]
(0.0)---(0.0)

弯矩/(kN·m)

[−4.91]——[17.21]
(−0.00)---(5.81)

剪力/kN

[−11.34]——[19.40]
(−7.62)---(0.00)

d)

工况5——开挖(3.70m)

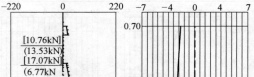

土压力/(kN/m)

[10.76kN]
(13.53kN)
[17.07kN]
(6.77kN

[−116.38]——[115.97]
(−88.97)---(26.90)

位移/mm

[−2.75]——[0.00]
(0.0)---(0.0)

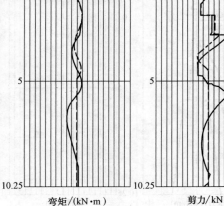

弯矩/(kN·m)

[−10.41]——[5.81]
(−3.05)---(5.81)

剪力/kN

[−10.35]——[19.52]
(−10.99)---(10.86)

e)

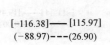

图 B-7　围护结构剖面

工况6——加撑3(3.70m)

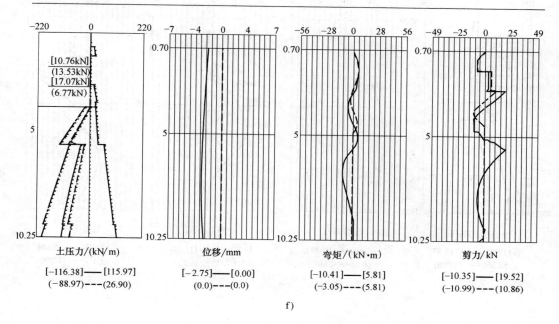

土压力/(kN/m)

[−116.38]——[115.97]
(−88.97)---(26.90)

位移/mm

[−2.75]——[0.00]
(0.0)---(0.0)

弯矩/(kN·m)

[−10.41]——[5.81]
(−3.05)---(5.81)

剪力/kN

[−10.35]——[19.52]
(−10.99)---(10.86)

f)

工况7——开挖(4.70m)

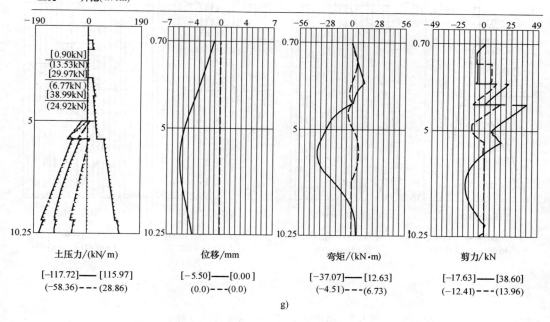

土压力/(kN/m)

[−117.72]——[115.97]
(−58.36)---(28.86)

位移/mm

[−5.50]——[0.00]
(0.0)---(0.0)

弯矩/(kN·m)

[−37.07]——[12.63]
(−4.51)---(6.73)

剪力/kN

[−17.63]——[38.60]
(−12.41)---(13.96)

g)

4—4工况图（续）

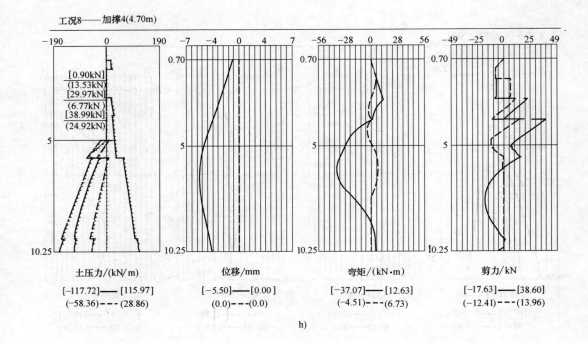

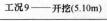

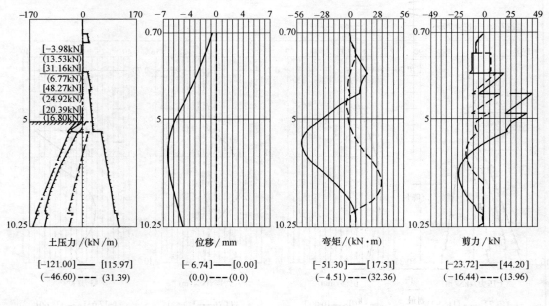

图 B-7　围护结构剖面 4—4 工况图（续）

2. 截面计算

1）内力取值参考表 B-2。

工况9——开挖(5.10m)　　　　　　　　　　　　包络图

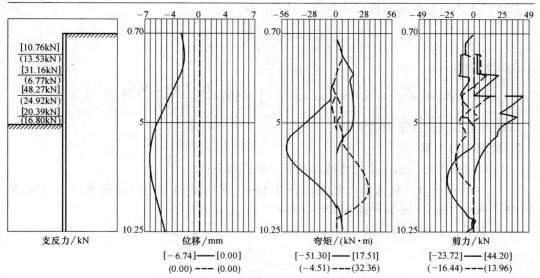

图 B-8　围护结构剖面 4—4 内力位移包络图

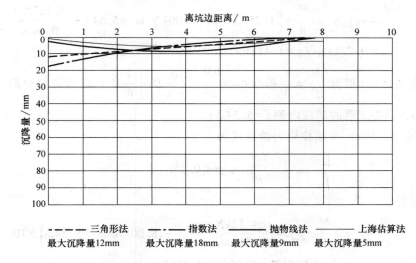

———— 三角形法　—·—· 指数法　——— 抛物线法　———— 上海估算法

最大沉降量12mm　　最大沉降量18mm　最大沉降量9mm　最大沉降量5mm

图 B-9　围护结构剖面 4—4 地表沉降图

表 B-2　内力取值

序号	内力类型	弹性法计算值	经典法计算值
1	基坑外侧最大弯矩/(kN·m)	17.51	32.36
2	基坑外侧最大弯矩距墙顶/m	2.00	7.45
3	基坑内侧最大弯矩/(kN·m)	51.30	4.51
4	基坑内侧最大弯矩距墙顶/m	5.54	3.63
5	基坑最大剪力/kN	44.20	16.44
6	基坑最大剪力距墙顶/m	3.00	5.92

2）截面承载力验算。格栅水泥土挡墙构造验算如下：

格栅内土体的截面面积按式（2-13）计算，即

$$A \leqslant \delta \frac{cu}{\gamma_{\mathrm{m}}}$$

代入数据得

$$A = (0.650 \times 0.650)\mathrm{m}^2 = 0.422\mathrm{m}^2 < \delta \frac{cu}{\gamma_{\mathrm{m}}} = \left(0.500 \times \frac{10.760 \times 2.600}{7.320}\right)\mathrm{m}^2 = 1.911\mathrm{m}^2$$

格栅内土体面积满足构造要求。

3. 截面应力验算

（1）采用弹性法 水泥土挡墙截面承载力验算如下：

1）基坑内侧计算。抗弯截面距离墙顶 5.54m，最大截面弯矩设计值 $M_i = 1.25\gamma_0 M_k = 1.25 \times 1.00 \times 51.30\mathrm{kN \cdot m/m} = 64.12\mathrm{kN \cdot m/m}$

① 根据式（2-10b）可知压应力验算式为

$$\gamma_0 \gamma_{\mathrm{F}} \gamma_{\mathrm{cs}} z + \frac{6M_i}{B^2} \leqslant f_{\mathrm{cs}}$$

代入数据得

$$\gamma_0 \gamma_{\mathrm{F}} \gamma_{\mathrm{cs}} z + \frac{6M_i}{B^2} = \gamma_0 \gamma_{\mathrm{F}} \gamma_{\mathrm{cs}} z + \frac{M_i}{W} = \left(1.25 \times 1.00 \times 18.00\mathrm{kN/m}^3 \times 5.54\mathrm{m} + \frac{64.12\mathrm{kN \cdot m/m}}{0.68\mathrm{m \cdot m}}\right) \times 10^{-3}$$
$$= 0.22\mathrm{kPa} < f_{\mathrm{cs}} = 1.41\mathrm{kPa}$$

抗压强度满足。（根据 $\frac{6M_i}{B^2} = \frac{M_i}{W}$ 推导得到 $\frac{6M_i}{B^2} = \frac{6}{B^2 h}M_i = \frac{1}{W}M_i$，因为计算时取 1 延米的墙长，故 $h = 1\mathrm{m}$，其中 z 取的基坑内侧 $z = 5.54\mathrm{m}$）

② 根据式（2-10a）可知拉应力验算式为

$$\frac{6M_i}{B^2} - \gamma_{\mathrm{cs}} z \leqslant 0.15 f_{\mathrm{cs}}$$

代入数据得

$$\frac{6M_i}{B^2} - \gamma_{\mathrm{cs}} z = \frac{M_i}{W} - \gamma_{\mathrm{cs}} z = \left(\frac{64.12\mathrm{kN \cdot m/m}}{0.68\mathrm{m \cdot m}} - 18.00\mathrm{kN/m}^3 \times 5.54\mathrm{m}\right) \times 10^{-3}$$
$$= -0.005\mathrm{kPa} < 0.15 f_{\mathrm{cs}} = 0.21\mathrm{kPa}$$

抗拉强度满足。

2）基坑外侧计算。抗弯截面距离墙顶 2.00m 最大截面弯矩设计值 $M_i = 1.25\gamma_0 M_k = 1.25 \times 1.00 \times 17.51\mathrm{kN \cdot m/m} = 21.89\mathrm{kN \cdot m/m}$

① 压应力验算

$$\gamma_0 \gamma_{\mathrm{F}} \gamma_{\mathrm{cs}} z + \frac{6M_i}{B^2} = \gamma_0 \gamma_{\mathrm{F}} \gamma_{\mathrm{cs}} z + \frac{M_i}{W} = \left(1.25 \times 1.00 \times 18.00\mathrm{kN/m}^3 \times 2.00\mathrm{m} + \frac{21.89\mathrm{kN \cdot m/m}}{0.68\mathrm{m \cdot m}}\right) \times 10^{-3}$$
$$= 0.08\mathrm{kPa} < f_{\mathrm{cs}} = 1.41\mathrm{kPa}$$

抗压强度满足。

② 拉应力验算

$$\frac{6M_i}{B^2}-\gamma_{cs}z=\frac{M_i}{W}-\gamma_{cs}z=\left(\frac{21.89\text{kN}\cdot\text{m/m}}{0.68\text{m}\cdot\text{m}}-18.00\text{kN/m}^3\times2.00\text{m}\right)\times10^{-3}$$

$$=-0.04\text{kPa}<0.15f_{cs}=0.21\text{kPa}$$

抗拉强度满足。

3）基坑剪应力验算。抗剪截面距离墙顶 3.00m，最大截面剪力标准值 $V_i=44.20\text{kN/m}$，剪应力验算按式（2-10c）进行，即

$$\frac{E_{ak,i}-\mu G_i-E_{pk,i}}{B}\leqslant\frac{1}{6}f_{cs}$$

代入数据得

$$\frac{E_{ak,i}-\mu G_i-E_{pk,i}}{B}=\frac{44.20\text{kN/m}-0.400\times143.40\text{kN/m}-0.00\text{kN/m}}{1.610\text{m}}\times10^{-3}$$

$$=-0.008\text{kPa}<\frac{1}{6}f_{cs}=0.24\text{kPa}$$

抗剪强度满足。

（2）采用经典法

（水泥土挡墙截面承载力验算，以下计算步骤中，各符号含义与上题相同，现不重复说明）

1）基坑内侧计算。抗弯截面距离墙顶 3.63m，最大截面弯矩设计值 $M_i=1.25\gamma_0 M_k=$ 1.25×1.00×4.51kN·m/m=5.63kN·m/m

① 压应力验算

$$\gamma_0\gamma_F\gamma_{cs}z+\frac{6M_i}{B^2}=\gamma_0\gamma_F\gamma_{cs}z+\frac{M_i}{W}=\left(1.25\times1.00\times18.00\text{kN/m}^3\times3.63\text{m}+\frac{5.63\text{kN}\cdot\text{m/m}}{0.68\text{m}\cdot\text{m}}\right)\times10^{-3}$$

$$=0.09\text{kPa}<f_{cs}=1.41\text{kPa}$$

抗压强度满足。

② 拉应力验算

$$\frac{6M_i}{B^2}-\gamma_{cs}z=\frac{M_i}{W}-\gamma_{cs}z=\left(\frac{5.63\text{kN}\cdot\text{m/m}}{0.68\text{m}\cdot\text{m}}-18.00\text{kN/m}^3\times3.63\text{m}\right)\times10^{-3}$$

$$=-0.06\text{kPa}<0.15f_{cs}=0.21\text{kPa}$$

抗拉强度满足。

2）基坑外侧计算。抗弯截面距离墙顶 7.45m，最大截面弯矩设计值 $M_i=1.25\gamma_0 M_k=$ 1.25×1.00×32.36kN·m/m=40.44kN·m/m

① 压应力验算

$$\gamma_0\gamma_F\gamma_{cs}z+\frac{6M_i}{B^2}=\gamma_0\gamma_F\gamma_{cs}z+\frac{M_i}{W}=\left(1.25\times1.00\times18.00\text{kN/m}^3\times7.45\text{m}+\frac{40.44\text{kN}\cdot\text{m/m}}{0.68\text{m}\cdot\text{m}}\right)\times10^{-3}$$

$$=0.23\text{kPa}<f_{cs}=1.41\text{kPa}$$

抗压强度满足。

② 拉应力验算

$$\frac{6M_i}{B^2} - \gamma_{cs}z = \frac{M_i}{W} - \gamma_{cs}z = \left(\frac{40.44\text{kN} \cdot \text{m/m}}{0.68\text{m} \cdot \text{m}} - 18.00\text{kN/m}^3 \times 7.45\text{m} \right) \times 10^{-3}$$

$$= -0.07\text{kPa} < 0.15f_{cs} = 0.21\text{kPa}$$

抗拉强度满足。

3）基坑剪应力验算。抗剪截面距离墙顶5.92m，最大截面剪力标准值 $V_i = 16.44\text{kN/m}$，有

$$\frac{E_{ak,i} - \mu G_i - E_{pk,i}}{B} = \frac{16.44\text{kN/m} - 0.400 \times 171.44\text{kN/m} - 0.00\text{kN/m}}{1.610\text{m}} \times 10^{-3}$$

$$= -0.03\text{kPa} < \frac{1}{6}f_{cs} = 0.24\text{kPa}$$

抗剪强度满足。

4. 锚杆计算

锚杆参数、锚杆水平方向内力、轴向内力、锚杆自由段长度分别见表B-3~表B-6。

表 B-3　锚杆参数

锚杆钢筋级别	HRB400
锚索材料强度设计值/MPa	1220.000
锚索材料强度标准值/MPa	1720.000
锚索采用钢绞线种类	1×7
锚杆材料弹性模量/10^5MPa	2.000
锚索材料弹性模量/10^5MPa	1.950
注浆体弹性模量/10^4MPa	3.000
锚杆抗拔安全系数	1.600
锚杆荷载分项系数	1.250

表 B-4　锚杆水平方向内力

支锚道号	最大内力弹性法/kN	最大内力经典法/kN	内力标准值/kN	内力设计值/kN
1	10.76	13.53	10.76	13.45
2	31.16	6.77	31.16	38.95
3	48.27	24.92	48.27	60.34
4	20.39	16.80	20.39	25.49

表 B-5　锚杆轴向内力

支锚道号	最大内力弹性法/kN	最大内力经典法/kN	内力标准值/kN	内力设计值/kN
1	10.87	13.67	10.87	13.58
2	31.47	6.84	31.47	39.34
3	48.74	25.17	48.74	60.93
4	20.59	16.96	20.59	25.74

表 B-6 锚杆自由段长度

支锚道号	支锚类型	钢筋或钢绞线配筋	自由段长度实用值/m	锚固段长度实用值/m	实配计算面积/mm²	锚杆刚度/(MN/m)
1	锚杆	$1\phi 8$	5.0	6.0	5038	1.94
2	锚杆	$1\phi 12$	5.0	6.0	113109	4.28
3	锚杆	$1\phi 16$	5.0	6.0	201169	7.44
4	锚杆	$1\phi 10$	5.0	6.0	7972	3.00

5. 倾覆稳定性验算

重力式水泥土挡墙的倾覆稳定性验算应按式（2-6）进行，即

$$\frac{E_{pk}a_p+(G-u_mB)a_G}{E_{ak}a_a}\geq K_{ov}$$

工况 1 计算参数见表 B-7，抗倾覆安全系数为

$$\frac{1428.99kN/m\times3.51m+65.81kN/m+0.00kN/m}{483.63kN/m\times2.83m}=3.713>1.3，满足规范要求。$$

表 B-7 工况 1 计算参数

序号	支锚类型	材料抗力/(kN/m)	锚固力[1]/(kN/m)
1	锚杆	0.000	0.000
2	锚杆	0.000	0.000
3	锚杆	0.000	0.000
4	锚杆	0.000	0.000

[1] 锚固力计算应依据锚杆或锚索实际锚固段长度计算，取锚固力和抗拉力较小值。对于内撑，锚固力由内支撑抗压力决定。

工况 2 计算参数见表 B-8，抗倾覆安全系数为

$$\frac{1428.99kN/m\times3.51m+65.81kN/m+170.23kN/m}{483.63kN/m\times2.83m}=3.837>1.3，满足规范要求。$$

工况 3 计算参数见表 B-8，抗倾覆安全系数为

$$\frac{1081.77kN/m\times3.02m+65.81kN/m+170.23kN/m}{483.63kN/m\times2.83m}=2.559>1.3，满足规范要求。$$

表 B-8 工况 2、3 计算参数

序号	支锚类型	材料抗力/(kN/m)	锚固力/(kN/m)
1	锚杆	20.106	94.248
2	锚杆	0.000	0.000
3	锚杆	0.000	0.000
4	锚杆	0.000	0.000

工况 4 计算参数见表 B-9，抗倾覆安全系数为

$$\frac{1081.77kN/m\times3.02m+65.81kN/m+508.46kN/m}{483.63kN/m\times2.83m}=2.807>1.3，满足规范要求。$$

工况 5 计算参数见表 B-9，抗倾覆安全系数为

$$\frac{807.53\text{kN/m}\times2.58\text{m}+65.81\text{kN/m}+508.46\text{kN/m}}{483.63\text{kN/m}\times2.83\text{m}}=1.942>1.3，满足规范要求。$$

表 B-9　工况 4、5 计算参数

序号	支锚类型	材料抗力/(kN/m)	锚固力/(kN/m)
1	锚杆	20.106	94.248
2	锚杆	45.239	94.248
3	锚杆	0.000	0.000
4	锚杆	0.000	0.000

工况 6 计算参数见表 B-10，抗倾覆安全系数为

$$\frac{807.53\text{kN/m}\times2.58\text{m}+65.81\text{kN/m}+1030.12\text{kN/m}}{483.63\text{kN/m}\times2.83\text{m}}=2.323>1.3，满足规范要求。$$

工况 7 计算参数见表 B-10，抗倾覆安全系数为

$$\frac{575.19\text{kN/m}\times2.14\text{m}+65.81\text{kN/m}+1030.12\text{kN/m}}{483.63\text{kN/m}\times2.83\text{m}}=1.700>1.3，满足规范要求。$$

表 B-10　工况 6、7 计算参数

序号	支锚类型	材料抗力/(kN/m)	锚固力/(kN/m)
1	锚杆	20.106	94.248
2	锚杆	45.239	94.248
3	锚杆	80.425	94.248
4	锚杆	0.000	0.000

工况 8 计算参数见表 B-11，抗倾覆安全系数为

$$\frac{575.19\text{kN/m}\times2.14\text{m}+65.81\text{kN/m}+1202.78\text{kN/m}}{483.63\text{kN/m}\times2.83\text{m}}=1.826>1.3，满足规范要求。$$

工况 9 计算参数见表 B-11，抗倾覆安全系数为

$$\frac{497.57\text{kN/m}\times1.98\text{m}+65.81\text{kN/m}+1202.78\text{kN/m}}{483.63\text{kN/m}\times2.83\text{m}}=1.647>1.3$$

可知安全系数最小的工况号为 9 号，最小安全系数 $K_{ov}>1.3$，满足规范要求。

表 B-11　工况 8、9 计算参数

序号	支锚类型	材料抗力/(kN/m)	锚固力/(kN/m)
1	锚杆	20.106	94.248
2	锚杆	45.239	94.248
3	锚杆	80.425	94.248
4	锚杆	31.416	94.248

6. 滑移稳定性验算

重力式水泥土挡墙的滑移稳定性验算应按式（2-7）进行，即

$$\frac{E_{pk}+(G-u_mB)\tan\varphi+cB}{E_{ak}}\geqslant K_{sl}$$

工况 1 计算参数见表 B-7，抗滑移安全系数为

$$\frac{1428.99\text{kN/m}+175.46\text{kN/m}+119.88\text{kN/m}\times\tan11.50°+11\text{kPa}\times1.20\text{m}}{483.36\text{kN/m}}=3.397>1.20，满足$$

规范要求。

工况 2 计算参数见表 B-8，抗滑移安全系数为

$$\frac{1428.99\text{kN/m}+175.46\text{kN/m}+119.88\text{kN/m}\times\tan11.50°+11\text{kPa}\times1.20\text{m}}{483.36\text{kN/m}}=3.397>1.20，满足$$

规范要求。

工况 3 计算参数见表 B-8，抗滑移安全系数为

$$\frac{1081.77\text{kN/m}+175.46\text{kN/m}+119.88\text{kN/m}\times\tan11.50°+11\text{kPa}\times1.20\text{m}}{483.36\text{kN/m}}=2.679>1.20，满足$$

规范要求。

工况 4 计算参数见表 B-9，抗滑移安全系数为

$$\frac{1081.77\text{kN/m}+175.46\text{kN/m}+119.88\text{kN/m}\times\tan11.50°+11\text{kPa}\times1.20\text{m}}{483.36\text{kN/m}}=2.679>1.20，满足$$

规范要求。

工况 5 计算参数见表 B-9，抗滑移安全系数为

$$\frac{807.53\text{kN/m}+175.46\text{kN/m}+119.88\text{kN/m}\times\tan11.50°+11\text{kPa}\times1.20\text{m}}{483.36\text{kN/m}}=2.111>1.20，满足$$

规范要求。

工况 6 计算参数见表 B-10，抗滑移安全系数为

$$\frac{807.53\text{kN/m}+175.46\text{kN/m}+119.88\text{kN/m}\times\tan11.50°+11\text{kPa}\times1.20\text{m}}{483.36\text{kN/m}}=2.111>1.20，满足$$

规范要求。

工况 7 计算参数见表 B-10，抗滑移安全系数为

$$\frac{575.19\text{kN/m}+175.46\text{kN/m}+119.88\text{kN/m}\times\tan11.50°+11\text{kPa}\times1.20\text{m}}{483.36\text{kN/m}}=1.631>1.20，满足$$

规范要求。

工况 8 计算参数见表 B-11，抗滑移安全系数为

$$\frac{575.19\text{kN/m}+175.46\text{kN/m}+119.88\text{kN/m}\times\tan11.50°+11\text{kPa}\times1.20\text{m}}{483.36\text{kN/m}}=1.631>1.20，满足$$

规范要求。

工况 9 计算参数见表 B-11，抗滑移安全系数为

$$\frac{497.57\text{kN/m}+175.46\text{kN/m}+119.88\text{kN/m}\times\tan11.50°+11\text{kPa}\times1.20\text{m}}{483.36\text{kN/m}}=1.470>1.20，可知$$

安全系数最小的工况号为 9 号，最小安全系数 $K_{ov}>1.3$，满足规范要求。

7. 整体稳定验算

整体稳定性验算（图 B-10）应按下式（2-8a、b）进行，即

$$\min\{K_{s,1},\ K_{s,2},\ \cdots,\ K_{s,i},\ \cdots\}\geq K_{s}$$

$$K_{s,i}=\frac{\sum\{c_j l_j+[(q_j b_j+\Delta G_j)\cos\theta_j-u_j l_j]\tan\varphi_j\}}{\sum(q_j b_j+\Delta G_j)\sin\theta_j}$$

计算方法：瑞典条分法。

应力状态：有效应力法。

条分法中的土条宽度：0.50m。

滑裂面数据：圆弧半径 $R=12.738$m；圆心坐标 $X=0.705$m；圆心坐标 $Y=7.579$m。

整体稳定安全系数 $K_{s,i}=1.395>1.30$，满足规范要求。

8. 隆起稳定性验算

隆起稳定性验算应按式（2-9a、b、c）进行，即

$$K_b\leqslant\frac{\gamma_{m2}DN_q+cN_c}{\gamma_{m1}(h+D)+q_0}$$

$$N_q=\tan^2\left(45°+\frac{\varphi}{2}\right)e^{\pi\tan\varphi}$$

$$N_c=(N_q-1)/\tan\varphi$$

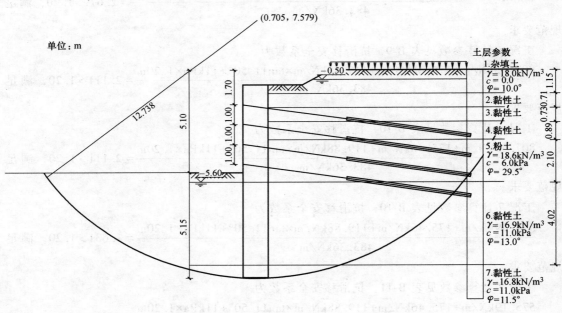

图 B-10　剖面 4—4 整体稳定性验算简图

从支护底部开始，逐层验算抗隆起稳定性，结果如下：

1）支护底部，验算抗隆起

$$K_b=\frac{17.046\text{kN/m}^3\times5.150\text{m}\times2.839+11.000\text{kPa}\times9.037}{17.597\text{kN/m}^3\times(4.400\text{m}+5.150\text{m})+31.054\text{kPa}}=1.751$$

$K_b=1.751>1.600$，抗隆起稳定性满足。

2）深度 16.120m 处，验算抗隆起

$$K_b = \frac{16.915\text{kN/m}^3 \times 11.020\text{m} \times 3.759 + 13.000\text{kPa} \times 10.668}{17.293\text{kN/m}^3 \times (4.400\text{m} + 11.020\text{m}) + 31.054\text{kPa}} = 2.819$$

$K_b = 2.819 > 1.600$，抗隆起稳定性满足。

3）深度 19.630m 处，验算抗隆起

$K_b = 3.670 > 1.600$，抗隆起稳定性满足。

4）深度 25.320m 处，验算抗隆起

$K_b = 5.124 > 1.600$，抗隆起稳定性满足。

参考文献

[1]　中华人民共和国住房和城乡建设部. 建筑基坑支护技术规程：JGJ 120—2012 [S]. 北京：中国建筑工业出版社，2012.

[2]　中华人民共和国住房和城乡建设部. 建筑地基处理技术规范：JGJ 79—2012 [S]. 北京：中国建筑工业出版社，2013.

[3]　中华人民共和国住房和城乡建设部. 建筑基桩检测技术规范：JGJ 106—2014 [S]. 北京：中国建筑工业出版社，2014.

[4]　龚晓南. 深基坑工程设计施工手册 [M]. 北京：中国建筑工业出版社，1998.

[5]　中华人民共和国住房和城乡建设部. 建筑桩基技术规范：JGJ 94—2008. 北京：中国建筑工业出版社，2008.

[6]　刘国彬，王卫东. 基坑工程手册 [M]. 2版. 北京：中国建筑工业出版社，2009.

[7]　上海市城乡建设和交通委员会. 地基基础设计规范：DGJ 08—11—2010 [S]. 上海：[出版者不详]，2010.

[8]　廖少明，周学领，宋博，等. 咬合桩支护结构的抗弯承载特性研究 [J]. 岩土工程学报，2008，30（1）：72-78.

[9]　胡琦，陈彧，柯瀚，等. 深基坑工程中的咬合桩受力变形分析 [J]. 岩土力学，2008，29（8）：2144-2148.

[10]　汤子毅. 全套管灌注桩及其咬合桩的施工工艺研究 [J]. 中国高新技术企业，2008（14）：264-265.

[11]　郑刚，李欣，刘畅，等. 考虑桩土相互作用的双排桩分析 [J]. 建筑结构学报，2004，25（1）：99-106.

[12]　李波. 桩锚支护体系在北京一地铁车站深基坑中的应用 [J]. 市政技术，2008，26（4）：348-350.

[13]　吴文，徐松林，周劲松，等. 深基坑桩锚支护结构受力和变形特性研究 [J]. 岩石力学与工程学报，2001，20（3）：399-402.

[14]　上海城乡建设和交通委员会. 岩土工程勘察规范：DGJ 08—37—2012 [S]. 上海：[出版者不详]，2012.

[15]　《建筑结构静力计算手册》编写组. 建筑结构静力计算手册 [M]. 北京：中国建筑工业出版社，1978.

[16]　《桩基工程手册》编写委员会. 桩基工程手册 [M]. 北京：中国建筑工业出版社，1995.

[17]　中华人民共和国住房和城乡建设部. 混凝土结构设计规范：GB 50010—2010 [S]. 中国建筑工业出版社，2011.

[18]　中华人民共和国住房和城乡建设部. 建筑地基基础设计规范：GB 50007—2011 [S]. 北京：中国建筑工业出版社，2012.

[19]　中华人民共和国住房和城乡建设部. 建筑基坑工程监测技术规范：GB 50497—2009 [S]. 北京：中国建筑工业出版社，2009.

[20]　中华人民共和国建设部. 建筑地基基础工程施工质量验收规范：GB 50202—2002 [S]. 北京：中国建筑工业出版社，2004.

[21]　中华人民共和国建设部. 岩土工程勘察规范（2009）：GB 50021—2001 [S]. 北京：中国建筑工业出版社，2009.

[22]　中华人民共和国建设部. 钢结构设计规范：GB 50017—2003 [S]. 北京：中国建筑工业出版社，2003.

［23］ 中华人民共和国住房和城乡建设部．建筑结构荷载规范：GB 50009—2012［S］．北京：中国建筑工业出版社，2012．

［24］ 中华人民共和国住房和城乡建设部．混凝土结构工程施工质量验收规范：GB 50204—2015［S］．北京：中国建筑工业出版社，2015．

［25］ 中华人民共和国建设部．钢结构工程施工质量验收规范：GB 50205—2001［S］．北京：中国建筑工业出版社，2002．

［26］ 中华人民共和国住房和城乡建设部．钢筋焊接及验收规程：JGJ 18—2012［S］．北京：中国建筑工业出版社，2012．

［27］ 中华人民共和国住房和城乡建设部．地下工程防水技术规范：GB 50108—2008［S］．北京：中国建筑工业出版社，2009．

［28］ 中华人民共和国住房和城乡建设部．型钢水泥土搅拌墙技术规程：JGJ/T 199—2010［S］．北京：中国建筑工业出版社，2010．

［29］ 中华人民共和国交通运输部．公路路基设计规范：JTJ D30—2015［S］．北京：人民交通出版社，2015．

［30］ 中华人民共和国住房和城乡建设部．建筑边坡工程技术规范：GB 50330—2013［S］．北京：中国建筑工业出版社，2014．

［31］ 全国塑料制品标准化技术委员会．土工合成材料塑料土工格栅：GB/T 17689—2008［S］．北京：中国标准出版社，2008．

［32］ 全国塑料制品标准化技术委员会．塑料土工格栅蠕变试验和评价方法：QB/T 2854—2007［S］．北京：中国轻工业出版社，2007．

［33］ 中华人民共和国交通运输部．公路软土地基路堤设计与施工技术细则：JTG/T D31—02—2013［S］．北京：人民交通出版社，2013．

［34］ 中华人民共和国交通运输部．公路土工合成材料应用技术规范：JTG/T D32—2012［S］．北京：中华人民共和国交通运输部发布，2012．

［35］ 中华人民共和国水利部．土工合成材料测试规程：SL 235—2012［S］．北京：中国水利水电出版社，2012．

［36］ 上海市建设和交通委员会．钻孔灌注桩施工规程：DG/TJ 08—202—2007［S］．上海：［出版者不详］，2007．

［37］ 上海市建设和交通委员会．基坑工程施工监测规程：DG/TJ 08—2001—2006［S］．上海：［出版者不详］，2006．